"十二五"全国高校动漫游戏专业课程权威教材

1 DVD
全彩印刷

中文版

Premiere Pro CC 影视编辑

全实例

王 瀛 尹小港 编著

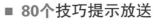

- 80个技巧提示放送
- 108个技能实例奉献
- 300个素材效果奉献
- 400分钟视频演示
- 500款超值素材赠送
- 1590张图片辅助说明

海洋出版社
北京

U0321605

内 容 简 介

本书是 Premiere Pro CC 专业级影视编辑与制作实战手册，书中通过 80 个技巧提示放送、108 个技能实例奉献、300 个素材效果奉献、400 分钟视频演示、500 款超值素材赠送、1590 张图片辅助说明，通过实例对 Premiere Pro CC 的各项核心技术与精髓内容进行了全面且详细的讲解，可以有效地帮助读者在实例中学会 Premiere Pro CC 影视编辑知识，在最短的时间内成为视频制作高手。

本书共分为 15 章，主要介绍了影视编辑技能入门训练、影视素材剪辑实例、影视调色实例、视频效果应用实例、视频转场特效实例、影视字幕特效实例、关键帧动画的编辑与制作、背景音乐特效实例、影视输出应用实例、影视编辑综合特效实例、制作电视栏目片头—《中国微电影》、制作游戏宣传预告—《决战天堂》、制作商业汽车广告—《奥克兰汽车》、制作儿童生活相册—《快乐童年》、制作婚纱纪念相册—《天长地久》等内容，读者在学习后可以融会贯通、举一反三，制作出精彩、漂亮的视频效果。

读者对象：适合 Premiere 的初、中级读者阅读，既可作为高等院校影视动画相关专业课教材，也是从事影视广告设计和影视后期制作的广大从业人员必备工具书。

图书在版编目(CIP)数据

中文版 Premiere Pro CC 影视编辑全实例/王瀛，尹小港编著. —北京：海洋出版社，2013.12
ISBN 978-7-5027-8715-8

Ⅰ.①中… Ⅱ.①王…②尹… Ⅲ.①视频编辑软件 Ⅳ.①TN94

中国版本图书馆 CIP 数据核字（2013）第 257910 号

总 策 划：刘 斌	发 行 部：（010）62174379（传真）（010）62132549
责 任 编 辑：刘 斌	（010）68038093（邮购）（010）62100077
责 任 校 对：肖新民	网 址：http://www.oceanpress.com.cn/
责 任 印 制：赵麟苏	承 印：北京朝阳印刷厂有限责任公司
排 版：海洋计算机图书输出中心 申彪	版 次：2018 年 3 月第 1 版第 4 次印刷
出 版 发 行：海洋出版社	开 本：787mm×1092mm 1/16
地 址：北京市海淀区大慧寺路 8 号（707 房间）	印 张：24.25 （全彩印刷）
100081	字 数：558 千字
经 销：新华书店	定 价：78.00 元（1DVD）
技术支持：（010）62100055 hyjccb@sina.com	

本书如有印、装质量问题可与发行部调换

实例005 通过命令编组素材文件（P22）

实例007 通过选择工具编辑家居生活（P26）

实例013 通过添加影视素材编辑
百年好合（P39）

实例014 通过复制视频编辑浪漫花语（P42）

实例016 通过删除影片素材编辑安静聆听
（P45）

实例018 通过锁定和解锁轨道编辑欢度
五一（P49）

实例024 通过RGB曲线调整浪漫七夕（P62）

实例026 通过亮度曲线调整美丽女人（P66）

实例033 通过光照效果调整珠宝广告（P87）

实例034　通过自动对比度调整甜蜜恋人
（P89）

实例036　通过阴影/高光调整幸福童年
（P93）

实例038　通过复制与粘贴视频效果编辑异域风情（P103）

实例044　通过镜头光晕特效编辑宝马大厦（P117）

实例051　通过向上折叠转场制作
竹篮猫咪（P137）

实例053　通过星形划像转场制作
纯真世界（P141）

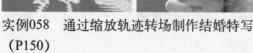

实例058　通过缩放轨迹转场制作结婚特写
（P150）

实例059　通过页面剥落转场制作幸福生活
（P152）

实例062　通过纹理化转场制作梦幻天使（P157）

实例065　通过斜面填充特效制作影视频道（P169）

实例068　通过滚动特效制作圣诞快乐（P178）

实例070　通过旋转特效制作海边美景（P184）

实例071 　通过扭曲特效制作海底世界（P187）

实例072 　通过发光特效制作绿色春天（P189）

实例073 　通过设置运动方向制作生如夏花（P194）

实例076 　通过镜头推拉与平移效果制作父亲节快乐（P202）

实例077　通过字幕漂浮效果制作咖啡物语（P205）

实例081　通过音量特效制作温馨生活　　　　实例085　通过延迟特效制作纯真童年
　　　　（P220）　　　　　　　　　　　　　　　　　　（P230）

实例100　制作户外广告特效（P266）

实例103　制作MTV歌词色彩渐变特效（P278）

实例104　制作电视栏目片头——《中国微电影》（P285）

实例105　制作游戏宣传预告——《决战天堂》（P295）

实例106　制作商业汽车广告——《奥克兰汽车》（P327）

实例107　制作儿童生活相册——《快乐童年》（P344）

实例108　制作婚纱纪念相册——《天长地久》（P359）

Premiere Pro CC是美国Adobe公司出品的视音频非线性编辑软件，是为视频编辑爱好者和专业人士准备的必不可少的编辑工具，可以支持当前所有标清和高清格式的实时编辑。它提供了采集、剪辑、调色、美化音频、字幕添加、输出、DVD刻录的一整套流程，并和其他Adobe软件高效集成，可以满足用户创建高质量作品的要求。目前这款软件广泛应用于影视编辑、广告制作和电视节目制作中。

本书具体篇章内容，安排如下：

第1～2章：专业介绍了Premiere Pro CC的启动与退出、编辑项目文件、导入素材文件、编辑与嵌套素材文件、工具面板的使用、复制视频文件、分离视频文件、删除视频素材、设置标记、锁定轨道以及调整项目属性等内容。

第3～5章：专业介绍了通过RGB曲线和三向色彩校正器等特效校正影视画面的颜色；通过水平翻转、扭曲、蒙尘与划痕等视频效果制作特殊的影视画面；通过向上折叠、交叉伸展、星形划像等视频过渡制作转场特效等内容。

第6～8章：专业介绍了制作字幕实色填充特效、渐变填充特效、斜面填充特效、滚动特效以及路径特效；制作关键帧的运动特效、缩放效果、旋转降落效果；制作背景音乐的音量特效、降噪特效、平衡特效、带通特效等内容。

第9～10章：专业介绍了导出编码文件、导出EDL文件、导出OMF文件、导出FLV流媒体、导出MP3文件、导出WAV文件，以及综合前面所学知识制作视频综合特效，包括视频片段倒放特效、宽荧屏电影画面特效等内容。

第11～15章：专业介绍了制作不同领域中的经典案例效果，如节目片头、游戏预告、商业广告、生活相册以及纪念相册等方面，既融会贯通，又帮助读者快速精通并应用Premiere Pro CC软件制作出更多精彩、专业的视频效果。

本书的特点介绍如下：

- 10大技术专题精讲：本书介绍了10大技术实例专题，包括影视编辑技能入门训练、影视素材剪辑实例解析、影视调色实例解析、视频效果应用实例解析、视频转场特效实例解析等，结合书中的中小型实例，帮助读者从零开始学习，成为视频剪辑高手。

- 80个技巧提示放送：笔者在编写时，将平时工作中总结的各方面Premiere Pro CC实战技巧、设计经验等毫无保留地奉献给读者，不仅大大地丰富和提高了本书的含金量，更方便读者提升软件的实战技巧与经验，从而大大提高读者学习与工作效率。

- 108个技能实例奉献：本书通过大量技能实例来辅讲软件，共计108个，帮助读者在实战演练中逐步掌握软件核心技能与操作技巧，与同类书相比，读者可在实例操作中领会理论知识，更能掌握超出同类书大量的实用技能和案例，让学习更轻松高效。

- 300个素材效果奉献：随书光盘包含了190个素材文件，110个效果文件。其中素材包括婚纱广告、化妆品广告、电子广告、珠宝广告、节日庆典、家居广告、儿童相片、旅游片段、电视广告、栏目片头、电影片段、音乐等，应有尽有，供读者使用。

- 400分钟语音视频演示：书中103个中小型技能实例以及最后5大综合案例，全部录制了带语音讲解的视频，时间长度达400多分钟（近7个小时），重现书中所有实例的操作，读者可以结合书本，也可以独立地观看视频演示，像看电影一样进行学习。

- 500款超值素材赠送：为了读者将所学的知识技能更好地融会贯通于实践工作中，本书特意赠送了500款超值素材，其中包括60款片头片尾模板、100款字幕广告特效、110款婚纱广告模板、230款视频边框特效等，帮助读者快速精通Premiere Pro软件。

- 1590张图片全程图解：本书采用了1590张图片，对软件的技术、实例的讲解、效果的展示，进行了全程式的图解，通过这些大量清晰的图片，让实例的内容变得更通俗易懂，读者可以一目了然，快速领会，举一反三，剪辑出更多精美漂亮的视频效果。

本书结构清晰、语言简洁，适合Premiere Pro CC的初、中级读者阅读，既可作为高等院校影视动画相关专业课教材，也是从事影视广告设计和影视后期制作的广大从业人员的必备工具书。

本书由王瀛、尹小港编著，在成书的过程中得到了何丽、廖学开、罗博、邓卫群、姜继锋、王国华、王杰、郑辉、余奇、杜佩颖、赵彬、陈清霞、李杰、易伟、丁楠娟、周珂令、张瑞娟、张现伟、段海朋、杨昆、李永明、何玉风、时盈盈、许苗苗、李海燕、周玉琼、唐林、杨贤华、银霞、陈春雨、张玲、喻晓等人的帮助，在此表示感谢。由于笔者知识水平有限，书中难免有错误和疏漏之处，恳请广大读者批评、指正。

本书及光盘中所采用的图片、模型、音频、视频和赠品等素材，均为所属公司、网站或个人所有，本书引用仅为说明（教学）之用，绝无侵权之意，特此声明。

编　者

Contents
目录

第4章 视频效果应用实例

第5章 视频转场特效实例

第6章 影视字幕特效实例

第7章 关键帧动画的编辑与制作

第8章 背景音乐特效实例

第9章 影视输出应用实例

第10章 影视编辑综合特效

第11章 制作电视栏目片头
——《中国微电影》
285

第12章 制作游戏宣传预告
——《决战天堂》
295

第13章 制作商业汽车广告
——《奥克兰汽车》
327

第14章 制作儿童生活相册
——《快乐童年》
344

第15章 制作婚纱纪念相册
——《天长地久》
359

第1章
影视编辑技能入门训练

本章重点

- 启动与退出 Premiere Pro CC
- 编辑项目文件
- 通过命令编组素材文件
- 通过选择工具编辑家居生活
- 通过滑动工具编辑快乐童年
- 通过波纹编辑工具编辑城市风景

- 认识 Premiere Pro CC
- 通过命令导入素材文件
- 通过命令嵌套素材文件
- 通过剃刀工具编辑篮球比赛
- 通过比率拉伸工具编辑水珠特效
- 通过滚动编辑工具编辑小提琴

Premiere Pro CC是美国Adobe公司出品的视音频非线性编辑软件,是继Premiere Pro CS6之后的最新版本。该软件功能强大,开放性很好,广泛应用于影视后期制作领域。

非线性编辑是指应用计算机图形、图像技术等,在计算机中对各种原始素材进行编辑操作,并将最终结果输出到电脑硬盘、光盘以及磁带等记录设备上的一系列完整工艺过程。

Premiere Pro CC作为一种非线性编辑软件,它集录像机、切换台、数字特技机、编辑机、多轨录音机、调音台、MIDI创作、时基等设备于一身,几乎所有的工作都在计算机里完成,不再需要那么多的外部设备,对素材的调用也是瞬间实现,不用反反复复在磁带上寻找,突破了单一的时间顺序编辑限制,可以按各种顺序排列,具有快捷简便、随机的特性。只要上传一次素材资料就可以多次编辑,信号质量始终不会变低。另外,Premiere Pro CC还具有制作水平高、节约投资、保护投资、网络化这些方面的优越性,如图1-1所示。

在学习使用Premiere Pro CC编辑影视的技能之前,用户需要了解编制一段完整视频的过程,包括取材、整理与策划、剪辑与编辑、后期加工、添加字幕以及后期配音等。下面具体介绍编制视频的流程。

1. 取材

取材可以简单地理解为收集原始素材或收集未处理的视频及音频文件,可以通过摄像机、数码相机、扫描仪以及录音机等设备进行收集。如图1-2所示为摄像机。

图1-1　非线性编辑系统　　　　　　　　　　图1-2　摄像机

2. 整理与策划

当拥有了众多的素材文件后,就需要整理杂乱的素材并通过手中的素材策划视频片段的思路。

3. 剪辑与编辑

视频的剪辑与编辑是整个制作过程中最重要的操作,而且决定着最终的视频效果。因此,用户除了需要拥有充足的素材外,还要对视频编辑软件有一定的熟练程度。

提 示

在学习剪辑与编辑影视时,用户需要对蒙太奇的概念有所了解。蒙太奇(Montage)在法语是【剪接】的意思,可解释为有意涵的时、空、人、地拼贴剪辑手法。当不同的镜头拼接在一起时,往往又会产生各个镜头单独存在时所不具有的含义,可以称蒙太奇为画面与声音的语言。

4. 后期加工

经过了剪辑和编辑后，可以为视频添加一些特效和转场动画。这些后期加工可以增加视频的艺术效果。

5. 添加字幕

在众多视频编辑软件中都提供了独特的文字编辑功能，可以展现自己的想象空间，利用这些工具添加各种字幕效果。

6. 添加配音

大多数视频制作都会将配音放在最后一步，这样可以节省很多不必要的重复工作。音乐的加入可以很直观地传达视频中的情感和氛围。

在运用Premiere Pro CC进行视频编辑之前，应学习一些最基本的操作，如启动与退出Premiere Pro CC程序等。下面介绍启动与退出Premiere Pro CC、认识Premiere Pro CC工作界面以及各种视频编辑工具的应用等内容。

Example 实例 001 启动与退出Premiere Pro CC

1. 启动Premiere Pro CC

素材文件	无
效果文件	无
视频文件	光盘 \ 视频 \ 第1章 \ 001 启动Premiere Pro CC.mp4
难易程度	★★☆☆☆
学习时间	5分钟
实例要点	启动Premiere Pro CC并进入工作界面的方法
思路分析	本实例为用户介绍启动Premiere Pro CC，并通过新建项目进入工作界面的操作方法

操作步骤

01 单击【开始】|【所有程序】|Adobe Premiere Pro CC命令，如图1-3所示。

02 启动Premiere Pro CC程序，弹出【欢迎使用Adobe Premiere Pro】对话框，单击【新建项目】链接，如图1-4所示。

图1-3 单击Adobe Premiere Pro CC命令

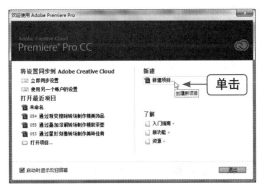

图1-4 单击【新建项目】链接

🔍 **提 示** ||||||||||||||||||||||||||||||||||||||||||||||||||||||||||||||||||||||||||||||||||||||||

在安装Adobe Premiere Pro CC时，软件默认不在桌面创建快捷图标。可以在如图1-3所示的程序列表中，在Adobe Premiere Pro CC命令上单击鼠标左键并拖曳至桌面上的空白位置处释放鼠标左键，即可在桌面上创建Premiere Pro CC的快捷方式图标。以后在桌面上双击Premiere Pro CC程序图标，即可启动Premiere Pro CC程序。

03 弹出【新建项目】对话框，设置项目名称与位置，然后单击【确定】按钮，如图1-5所示。

04 执行操作后，即可新建项目，进入Premiere Pro CC工作界面，如图1-6所示。

图1-5　单击【确定】按钮

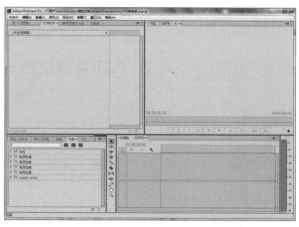

图1-6　Premiere Pro CC工作界面

🔍 **提 示** ||||||||||||||||||||||||||||||||||||||||||||||||||||||||||||||||||||||||||||||||||||||||

在电脑中双击prproj格式的项目文件，也可以启动Adobe Premiere Pro CC应用程序并打开项目文件。

2. 退出Premiere Pro CC

素材文件	无
效果文件	无
视频文件	光盘＼视频＼第1章＼001 退出Premiere Pro CC.mp4
难易程度	★★☆☆☆
学习时间	5分钟
实例要点	退出Premiere Pro CC的方法
思路分析	本实例为用户介绍通过【退出】命令退出Premiere Pro CC的操作方法

▶ **操作步骤**

01 在Premiere Pro CC中保存项目后，单击【文件】|【退出】命令，如图1-7所示。

02 执行操作后，即可退出Premiere Pro CC程序。

提 示 ||||||||||||||||||||||||||||||||||||||||||||||||||||||||||||||||||||||||||||||||||||||||||

退出Premiere Pro CC程序还有以下6种方法。

- 按【Ctrl+Q】组合键，即可退出程序。
- 在Premiere Pro CC操作界面中，单击右上角的【关闭】按钮，如图1-8所示。
- 双击【标题栏】左上角的■图标，即可退出程序。
- 单击【标题栏】左上角的■图标，在弹出的列表框中选择【关闭】选项，如图1-9所示，即可退出程序。
- 按【Alt+F4】组合键，即可退出程序。
- 在任务栏的Premiere Pro CC程序图标上，单击鼠标右键，在弹出的快捷菜单中选择【关闭窗口】选项，如图1-10所示，也可以退出程序。

图1-7 单击【退出】命令

图1-8 单击【关闭】按钮

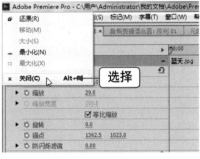

图1-9 选择【关闭】选项

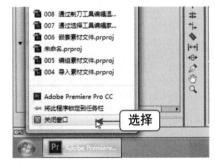

图1-10 选择【关闭窗口】选项

Example 实例 002 **认识Premiere Pro CC**

1. 认识工作界面

在启动Premiere Pro CC后，便可以看到Premiere Pro CC简洁的工作界面。界面中主要包括标题栏、菜单栏、【项目】面板、【监视器】面板、【效果】面板、【效果控件】面板、【时间轴】面板、【工具】面板、【信息】面板以及【历史记录】面板。

Premiere Pro CC是全黑的工作界面，深色的工作界面是为了让用户更加专注于图片处理，而不是交互界面上。另外，深色的工作界面可以更加突显图片的色彩等效果，给用户完全不同的视觉体验，如图1-11所示。

菜单栏

【监视器】
面板

【效果控件】
面板

【历史记录】
面板

【信息】面板

【效果】面板

【项目】面板

标题栏

【工具】面板

【时间轴】面板

图1-11　Premiere Pro CC的工作界面

　　在Premiere Pro CC中，可以根据个人习惯设置工作界面颜色的深浅。为了本书图片的清晰，现将界面颜色统一修改为灰色，操作为：在工作界面中单击【编辑】|【首选项】|【外观】命令，如图1-12所示，弹出【首选项】对话框，在【亮度】选项区中拖曳滑块至合适位置，如图1-13所示，设置完成后，单击【确定】按钮即可。

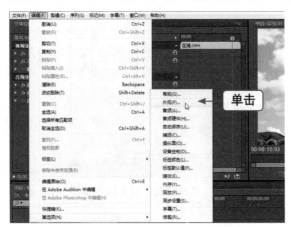

单击

拖曳滑块

图1-12　单击【外观】命令　　　　　　　图1-13　拖曳滑块至合适位置

提　示

　　在【首选项】对话框中，可以自定义Premiere Pro CC工作界面的外观样式，包括Premiere Pro CC的显示效果、工作界面亮度、音频设备和设置、自动保存的时间间隔、从磁带盒或摄像机传输视频与音频的方式、媒体首选项、回放设置、同步设置以及工作内存的大小等设置。

　　另外，在Premiere Pro CC版本中增加了【同步设置】功能，能够帮助用户将首选项、预设和设置同步到用户的Adobe Creative Cloud账户。如果用户在多台计算机上使用Premiere Pro CC，则借助【同步设置】功能很容易使各计算机之间的软件设置保持同步。

2. 认识标题栏与菜单栏

与其他Adobe公司产品一样，标题栏位于Premiere Pro CC工作界面的最上方，菜单栏提供了8组菜单选项，位于标题栏的下方。

Premiere Pro CC的菜单栏由【文件】、【编辑】、【剪辑】、【序列】、【标记】、【字幕】、【窗口】和【帮助】菜单组成。

- 【文件】菜单：主要用于对项目文件进行操作，包括【新建】、【打开项目】、【关闭项目】、【保存】、【另存为】、【保存副本】、【捕捉】、【批量捕捉】、【导入】、【导出】以及【退出】等命令，如图1-14所示。
- 【编辑】菜单：主要用于一些常规编辑操作，如【撤消】、【重做】、【剪切】、【复制】、【粘贴】、【清除】、【波纹删除】、【全选】、【查找】、【标签】、【快捷键】以及【首选项】等命令，如图1-15所示。

图1-14　【文件】菜单

图1-15　【编辑】菜单

提　示

当用户将鼠标指针移至菜单中带有三角图标的命令时，该命令将会自动弹出子菜单；如果命令呈灰色显示，表示该命令在当前状态下无法使用；单击带有省略号的命令，将会弹出相应的对话框。

- 【剪辑】菜单：用于实现对素材的具体操作，Premiere Pro CC中剪辑影片的大多数命令都位于该菜单中，如【重命名】、【修改】、【视频选项】、【捕捉设置】、【覆盖】以及【替换素材】等命令，如图1-16所示。
- 【序列】菜单：主要用于对项目中当前活动的序列进行编辑和处理，如【序列设置】、【渲染音频】、【应用视频过渡】、【提升】、【提取】、【放大】、【缩小】、

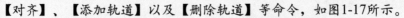

【对齐】、【添加轨道】以及【删除轨道】等命令，如图1-17所示。

图1-16 【剪辑】菜单　　　　　　图1-17 【序列】菜单

- 【标记】菜单：用于对素材和场景序列的标记进行编辑处理，如【标记入点】、
【标记出点】、【转到入点】、【转到出点】、【添加标记】以及【清除当前标记】
等命令，如图1-18所示。
- 【字幕】菜单：主要用于实现字幕制作过程中的各项编辑和调整，如【新建字幕】、
【字体】、【大小】、【文字对齐】、【方向】、【图形】、【选择】以及【排列】
等命令，如图1-19所示。
- 【窗口】菜单：主要用于实现对各种编辑窗口和控制面板的管理，如【工作区】、
【扩展】、【事件】、【信息】、【字幕属性】以及【效果控件】等命令，如
图1-20所示。

图1-18 【标记】菜单　　　图1-19 【字幕】菜单　　　图1-20 【窗口】菜单

- 【帮助】菜单：可以为用户提供在线帮助，如【Adobe Premiere Pro帮助】、【Adobe Premiere Pro支持中心】、【登录】以及【更新】等命令，如图1-21所示。

图1-21 【帮助】菜单

3.认识面板

除了菜单栏与标题栏外，【项目】面板、【监视器】面板、【效果】面板、【时间轴】面板以及工具栏都是Premiere Pro CC操作界面中十分重要的组成部分。

（1）【项目】面板

【项目】面板主要用于输入和储存供【时间轴】面板编辑合成的素材文件。【项目】面板由4个部分构成，最上面的一部分为素材预览区；在预览区下方的为查找区；位于最中间的是素材目录栏；最下面的是工具栏，也就是菜单命令的快捷按钮，单击这些按钮可以方便地实现一些常用操作，如图1-22所示。

在【项目】面板中，各区域及按钮的含义如下。

- 素材预览区：该选项区主要用于显示所选素材的相关信息。默认情况下，【项目】面板是不会显示素材预览区，只有单击面板右上角的下三角按钮，在弹出的列表框中选择【预览区域】选项，如图1-23所示，才可显示素材预览区。

图1-22 【项目】面板

图1-23 选择【预览区域】选项

- 查找区：该选项区主要用于查找需要的素材。
- 素材目录栏：该选项区的主要作用是将导入的素材按目录的方式编排起来。

- 【列表视图】按钮▤：单击该按钮可以将素材以列表形式显示，如图1-24所示。
- 【图标视图】按钮▦：单击该按钮可以将素材以图标形式显示。
- 【缩小】按钮◣：单击该按钮可以将素材缩小显示。
- 【放大】按钮◢：单击该按钮可以将素材放大显示。
- 【排序图标】按钮↕：单击该按钮可以弹出【排序图标】列表框，选择相应的选项可以按一定顺序将素材进行排序，如图1-25所示。

图1-24　将素材以列表形式显示　　　　图1-25　【排序图标】列表框

- 【自动匹配序列】按钮▥：单击该按钮可以将【项目】面板中所选的素材自动排列到【时间轴】面板的时间轴页面中。单击【自动匹配序列】按钮，将弹出【序列自动化】对话框，如图1-26所示。
- 【新建素材箱】按钮▢：单击该按钮可以在素材目录栏中新建素材箱，如图1-27所示，在素材箱下面的文本框中输入文字，单击空白处即可确认素材箱的名字。

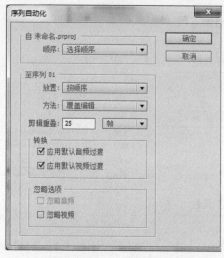
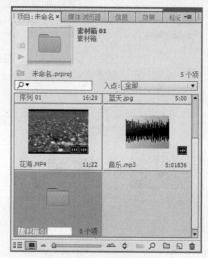

图1-26　【序列自动化】对话框　　　　图1-27　新建素材箱

- 【查找】按钮🔍：单击该按钮可以根据名称、标签或入出点在【项目】面板中定位

素材。单击【查找】按钮，将弹出【查找】对话框，如图1-28所示，在该对话框的
【查找目标】下方的文本框中输入需要查找的内容，单击【查找】按钮即可。

图1-28 【查找】对话框

● 【清除】按钮🗑：单击该按钮可以从素材目录栏中清除选中的素材，使用该按钮不
  会删除电脑中的原文件。

(2)【监视器】面板

【监视器】面板结合了【素材源】面板、【效果控件】面板、【音频剪辑混合器】面
板和【元数据】面板，如图1-29所示。其是影视编辑中不可缺少的重要工具。通过【监视器】
面板，可以对编辑的项目进行实时预览，还可以对素材进行剪辑处理。

源监视器　　　　　　　　　　　　　　　　　　　　　　　　　　　节目监视器

图1-29 【监视器】面板

在【监视器】面板中，各区域及按钮的含义如下。

● 【源监视器】面板：在该面板中可以对项目进行剪辑和预览。
● 【节目监视器】面板：在该面板中可以预览项目素材。
● 【标记入点】按钮：单击该按钮可以将时间轴标尺所在的位置标记为素材的
  入点。
● 【标记出点】按钮：单击该按钮可以将时间轴标尺所在的位置标记为素材的
  出点。
● 【转到入点】按钮：单击该按钮可以跳转到入点。
● 【逐帧后退】按钮：每单击该按钮一次即可将素材后退一帧。
● 【播放停止切换】按钮：单击该按钮可以播放所选的素材，再次单击该按钮，
  则会停止播放。
● 【逐帧前进】按钮：每单击该按钮一次即可将素材前进一帧。
● 【转到出点】按钮：单击该按钮可以跳转到出点。

- 【插入】按钮：每单击该按钮一次可以在【时间轴】面板的时间轴后面插入源素材一次。
- 【覆盖】按钮：每单击该按钮一次可以在【时间轴】面板的时间轴后面插入源素材一次，并覆盖时间轴上原有的素材。
- 【按钮编辑器】按钮：单击该按钮将弹出【按钮编辑器】面板，如图1-30所示，在该面板中可以重新布局【监视器】面板中的按钮。
- 【提升】按钮：单击该按钮可以将播放窗口中标注的素材从【时间轴】面板中提出，其他素材的位置不变。
- 【提取】按钮：单击该按钮可以将播放窗口中标注的素材从【时间轴】面板中提取，后面的素材位置自动向前对齐填补间隙。

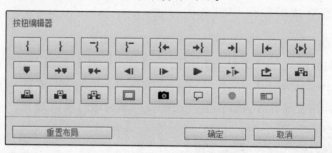

图1-30 【按钮编辑器】面板

（3）【效果】面板

【效果】面板主要用于为视频或者音频素材添加【音频特效】、【音频过渡】、【视频特效】以及【视频过渡】效果等，如图1-31所示。如图1-32所示为视频过渡效果列表。

图1-31 【效果】面板

图1-32 视频过渡效果列表

（4）【效果控件】面板

【效果控件】面板主要用于控制对象的运动、透明度、切换效果以及改变特效的参数等，如图1-33所示。如图1-34所示为设置视频效果的属性。

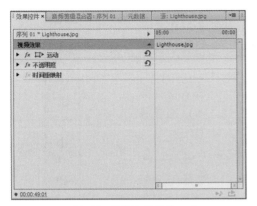

图1-33 【效果控件】面板

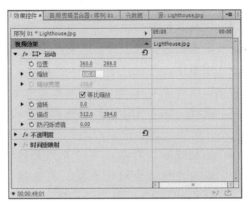

图1-34 设置视频效果的属性

提 示

在【效果】面板中选择需要的视频特效，将其添加到视频素材上，然后选择视频素材，进入【效果控件】面板，就可以为添加的特效设置属性。如果在工作界面中没有找到【效果控件】面板，可以单击【窗口】|【效果控件】命令，即可展开【效果控件】面板。

（5）【时间轴】面板

【时间轴】面板是Premiere Pro CC中进行视频、音频编辑的重要窗口之一，如图1-35所示，在面板中可以轻松实现对素材的剪辑、插入、调整以及添加关键帧等操作。

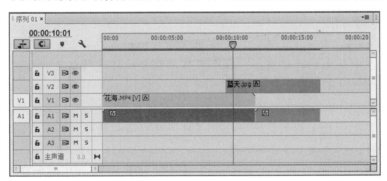

图1-35 【时间轴】面板

提 示

在Premiere Pro CC版本中，【时间轴】面板经过了重新设计，用户可以自定义【时间轴】的轨道头，并可以确定显示哪些控件。由于视频和音频轨道的控件各不相同，因此每种轨道类型各有单独的按钮编辑器。右键单击视频或音频轨道，在弹出的快捷菜单中选择【自定义】命令，然后可以根据需要拖放按钮。

（6）【工具】面板

【工具】面板位于【时间轴】面板的左侧，主要包括选择工具、轨道选择工具、波纹编辑工具、滚动编辑工具、比率拉伸工具、剃刀工具、外滑工具、内滑工具、钢笔工具、手形工具、缩放工具，如图1-36所示。下面将介绍各工具的选项含义。

- 选择工具 ：该工具主要用于选择素材、移动素材以及调节素材关键帧。将该工具移至素材的边缘，光标将变成拉伸图标，可以拉伸素材为素材设置入点和出点。

- 轨道选择工具 ：该工具主要用于选择某一轨道上的所有素材，按住【Shift】键的同时单击鼠标左键，可以选择所有轨道。

- 波纹编辑工具 ：该工具主要用于拖动素材的出点，可以改变所选素材的长度，而轨道上其他素材的长度不受影响。

- 滚动编辑工具 ：该工具主要用于调整两个相邻素材的长度，两个被调整的素材长度变化是一种此消彼长的关系，在固定的长度范围内，一个素材增加的帧数必然会从相邻的素材中减去。

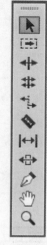

图1-36 【工具】面板

- 比率拉伸工具 ：该工具主要用于调整素材的速度。缩短素材则速度加快，拉长素材则速度减慢。

- 剃刀工具 ：该工具主要用于分割素材，将素材分割为两段，产生新的入点和出点。

- 外滑工具 ：选择此工具时，可以同时更改【时间轴】内某剪辑的入点和出点，并保留入点和出点之间的时间间隔不变。例如，如果将【时间轴】内的一个10秒剪辑修剪到5秒，可以使用外滑工具来确定剪辑的哪个5秒部分显示在【时间轴】内。

- 内滑工具 ：选择此工具时，可以将【时间轴】内的某个剪辑向左或向右移动，同时修剪其周围的两个剪辑。三个剪辑的组合持续时间以及该组在【时间轴】内的位置将保持不变。

- 钢笔工具 ：该工具主要用于调整素材的关键帧。

- 手形工具 ：该工具主要用于改变【时间轴】面板的可视区域，在编辑一些较长的素材时，使用该工具非常方便。

- 缩放工具 ：该工具主要用于调整【时间轴】面板中显示的时间单位，按住【Alt】键，可以在放大和缩小模式间进行切换。

提 示

【工具】面板主要是使用选择工具对【时间轴】面板中的素材进行编辑、添加或删除。因此，默认状态下工具箱将自动激活选择工具。

（7）【信息】面板

【信息】面板用于显示所选素材以及当前序列中素材的信息，包括素材本身的帧速率、分辨率、素材长度和素材在序列中的位置等，如图1-37所示。

（8）【历史记录】面板

【历史记录】面板主要用于记录编辑操作时执行的每一个命令，可以通过在【历史记录】

面板中删除指定的命令来还原之前的编辑操作，如图1-38所示。

图1-37 【信息】面板

图1-38 【历史记录】面板

提 示

当用户选择【历史记录】面板中的历史记录后，单击【历史记录】面板右下角的【删除可重做的动作】按钮，即可将当前历史记录删除。

3. 认识快捷键

在Premiere Pro CC中提供了许多快捷键，可以单击【编辑】|【快捷键】命令，如图1-39所示，打开【键盘快捷键】对话框，从中查看各命令的快捷键，如图1-40所示。

图1-39 单击【快捷键】命令

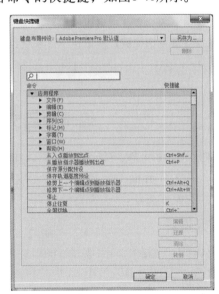

图1-40 【键盘快捷键】对话框

还可以根据自己习惯，设置各种操作的快捷键，具体操作为：打开【键盘快捷键】对话框，在【命令】列表框中选择需要设置快捷键的命令，单击【编辑】按钮，如图1-41所示。接下来，即可对选择的命令设置快捷键了，只需要按下键盘上的任意按键或组合键，即可完成对当前命令快捷键的设置，如图1-42所示。

图1-41　单击【编辑】按钮　　　　　　图1-42　对当前命令设置快捷键

提 示

当用户自定义的键盘快捷键与原有的快捷键冲突时，【键盘快捷键】对话框中将会弹出 ⚠ 警告图标，单击【确定】按钮可以选择清除原有的快捷键来保证用户当前自定义的快捷键能被启用。

在Premiere Pro CC的【键盘快捷键】对话框中，可以单击【键盘布局预设】右侧的下三角按钮，在弹出的列表框中可以根据需要选择Premiere不同版本选项，自定义键盘布局。另外，还可以在【键盘快捷键】对话框中修改键盘快捷键后，单击右上角的【另存为】按钮，另存为布局预设。

Example 实例 003 编辑项目文件

在启动Premiere Pro CC软件之后，用户需要新建或者打开一个项目，然后才可以进入工作界面。在工作界面中，可以进行创建序列、保存项目与关闭项目等操作。下面介绍编辑项目文件的操作方法。

1. 打开项目

素材文件	光盘 \ 素材 \ 第1章 \ 003 工作项目.prproj
效果文件	无
视频文件	光盘 \ 视频 \ 第1章 \ 003 打开项目.mp4
难易程度	★★☆☆☆
学习时间	5分钟
实例要点	打开项目的操作方法
思路分析	在Premiere Pro CC中，用户可以根据需要打开已经保存的项目文件。本例介绍在欢迎界面中打开项目文件的操作方法

操作步骤

01 启动Premiere Pro CC程序进入欢迎界面后，可以在欢迎界面中单击【打开项目】链接，如图1-43所示。

02 弹出【打开项目】对话框，选择相应的项目文件，如图1-44所示。

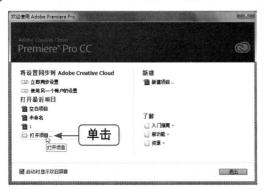

图1-43 单击【打开项目】链接　　　　　　图1-44 选择相应的项目文件

03 单击【打开】按钮，即可打开选择的项目文件，如图1-45所示。

提 示

在Premiere Pro CC工作界面中，单击【文件】|【打开项目】命令，也可以弹出【打开项目】对话框，如图1-46所示。

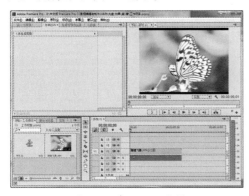

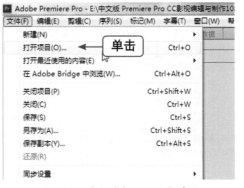

图1-45 打开项目文件　　　　　　图1-46 单击【打开项目】命令

2. 创建序列

素材文件	无
效果文件	光盘\效果\第1章\003 创建序列.prproj
视频文件	光盘\视频\第1章\003 创建序列.mp4
难易程度	★★★☆☆
学习时间	5分钟
实例要点	创建序列的操作方法
思路分析	创建一个空白项目后，用户需要在时间轴上创建序列，才可以在时间轴上导入素材进行视频编辑工作。本例介绍通过命令创建序列的操作方法

操作步骤

01 在Premiere Pro CC界面中，单击【文件】|【新建】|【项目】命令，如图1-47所示。

02 弹出【新建项目】对话框，设置项目名称与位置，然后单击【确定】按钮，如图1-48所示。

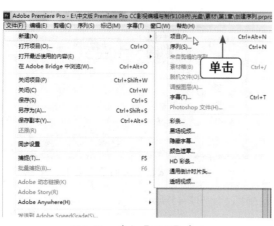

图1-47　单击【项目】命令

图1-48　单击【确定】按钮

03 执行操作后，创建一个空白项目，此时在【时间轴】面板中没有序列，无法进行编辑操作，如图1-49所示。

04 单击【文件】|【新建】|【序列】命令，如图1-50所示。

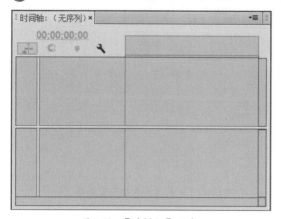

图1-49　【时间轴】面板

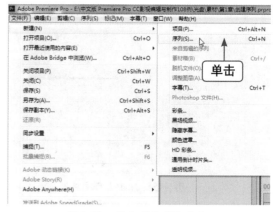

图1-50　单击【序列】命令

提 示

在【新建序列】对话框中，可以选择Premiere Pro提供的序列预设，也可以切换到【设置】选项卡，自定义序列设置。

05 弹出【新建序列】对话框，选择相应预设文件，单击【确定】按钮，如图1-51所示。

06 执行上述操作后，即可在时间轴上创建序列，如图1-52所示。

图1-51　单击【确定】按钮

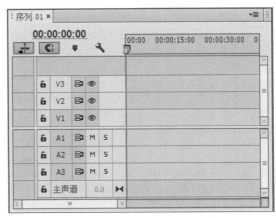

图1-52　在时间轴上创建序列

提 示

在Premiere Pro CC中，序列是时间轴上所有视频、音频素材的组合。在一个时间轴上将一组视频、音频素材按一定位置和顺序排列就成为一个序列，序列最终将输出为影片。

一个项目中可以创建多个序列。编辑制作较大的影视节目时，可以根据内容分为几个段落，每个段落都使用一个序列进行编辑。这样既能减少工作中的差错，也能使思路条理清晰。

3. 保存项目

素材文件	光盘＼素材＼第1章＼003 工作项目.prproj
效果文件	光盘＼效果＼第1章＼003 保存项目.prproj
视频文件	光盘＼视频＼第1章＼003 保存项目.mp4
难易程度	★★☆☆☆
学习时间	5分钟
实例要点	保存项目的操作方法
思路分析	为了确保用户所编辑的项目文件不会丢失，当用户编辑完当前项目文件后，可以通过命令将项目文件进行保存，以便下次再次打开

操作步骤

01 在Premiere Pro CC界面中，打开一个项目文件并进行编辑，然后单击【文件】|【另存为】命令，如图1-53所示。

02 弹出【保存项目】对话框，设置合适的保存路径与文件名，如图1-54所示。

03 单击【保存】按钮，弹出【保存项目】信息提示框，显示保存进度，如图1-55所示，稍后完成该项目文件的保存。

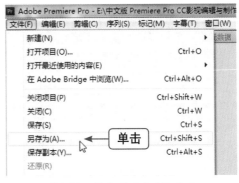

图1-53　单击【另存为】命令

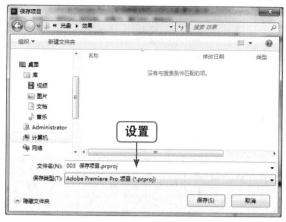

图1-54 设置保存路径与文件名

图1-55 显示保存进度

提 示

在Premiere Pro CC中，还可以使用以下快捷键保存项目。

● 按【Ctrl+S】组合键，直接保存项目。

● 按【Ctrl+Shift+S】组合键，另存为项目文件。

● 按【Ctrl+Alt+S】组合键，将项目作为副本保存。

4. 关闭项目

素材文件	光盘\素材\第1章\003 工作项目.prproj
效果文件	光盘\效果\第1章\003 工作项目.prproj
视频文件	光盘\视频\第1章\003 关闭项目.mp4
难易程度	★★☆☆☆
学习时间	5分钟
实例要点	关闭项目的操作方法
思路分析	当用户完成所有的编辑操作并将文件保存后，就可以通过命令将当前项目关闭

操作步骤

01 在Premiere Pro CC界面中，打开一个项目文件并进行编辑后，然后单击【文件】|【关闭项目】命令，如图1-56所示。

02 弹出信息提示框，单击【是】按钮，如图1-57所示，即可保存并关闭当前项目。

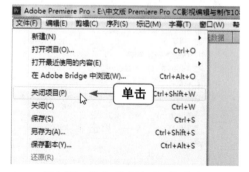

图1-56 单击【关闭项目】命令

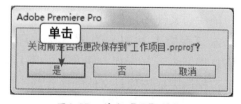

图1-57 单击【是】按钮

Example 实例 004 通过命令导入素材文件

素材文件	光盘\素材\第1章\幸福.wmv
效果文件	光盘\效果\第1章\004 通过命令导入素材文件.prproj
视频文件	光盘\视频\第1章\004 通过命令导入素材文件.mp4
难易程度	★★☆☆☆
学习时间	5分钟
实例要点	导入素材文件的方法
思路分析	导入素材文件，主要是指将已经存储在计算机硬盘中的素材导入到【项目】面板中，该面板相当于一个素材仓库，编辑视频时所用的素材都放在其中

操作步骤

01 在Premiere Pro CC工作界面中，新建一个项目文件，单击【文件】|【导入】命令，如图1-58所示。

02 弹出【导入】对话框，选择相应的素材文件，如图1-59所示。

图1-58 单击【导入】命令

图1-59 选择相应的素材文件

03 单击【打开】按钮，即可导入素材文件，在【项目】面板中可以查看导入的素材文件，如图1-60所示。

04 在【项目】面板中双击导入的素材文件，即可在【源监视器】面板中查看导入的素材画面效果，如图1-61所示。

图1-60 在【项目】面板查看素材

图1-61 在【源监视器】面板查看素材

素材文件	光盘 \ 素材 \ 第1章 \ 甜点1.jpg、甜点2.jpg
效果文件	光盘 \ 效果 \ 第1章 \ 005 通过命令编组素材文件.prproj
视频文件	光盘 \ 视频 \ 第1章 \ 005 通过命令编组素材文件.mp4
难易程度	★★★☆☆
学习时间	10分钟
实例要点	通过命令编组素材文件的方法
思路分析	在Premiere Pro CC中，当用户在时间轴上添加两个或两个以上的素材文件时，可能会需要同时对多个素材进行整体编辑操作，此时可以通过命令编组素材文件

本实例最终效果如图1-62所示。

图1-62　编组素材文件效果

操作步骤

01 在Premiere Pro CC工作界面中，新建一个项目文件并创建序列，单击【文件】|【导入】命令，弹出【导入】对话框，选择需要导入的素材文件，单击【打开】按钮，导入两个素材文件，如图1-63所示。

02 在【项目】面板中，双击【甜点1】素材文件，即可在【源监视器】面板中查看【甜点1】素材，单击面板右下角的【插入】按钮，如图1-64所示。

图1-63　导入素材文件　　　　　　　图1-64　单击【插入】按钮

在Premiere Pro CC中，将当前时间指示器移至【时间轴】面板中已有素材的中间，单击【源监视器】面板中的【插入】按钮，即可将【时间轴】面板中的素材一分为二，并将【源监视器】面板中的素材插入至两个素材之间。

当【时间轴】面板中已经存在一段素材文件时，在【源监视器】面板中调出【覆盖】按钮，然后单击【覆盖】按钮，执行上述操作后，【时间轴】面板中的原有素材内容将被覆盖。

③ 执行操作后，即可在【时间轴】面板中的V1轨道上插入【甜点1】素材，如图1-65所示。

④ 在【时间】标尺上的合适位置单击鼠标左键，即可调整时间指示器的位置，然后双击【甜点2】素材文件，在【源监视器】面板中单击【插入】按钮，即可在时间指示器的位置插入【甜点2】素材，如图1-66所示。

图1-65　插入【甜点1】素材

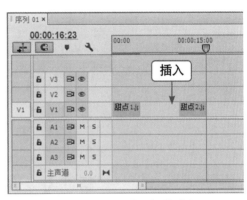

图1-66　插入【甜点2】素材

在Premiere Pro CC中，必须先在时间轴上创建序列，然后才可以添加素材到时间轴上。

⑤ 选择时间轴上的一个素材文件，按住【Shift】键的同时单击另一个素材文件，选择添加的两个素材，如图1-67所示。

⑥ 在素材文件上单击鼠标右键，弹出快捷菜单，选择【编组】选项，如图1-68所示。

图1-67　选择两个素材

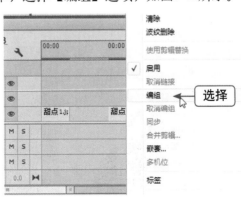

图1-68　选择【编组】选项

23

提 示

在Premiere Pro CC中，除了可以使用以上方法在【时间轴】面板中选择多个文件外，还可以在【时间轴】面板的空白位置处单击鼠标左键并拖曳，框选需要选择的素材。

在Premiere Pro CC的工作界面中，单击【剪辑】|【编组】命令，也可以编组选择的素材文件。

07 执行上述操作后，即可编组素材文件，在素材文件上单击鼠标左键并拖曳至合适的轨道位置上释放鼠标，两个素材将会同时移动，如图1-69所示。

08 选择时间轴上被编组的素材文件，单击鼠标右键，在弹出的快捷菜单中选择【取消编组】选项，如图1-70所示，即可将素材取消编组。

图1-69　两个素材将会同时移动

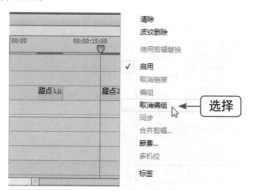

图1-70　选择【取消编组】选项

Example 实例 **006** **通过命令嵌套素材文件**

素材文件	光盘 \ 素材 \ 第1章 \ 光线1.jpg、光线2.jpg
效果文件	光盘 \ 效果 \ 第1章 \ 006 通过命令嵌套素材文件.prproj
视频文件	光盘 \ 视频 \ 第1章 \ 006 通过命令嵌套素材文件.mp4
难易程度	★★★☆☆
学习时间	15分钟
实例要点	嵌套素材文件的方法
思路分析	Premiere Pro CC中的嵌套功能是将一个时间轴嵌套至另一个时间轴中，成为一整段素材使用，并且在很大程度上提高了工作效率。本例介绍通过命令嵌套素材文件以及打开嵌套序列的方法

本实例最终效果如图1-71所示。

图1-71　嵌套素材文件效果

操作步骤

01 在Premiere Pro CC工作界面中，新建一个项目文件并创建序列，单击【文件】|【导入】命令，弹出【导入】对话框，选择需要导入的素材文件，单击【打开】按钮，导入两个素材文件，如图1-72所示。

02 将【项目】面板中导入的素材依次拖曳至V1时间轴轨道上，在【时间轴】面板中选择一个素材文件，按住【Shift】键的同时单击另一个素材文件，选择两个素材文件，如图1-73所示。

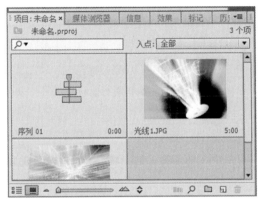

图1-72　导入素材文件　　　　图1-73　选择两个素材

提 示

在【项目】面板中，双击素材文件左下角的名称，即可更改文件名。双击素材目录栏的空白位置，即可打开【导入】对话框，导入新的素材。双击素材的缩略图，即可在【源监视器】面板中查看素材。

03 在素材文件上单击鼠标右键，弹出快捷菜单，在其中选择【嵌套】选项，如图1-74所示。

04 弹出【嵌套序列名称】对话框，设置名称为【嵌套序列01】，如图1-75所示。

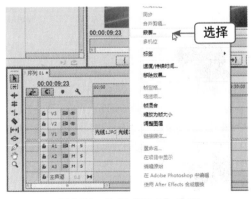

图1-74　选择【嵌套】选项　　　　图1-75　设置序列名称

05 单击【确定】按钮，即可嵌套素材，如图1-76所示，并在【项目】面板中生成【嵌套序列01】嵌套素材。

06 双击嵌套的素材，可以在【时间轴】面板中打开【嵌套序列01】素材，在其中可以对源素材文件进行编辑，如图1-77所示。

图1-76 生成嵌套素材

图1-77 编辑嵌套素材

提 示 ||||||||||||||||||||||||||||||||||||||||||||||||||||||||||||||||||||||

　　嵌套素材文件时，如果目标文件不在同一轨道上，执行嵌套命令时会将目标素材嵌套成为一整段素材，置于时间轴的一条轨道上。

Example 实例 007 通过选择工具编辑家居生活

素材文件	光盘 \ 素材 \ 第1章 \ 生活1.jpg、生活2.jpg
效果文件	光盘 \ 效果 \ 第1章 \ 007 通过选择工具编辑家居生活.prproj
视频文件	光盘 \ 视频 \ 第1章 \ 007 通过选择工具编辑家居生活.mp4
难易程度	★★★☆☆
学习时间	15分钟
实例要点	使用选择工具选择素材、拖曳素材、编辑素材的操作方法
思路分析	选择工具作为Premiere Pro CC使用最为频繁的工具之一，其主要功能是选择一个或多个片段，拖曳以及编辑选择的片段。本例介绍通过选择工具编辑素材的操作方法

本实例最终效果如图1-78所示。

图1-78 选择工具编辑视频的效果

操作步骤

01 在Premiere Pro CC工作界面中，新建一个项目文件并创建序列，导入两个素材文件，如图1-79所示。

02 在【项目】面板中选择【生活1】素材文件，单击鼠标右键，在弹出的快捷菜单中选择【插入】选项，如图1-80所示。

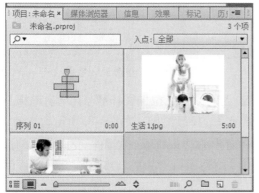

图1-79　导入素材文件 　　　　　　　　　　　　图1-80　选择【插入】选项

03 执行操作后，即可在【时间轴】面板中插入【生活1】素材，如图1-81所示。

04 在【时间轴】面板上按住【Alt】键并滚动鼠标滚轮，即可缩放【时间】标尺，拖曳滚动条调整显示区域，在【时间】标尺上的合适位置单击鼠标左键，调整时间指示器的位置，如图1-82所示。

 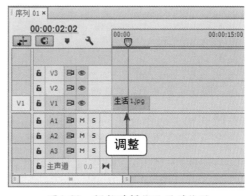

图1-81　插入【生活1】素材 　　　　　　　　　图1-82　调整时间指示器的位置

05 在【项目】面板中选择【生活2】素材，单击鼠标右键，弹出快捷菜单，选择【插入】选项，即可将【生活2】素材插入到V1轨道上的时间指示器位置，如图1-83所示。

06 在时间轴上的【生活2】素材上，单击鼠标左键并拖曳至合适位置释放鼠标左键，可以移动素材对象的位置，如图1-84所示。

提 示

在【项目】面板中，按住【Ctrl】键单击可以选择多个素材文件；在【时间轴】面板中，按住【Shift】键单击可以选择多个素材文件。

图1-83 插入【生活2】素材

图1-84 移动素材对象

07 将鼠标移至【生活2】素材对象的结束位置，当鼠标变成拉伸图标◄时，单击鼠标左键并拖曳至合适位置释放鼠标，可以调整素材对象的持续时间，如图1-85所示。

08 按住【Ctrl】键，将鼠标移至【生活1】素材对象的结束位置，当鼠标变成黄色的拉伸图标◄时，拖曳鼠标至合适位置后释放，可以调整素材对象的持续时间，同时该轨道上其他素材作相应的调整，如图1-86所示。

图1-85 调整素材对象的持续时间

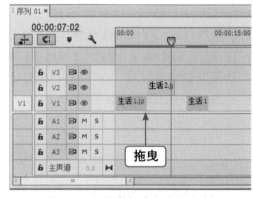

图1-86 调整素材对象的持续时间

09 在时间轴上选择合适的素材对象，单击鼠标右键，在弹出的快捷菜单中选择【清除】选项，如图1-87所示。

10 执行操作后，即可在时间轴上清除选择的素材对象，如图1-88所示。

图1-87 选择【清除】选项

图1-88 清除选择的素材对象

提 示

在【时间轴】面板中拖曳素材文件时，可以使用以下快捷方式：
● 按住【Ctrl】键并拖曳素材文件，可以将被拖曳的素材文件插入到目标位置。
● 按住【Shift】键并拖曳素材文件，可以将被拖曳的素材文件覆盖到目标位置。
● 按住【Alt】键并拖曳素材文件，可以将素材文件复制到目标位置。

Example 实例 008 通过剃刀工具编辑篮球比赛

素材文件	光盘 \ 素材 \ 第1章 \ 篮球比赛.mp4
效果文件	光盘 \ 效果 \ 第1章 \ 008 通过剃刀工具编辑篮球比赛.prproj
视频文件	光盘 \ 视频 \ 第1章 \ 008 通过剃刀工具编辑篮球比赛.mp4
难易程度	★★☆☆☆
学习时间	10分钟
实例要点	使用剃刀工具分割素材的方法
思路分析	剃刀工具可以将一段选中的素材文件进行剪切，将其分成两段或几段独立的素材片段，方便用户进行其他的编辑操作。本例介绍使用剃刀工具分割素材的操作方法

本实例最终效果如图1-89所示。

图1-89 剃刀工具编辑视频的效果

操作步骤

01 在Premiere Pro CC工作界面中，新建一个项目文件并创建序列，导入一个素材文件，如图1-90所示。

02 在【项目】面板中选择导入的素材文件，并将其拖曳至【时间轴】面板中的V1轨道上，释放鼠标即可添加素材文件，在【工具】面板中选择剃刀工具，如图1-91所示。

图1-90 导入一个素材文件　　　　图1-91 选择剃刀工具

> **提 示**
>
> 按住【Shift】键,单击【时间轴】面板中的任何素材文件,可以分割此位置所有轨道内的剪辑。

03 在【节目监视器】面板中单击【播放】按钮,播放视频并查找场景切换的位置,单击【逐帧后退】按钮与【逐帧前进】按钮定位场景切换的帧,如图1-92所示。

04 在【时间轴】面板上,使用剃刀工具单击时间指示器的位置,即可分割素材对象,调整时间指示器的位置,查看切割效果,如图1-93所示。

图1-92 定位场景切换的帧

图1-93 查看切割效果

Example 实例 009 通过滑动工具编辑快乐童年

素材文件	光盘 \ 素材 \ 第1章 \ 快乐童年1.mp4、快乐童年2.avi、快乐童年3.mp4
效果文件	光盘 \ 效果 \ 第1章 \ 009 通过滑动工具编辑快乐童年.prproj
视频文件	光盘 \ 视频 \ 第1章 \ 009 通过滑动工具编辑快乐童年.mp4
难易程度	★★★☆☆
学习时间	15分钟
实例要点	使用外滑工具与内滑工具的方法
思路分析	滑动工具包括外滑工具与内滑工具,使用外滑工具时,可以同时更改【时间轴】内某剪辑的入点和出点,并保持入点和出点之间的时间间隔不变。使用内滑工具时,可将【时间轴】内的某个剪辑向左或向右移动,同时修剪其周围的两个剪辑。三个剪辑的组合持续时间以及该组在【时间轴】内的位置将保持不变。本例介绍通过滑动工具编辑素材的操作方法

本实例最终效果如图1-94所示。

图1-94 滑动工具编辑视频的效果

操作步骤

01 在Premiere Pro CC工作界面中，新建一个项目文件并创建序列，导入三个素材文件，如图1-95所示。

02 在【项目】面板中选择【快乐童年1】素材文件，并将其拖曳至【时间轴】面板中的V1轨道上，如图1-96所示。

图1-95　导入素材文件　　　　　图1-96　拖曳添加【快乐童年1】素材

03 在【时间轴】面板上，将时间指示器定位在【快乐童年1】素材对象的中间，如图1-97所示。

04 在【项目】面板中双击【快乐童年2】素材文件，在【源监视器】面板中显示素材，单击【覆盖】按钮，如图1-98所示。

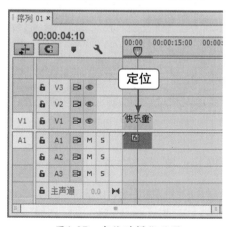

图1-97　定位时间指示器　　　　　图1-98　单击【覆盖】按钮

提示

当【监视器】面板的底部放置按钮的空间不足时，软件会自动隐藏一些按钮。可以单击右下角的≫按钮，在弹出的列表框中选择被隐藏的按钮。

05 执行操作后，即可在V1轨道上的时间指示器位置添加【快乐童年2】素材，并覆盖位置上的原素材，如图1-99所示。

06 选择【快乐童年3】素材并拖曳至时间轴上的【快乐童年2】素材后面，并覆盖部分【快乐童年2】素材，如图1-100所示。

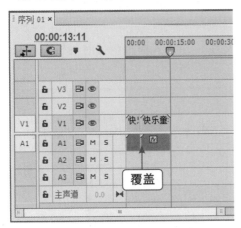

图1-99　添加【快乐童年2】素材

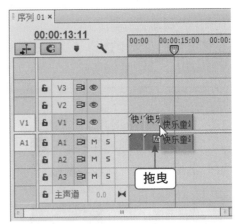

图1-100　添加【快乐童年3】素材

07 释放鼠标后，即可在V1轨道上添加【快乐童年3】素材，并覆盖部分【快乐童年2】素材，在【工具】面板中选择外滑工具，如图1-101所示。

08 在V1轨道上的【快乐童年2】素材对象上单击鼠标左键并拖曳，在【节目监视器】面板中显示更改素材入点和出点的效果，如图1-102所示。

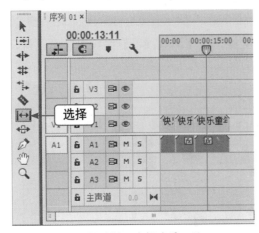

图1-101　选择外滑工具

图1-102　显示更改素材入点和出点的效果

09 释放鼠标后，即可确认更改【快乐童年2】素材的入点和出点，将时间指示器定位在【快乐童年2】素材的开始位置，在【节目监视器】面板中单击【播放】按钮，即可观看更改效果，如图1-103所示。

10 在【工具】面板中选择内滑工具，在V1轨道上的【快乐童年2】素材对象上单击鼠标左键并拖曳，即可将【快乐童年2】素材向左或向右移动，同时修剪其周围的两个视频文件，如图1-104所示。

11 释放鼠标后，即可确认更改【快乐童年2】素材的位置，如图1-105所示。

12 将时间指示器定位在【快乐童年1】素材的开始位置，在【节目监视器】面板中单击【播放-停止切换】按钮，即可观看更改后的视频效果，如图1-106所示。

图1-103　观看更改效果

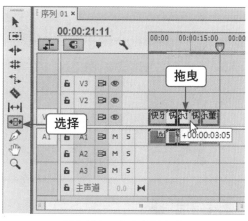

图1-104　移动素材文件

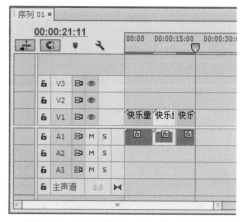

图1-105　更改【快乐童年2】素材的位置

图1-106　观看视频效果

提　示

内滑工具与外滑工具最大的区别在于，使用内滑工具剪辑只能剪辑相邻的素材，而本身的素材不会被剪辑。

Example 实例 010　**通过比率拉伸工具编辑水珠特效**

素材文件	光盘＼素材＼第1章＼水珠特效.avi
效果文件	光盘＼效果＼第1章＼010 通过比率拉伸工具编辑水珠特效.prproj
视频文件	光盘＼视频＼第1章＼010 通过比率拉伸工具编辑水珠特效.mp4
难易程度	★★☆☆☆
学习时间	10分钟
实例要点	使用比率拉伸工具的方法
思路分析	比率拉伸工具主要用于调整素材的速度。使用比率拉伸工具在【时间轴】面板中缩短素材，则会加快视频的播放速度。反之，拉长素材则速度减慢。本例介绍通过比率拉伸工具编辑素材的操作方法

本实例最终效果如图1-107所示。

图1-107 比率拉伸工具编辑视频的效果

操作步骤

01 在Premiere Pro CC工作界面中，新建一个项目文件并创建序列，导入一个素材文件，如图1-108所示。

02 在【项目】面板中选择导入的素材文件，并将其拖曳至【时间轴】面板中的V1轨道上，在【工具】面板中选择比率拉伸工具，如图1-109所示。

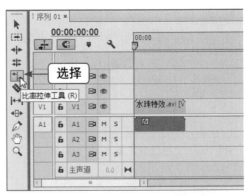

图1-108 导入素材文件　　　　　图1-109 选择比率拉伸工具

03 将鼠标移至添加的素材文件的结束位置，当鼠标变成比率拉伸图标时，单击鼠标左键并向左拖曳，至合适位置释放鼠标，可以缩短素材文件，如图1-110所示。

04 在【节目监视器】面板中单击【播放-停止切换】按钮，即可观看缩短素材后的视频播放效果，如图1-111所示。

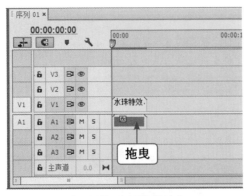

图1-110 缩短素材对象　　　　　图1-111 观看视频效果

05 使用同样的操作方法，拉长素材对象，在【节目监视器】面板中单击【播放】按钮，即可观看拉长素材后的视频播放效果。

011 通过波纹编辑工具编辑城市风景

素材文件	光盘 \ 素材 \ 第1章 \ 城市风景1.jpg、城市风景2.jpg
效果文件	光盘 \ 效果 \ 第1章 \ 011 通过波纹编辑工具编辑城市风景.prproj
视频文件	光盘 \ 视频 \ 第1章 \ 011 通过波纹编辑工具编辑城市风景.mp4
难易程度	★★☆☆☆
学习时间	5分钟
实例要点	使用波纹编辑工具的方法
思路分析	使用波纹编辑工具拖曳素材的出点可以改变所选素材的长度，而轨道上其他素材的长度不受影响。本例介绍通过波纹编辑工具编辑素材的操作方法

本实例最终效果如图1-112所示。

图1-112　波纹编辑工具编辑视频的效果

操作步骤

01 在Premiere Pro CC工作界面中，新建一个项目文件并创建序列，导入两个素材文件，如图1-113所示。

02 在【项目】面板中选择两个素材文件，并将其拖曳至【时间轴】面板中的V1轨道上，在【工具】面板中选择波纹编辑工具，如图1-114所示。

 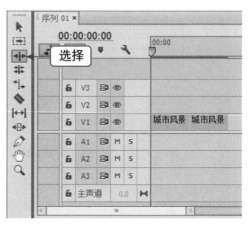

图1-113　导入素材文件　　　　　图1-114　选择波纹编辑工具

03 将鼠标移至【城市风景1】素材对象的开始位置，当鼠标变成波纹编辑图标时，单击鼠标左键并向右拖曳，如图1-115所示。

04 至合适位置后释放鼠标，即可使用波纹编辑工具剪辑素材，轨道上的其他素材则同步进行移动，如图1-116所示。

图1-115　缩短素材对象

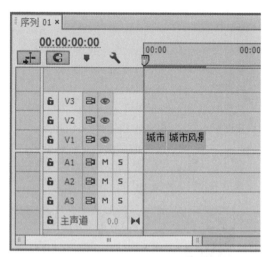

图1-116　剪辑素材的效果

Example 实例 **012** 　**通过滚动编辑工具编辑小提琴**

素材文件	光盘 \ 素材 \ 第1章 \ 小提琴1.jpg、小提琴2.jpg
效果文件	光盘 \ 效果 \ 第1章 \ 012 通过滚动编辑工具编辑小提琴.prproj
视频文件	光盘 \ 视频 \ 第1章 \ 012 通过滚动编辑工具编辑小提琴.mp4
难易程度	★★☆☆☆
学习时间	5分钟
实例要点	使用滚动编辑工具的方法
思路分析	使用滚动编辑工具剪辑素材时，在【时间轴】面板中拖曳素材文件的边缘可以同时修整素材的进入端和输出端。本例介绍通过滚动编辑工具编辑素材的操作方法

本实例最终效果如图1-117所示。

图1-117　滚动编辑工具编辑视频的效果

操作步骤

01 在Premiere Pro CC工作界面中，新建一个项目文件并创建序列，导入两个素材文件，如图1-118所示。

02 在【项目】面板中选择素材文件，并将其拖曳至【时间轴】面板中的V1轨道上，在【工具】面板中选择滚动编辑工具，如图1-119所示。

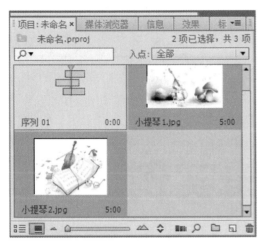

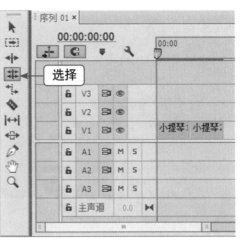

| 图1-118　导入素材文件 | 图1-119　选择滚动编辑工具 |

03 将鼠标指针移至【时间轴】面板中的两个素材之间，当鼠标变成滚动编辑图标时，单击鼠标左键并向右拖曳，如图1-120所示。

04 拖曳至合适位置后释放鼠标，即可使用滚动编辑工具剪辑素材，轨道上的其他素材也发生变化，如图1-121所示。

| 图1-120　单击鼠标左键并向右拖曳 | 图1-121　使用滚动编辑工具剪辑素材 |

第2章
影视素材剪辑实例

本章重点

- 通过添加影视素材编辑百年好合
- 通过分离影片编辑黑暗骑士
- 通过设置标记编辑鲜花绽放
- 通过显示方式编辑精美花纹
- 通过调整项目属性编辑汽车广告
- 通过四点剪辑电影镜头

- 通过复制视频编辑浪漫花语
- 通过删除影片素材编辑安静聆听
- 通过锁定和解锁轨道编辑欢度五一
- 通过入点与出点编辑风云变幻
- 通过三点剪辑自然风光

使用Premiere Pro CC可以导入多种格式的视频、音频、图像等素材文件，然后将其添加到时间轴上，可以进行复制、分离、删除、设置标记、锁定、调整等编辑操作。本章主要介绍添加并剪辑影视素材的操作方法。

Example 实例 013 通过添加影视素材编辑百年好合

素材文件	光盘\素材\第2章\百年好合.avi、百年好合.jpg、百年好合.mp3
效果文件	光盘\效果\第2章\013 通过添加影视素材编辑百年好合.prproj
视频文件	光盘\视频\第2章\013 通过添加影视素材编辑百年好合.mp4
难易程度	★★★☆☆
学习时间	15分钟
实例要点	添加影视素材到【项目】面板的3种途径
思路分析	添加影视素材到【项目】面板的方法有3种，比如，通过命令打开【导入】对话框、双击打开【导入】对话框以及使用媒体浏览器等。本例详细介绍这3种导入素材的方法

本实例的最终效果如图2-1所示。

图2-1 编辑影视素材的效果

操作步骤

01 在Premiere Pro CC工作界面中，新建一个项目并创建序列，单击【文件】|【导入】命令，如图2-2所示。

02 弹出【导入】对话框，选择相应的视频素材，如图2-3所示。

图2-2 单击【导入】命令　　　　　图2-3 选择相应的视频素材

03 单击【打开】按钮,即可导入视频素材,在【项目】面板中选择导入的视频素材,如图2-4所示。

04 在视频素材上单击鼠标左键并拖曳,至【时间轴】面板中的V1轨道上释放鼠标,即可添加该视频素材到轨道上,如图2-5所示。

图2-4　选择导入的视频素材　　　　　图2-5　添加视频素材到轨道上

05 在【项目】面板中双击空白位置,弹出【导入】对话框,选择相应的图像素材,如图2-6所示。

06 单击【打开】按钮,即可导入图像素材,在【项目】面板中可以查看导入的图像素材画面效果,如图2-7所示。

图2-6　选择合适的图像素材　　　　　图2-7　查看导入的图像素材

07 将【项目】面板中的图像素材添加到V1轨道上的合适位置,如图2-8所示。

08 单击【媒体浏览器】标签,切换至【媒体浏览器】面板,如图2-9所示。

图2-8　添加图像素材　　　　　图2-9　切换至【媒体浏览器】面板

在Premiere Pro CC中，除了从电脑中导入素材文件，还可以使用【捕捉】面板，直接从摄像机或VTR中捕捉素材。

09 在左边的列表框中展开相应的路径，在右侧的列表框中选择相应的音频素材，如图2-10所示。

10 在音频素材上单击鼠标左键并拖曳，至【时间轴】面板中的A1轨道上，释放鼠标，即可将音频素材添加到A1轨道上，如图2-11所示。

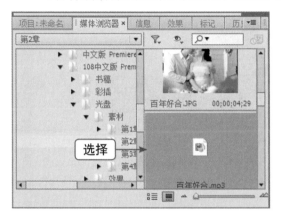

图2-10 选择相应的音频素材

图2-11 添加音频素材

除了以上3种添加素材文件的方法，还可以在电脑中打开素材文件存放的文件夹，直接将素材文件拖曳至【项目】面板或【时间轴】面板的轨道中。

11 切换至【项目】面板，可以查看导入的音频素材，如图2-12所示。

12 使用剃刀工具，分割A1轨道上的音频素材，使用选择工具选择不需要的素材片段，按【Delete】键删除，如图2-13所示，即可添加影视素材并编辑成一段视频。

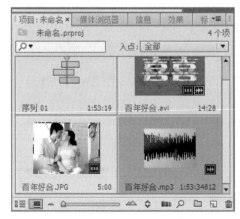

图2-12 查看导入的音频素材

图2-13 按【Delete】键删除片段

Example 实例 014 **通过复制视频编辑浪漫花语**

素材文件	光盘 \ 素材 \ 第2章 \ 花语.mpg
效果文件	光盘 \ 效果 \ 第2章 \ 014 通过复制视频编辑浪漫花语.prproj
视频文件	光盘 \ 视频 \ 第2章 \ 014 通过复制视频编辑浪漫花语.mp4
难易程度	★★☆☆☆
学习时间	10分钟
实例要点	复制与粘贴视频素材的操作方法
思路分析	复制与粘贴视频素材可以使用菜单命令与使用快捷键两种方法，粘贴素材的位置取决于时间指示器的位置

本实例的最终效果如图2-14所示。

图2-14 复制视频的效果

操作步骤

01 在Premiere Pro CC工作界面中，新建一个项目文件，导入一个素材文件，在【项目】面板的素材库中选择导入的素材文件，单击鼠标右键，在弹出的快捷菜单中选择【从剪辑新建序列】选项，如图2-15所示。

02 执行操作后，新建【花语】序列，并将选择的视频素材添加到【时间轴】面板的V1轨道上，如图2-16所示。

图2-15 选择【从剪辑新建序列】选项　　　图2-16 添加视频素材

提 示

使用【从剪辑新建序列】选项创建的序列，视频分辨率、视频帧率、音频码率等属性将与选择的素材属性一致，减少了用户调整素材属性的麻烦。

03 选择V1轨道上的视频素材，单击【编辑】|【复制】命令，如图2-17所示，复制选择的视频素材。

04 将时间指示器定位在00:00:15:00，按【Ctrl+V】组合键，即可将复制的视频粘贴至V1轨道上的时间指示器位置，如图2-18所示。

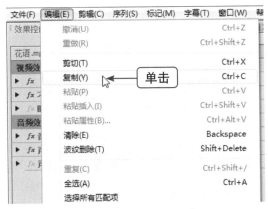

图2-17　单击【复制】命令

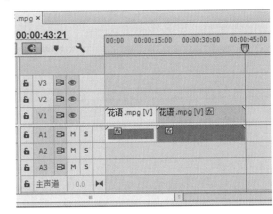

图2-18　粘贴视频

05 将时间指示器移至视频的开始位置，单击【节目监视器】面板中的【播放停止切换】按钮，即可预览视频效果。

Example 实例 015　通过分离影片编辑黑暗骑士

素材文件	光盘 \ 素材 \ 第2章 \ 黑暗骑士.mp4
效果文件	光盘 \ 效果 \ 第2章 \ 015 通过分离影片编辑黑暗骑士.prproj
视频文件	光盘 \ 视频 \ 第2章 \ 015 通过分离影片编辑黑暗骑士.mp4
难易程度	★★☆☆☆
学习时间	5分钟
实例要点	分离与链接影片素材的方法
思路分析	分离影片素材可以将视频与音频分离，可以用来单独提取视频素材，或保护编辑视频时音频素材不被破坏，分离与链接影片素材可以使用菜单命令，也可以使用快捷菜单命令

本实例的最终效果如图2-19所示。

图2-19　分离影片的效果

操作步骤

01 在Premiere Pro CC工作界面中，新建一个项目文件并创建序列，导入一个素材文件，如图2-20所示。

02 在【项目】面板的素材库中选择导入的视频素材，并将其拖曳至【时间轴】面板的V1轨道上，如图2-21所示。

图2-20　导入一个素材文件

图2-21　拖曳视频素材

03 选择V1轨道上的视频素材，单击【剪辑】|【取消链接】命令，如图2-22所示。

04 将视频与音频分离后，选择V1轨道上的视频素材，单击鼠标左键并拖曳，即可单独移动视频素材，如图2-23所示。

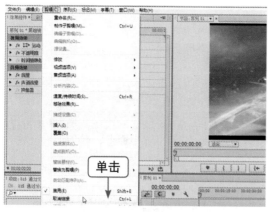

图2-22　单击【取消链接】命令

图2-23　移动视频素材

提　示

使用【取消链接】命令可以将视频素材与音频素材分离后单独进行编辑，防止编辑视频素材时，音频素材也被修改。

05 将V1轨道上的素材移至时间轴的开始位置，同时选择视频轨和音频轨上的素材，单击鼠标右键，在弹出的快捷菜单中选择【链接】选项，如图2-24所示。

06 执行上述操作后，即可将视频与音频重新链接，在A1轨道上选择音频素材，单击鼠标左键并向右拖曳至合适位置，即可同时移动视频和音频素材，如图2-25所示。

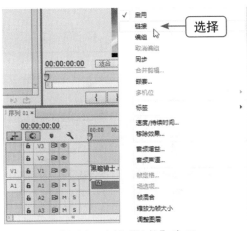 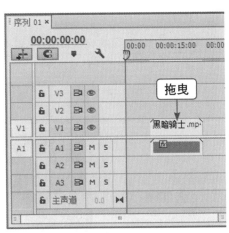

图2-24 选择【链接】选项　　　　　图2-25 移动视频和音频素材

提示

在编辑被链接的素材时，单击选择素材时将会选择链接的素材组，可以按住【Alt】键选择相应的素材，在素材组单独选择其中的一个素材，拖曳鼠标可以复制该素材。

Example 实例 016　通过删除影片素材编辑安静聆听

素材文件	光盘\素材\第2章\聆听音乐1.jpg、聆听音乐2.jpg、聆听音乐3.jpg
效果文件	光盘\效果\第2章\016 通过删除影片素材编辑安静聆听.prproj
视频文件	光盘\视频\第2章\016 通过删除影片素材编辑安静聆听.mp4
难易程度	★★★☆☆
学习时间	15分钟
实例要点	【清除】与【波纹删除】素材的方法
思路分析	可以使用【清除】与【波纹删除】两个命令删除素材文件，两种删除方式之间的区别在于，使用【波纹删除】素材时，将不会留下多余的间隙

本实例的最终效果如图2-26所示。

图2-26 删除影片的效果

 **操作步骤**

01 在Premiere Pro CC工作界面中，新建一个项目文件并创建序列，导入3个素材文件，如

图2-27所示。

02 在【项目】面板的素材库中选择导入的素材文件，并将其拖曳至【时间轴】面板的V1
轨道上，如图2-28所示。

图2-27　导入素材文件　　　　　　　　　　图2-28　拖曳素材文件

03 在【时间轴】面板中选择【聆听音乐1】素材，单击【编辑】|【清除】命令，如图2-29
所示。

04 执行上述操作后，即可删除目标素材，在V1轨道上选择【聆听音乐2】素材，如图2-30
所示。

图2-29　单击【清除】命令　　　　　　　　图2-30　选择【聆听音乐2】素材

05 单击鼠标右键，在弹出的快捷菜单中选择【波纹删除】选项，如图2-31所示。

06 执行上述操作后，即可在V1轨道上删除【聆听音乐2】素材，此时，第3段素材将会移
动到第2段素材的位置，如图2-32所示。

提　示

　　在Premiere Pro CC中除了上述方法可以删除素材对象外，还可以在选择素材对象后使用以
下快捷键：
- 按【Delete】键，可以快速删除选择的素材对象。
- 按【Backspace】键，可以快速删除选择的素材对象。
- 按【Shift＋Delete】组合键，可以快速对素材进行波纹删除操作。
- 按【Shift＋Backspace】组合键，可以快速对素材进行波纹删除操作。

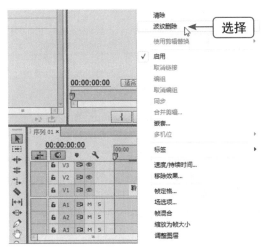

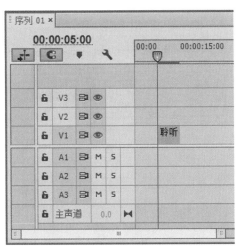

图2-31　选择【波纹删除】选项　　　　　图2-32　删除【聆听音乐2】素材

Example 实例 017　通过设置标记编辑鲜花绽放

素材文件	光盘 \ 素材 \ 第2章 \ 鲜花绽放.mp4
效果文件	光盘 \ 效果 \ 第2章 \ 017　通过设置标记编辑鲜花绽放.prproj
视频文件	光盘 \ 视频 \ 第2章 \ 017　通过设置标记编辑鲜花绽放.mp4
难易程度	★★☆☆☆
学习时间	10分钟
实例要点	设置标记、转到标记与清除标记的方法
思路分析	在编辑影视时，可以在素材或时间线中添加标记。为素材设置标记后，可以快速切换至标记的位置，从而快速查询视频帧，还可以清除不需要的标记

本实例的最终效果如图2-33所示。

图2-33　设置标记的效果

▶ 操作步骤

01 在Premiere Pro CC工作界面中，新建一个项目文件并创建序列，导入一个素材文件，如图2-34所示。

02 在【项目】面板的素材库中选择导入的素材文件，并将其拖曳至【时间轴】面板的V1轨道上，然后在轨道上拖曳时间指示器至合适的位置，如图2-35所示。

图2-34　导入一个素材文件

图2-35　拖曳时间指示器

提　示

　　标记可以用来确定序列或素材中重要的动作或声音，有助于定位和排列素材，使用标记不会改变素材内容。

03 单击【标记】|【添加标记】命令，如图2-36所示。

04 执行上述操作后，即可为素材添加标记，使用相同的方法，在素材中的其他位置再次添加1个标记，如图2-37所示。

图2-36　单击【添加标记】命令

图2-37　添加标记

05 在标记上单击鼠标右键，在弹出的快捷菜单中选择【转到上一个标记】选项，如图2-38所示。

06 执行操作后，即可将时间指示器转到上一个标记的位置，在标记上单击鼠标右键，在弹出的快捷菜单中选择【清除当前标记】选项，如图2-39所示，即可清除当前选择的标记。

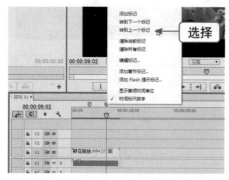

图2-38　选择【转到上一个标记】选项

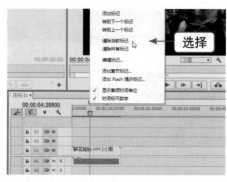

图2-39　选择【清除当前标记】选项

提 示

在Premiere Pro CC中，除了可以运用上述方法为素材添加标记外，还可以使用以下两种方法为素材添加标记。

● 在【时间轴】面板中将播放指示器拖曳至合适位置，然后单击面板左上角的【添加标记】按钮■，可以设置素材标记。
● 在【节目监视器】面板中单击【按钮编辑器】按钮，弹出【按钮编辑器】面板，在其中将【添加标记】按钮拖曳至【节目监视器】面板的下方，即可在【节目监视器】面板中使用【添加标记】按钮为素材设置标记。

Example 实例 018 **通过锁定和解锁轨道编辑欢度五一**

素材文件	光盘\素材\第2章\欢度五一.jpg
效果文件	光盘\效果\第2章\018 通过锁定和解锁轨道编辑欢度五一.prproj
视频文件	光盘\视频\第2章\018 通过锁定和解锁轨道编辑欢度五一.mp4
难易程度	★★☆☆☆
学习时间	10分钟
实例要点	锁定与解锁轨道的方法
思路分析	在编辑影片时，有时为了防止编辑后的特效被修改，可以锁定轨道；在需要修改时，可以将其解锁，然后再进行修改

本实例的最终效果如图2-40所示。

图2-40　锁定和解锁轨道的视频效果

操作步骤

01 在Premiere Pro CC工作界面中，新建一个项目文件并创建序列，导入一个素材文件，如图2-41所示。

02 在【项目】面板的素材库中选择导入的素材文件，并将其拖曳至【时间轴】面板的V1轨道上，如图2-42所示。

图2-41　导入一个素材文件

图2-42　拖曳素材文件

03 在【时间轴】面板中选择V1轨道上的素材文件，然后单击轨道左侧的【切换轨道锁定】按钮，当按钮变成锁定形状 🔒 时，表示已经锁定该轨道，如图2-43所示。

04 在需要解除V1轨道的锁定时，可以单击【切换轨道锁定】按钮，当按钮变成解锁形状 🔓 时，表示已经解除轨道的锁定，如图2-44所示。

图2-43　锁定轨道

图2-44　解除锁定

提　示

虽然无法对已锁定轨道中的素材进行修改，但是在预览或导出序列时，这些素材也将包含在其中。

Example 实例 **019** 通过显示方式编辑精美花纹

素材文件	光盘 \ 素材 \ 第2章 \ 精美花纹.jpg
效果文件	光盘 \ 效果 \ 第2章 \ 019 通过显示方式编辑精美花纹.prproj
视频文件	光盘 \ 视频 \ 第2章 \ 019 通过显示方式编辑精美花纹.mp4
难易程度	★★★☆☆
学习时间	15分钟
实例要点	设置显示方式的方法
思路分析	在Premiere Pro CC中，素材拥有多种显示方式，如默认的【合成视频】模式、Alpha 模式以及【所有示波器】模式等，可以根据需要设置素材的显示方式，方便预览素材效果

本实例的最终效果如图2-45所示。

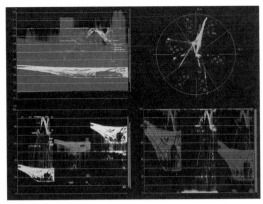

图2-45　调整素材显示方式的效果

▶ **操作步骤**

01 在Premiere Pro CC工作界面中，新建一个项目文件并创建序列，导入一个素材文件，如图2-46所示。

02 将导入的素材文件添加到【时间轴】面板的V1轨道上，即可在【节目监视器】面板中显示该素材，如图2-47所示。

图2-46　导入一个素材文件

图2-47　在【节目监视器】面板显示该素材

03 单击【节目监视器】面板右上角的下三角按钮，在弹出的列表框中选择【所有示波器】选项，如图2-48所示。

04 执行上述操作后，即可改变素材的显示方式，【节目监视器】面板中显示的素材将以【所有示波器】方式显示，如图2-49所示。

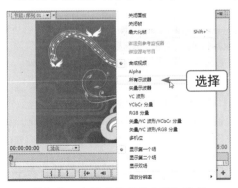

图2-48　选择【所有示波器】选项

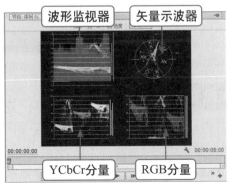

图2-49　以【所有示波器】方式显示素材

提示

在【节目监视器】面板列表框中，各显示模式的显示效果如下。

● 合成视频：显示普通视频。
● Alpha：将透明度显示为灰度图像。
● 所有示波器：显示波形监视器、矢量示波器、YCbCr分量以及RGB分量。
● 矢量示波器：显示度量视频色度（包括色相和饱和度）的矢量示波器。
● YC波形：显示以IRE为单位度量视频明亮度的标准波形监视器。
● YCbCr分量：显示以IRE为单位单独度量视频的Y、Cb和Cr分量的波形监视器。
● RGB分量：显示以IRE为单位单独度量视频的R、G和B分量的波形监视器。
● 矢量/YC波形/YCbCr分量：显示波形监视器、矢量示波器和YCbCr分量。
● 矢量/YC波形/RGB分量：显示波形监视器、矢量示波器和RGB分量。

Example 实例 020　通过入点与出点编辑风云变幻

素材文件	光盘＼素材＼第2章＼风云变幻.mp4
效果文件	光盘＼效果＼第2章＼020 通过入点与出点编辑风云变幻.prproj
视频文件	光盘＼视频＼第2章＼020 通过入点与出点编辑风云变幻.mp4
难易程度	★★☆☆☆
学习时间	10分钟
实例要点	标记入点与出点的方法
思路分析	在Premiere Pro CC中设置素材的入点与出点，可以标记素材起始时间与结束时间的可用部分。如果一段视频只需要使用其中的一部分，此时可以通过标记素材的入点与出点来截取

本实例的最终效果如图2-50所示。

图2-50　标记入点与出点的视频效果

操作步骤

01 在Premiere Pro CC工作界面中，新建一个项目文件并创建序列，导入一个素材文件，如图2-51所示。

02 在【项目】面板的素材库中选择导入的素材文件，并将其拖曳至【时间轴】面板的V1轨道上，如图2-52所示。

图2-51 导入一个素材文件

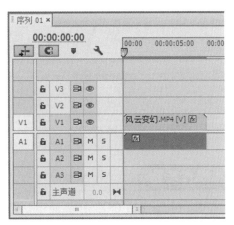

图2-52 拖曳素材文件

03 在【节目监视器】面板中拖曳时间指示器至00:00:01:15的位置，单击【标记】|
【标记入点】命令，如图2-53所示，即可为素材标记入点。

04 在【节目监视器】面板中拖曳时间指示器至00:00:06:12的位置，并单击【标记出点】
按钮，即可为素材标记出点，如图2-54所示。

图2-53 单击【标记入点】命令

图2-54 单击【标记出点】按钮

Example 实例 021 通过调整项目属性编辑汽车广告

素材文件	光盘\素材\第2章\汽车广告.mp4
效果文件	光盘\效果\第2章\021 通过调整项目属性编辑汽车广告.prproj
视频文件	光盘\视频\第2章\021 通过调整项目属性编辑汽车广告.mp4
难易程度	★★★☆☆
学习时间	15分钟
实例要点	调整项目尺寸、设置素材标签、设置素材的播放速度、设置素材的播放时间的方法
思路分析	在编辑影片时，有时需要调整项目尺寸来放大显示素材，有时需要调整播放时间或播放速度，这些操作可以在Premiere Pro CC中实现

本实例的最终效果如图2-55所示。

图2-55　调整项目属性的视频效果

操作步骤

01 在Premiere Pro CC工作界面中，新建一个项目文件并创建序列，导入一个素材文件，如图2-56所示。

02 在【项目】面板的素材库中选择导入的素材文件，并将其拖曳至【时间轴】面板的V1轨道上，单击【时间轴】面板右上角的下三角形按钮，在弹出的列表框中选择【工作区域栏】选项，如图2-57所示。

图2-56　导入一个素材文件

图2-57　选择【工作区域栏】选项

03 执行上述操作后，在【时间】标尺的下方显示控制条，如图2-58所示。

04 将鼠标移至控制条右侧的按钮上，单击鼠标左键并向右拖曳，即可加长项目的尺寸，如图2-59所示。

图2-58　显示控制条

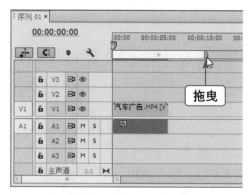

图2-59　加长项目的尺寸

05 将鼠标移至控制条中间，当鼠标变成白色小手形状时，单击鼠标左键并向右拖曳，即可移动项目的位置，如图2-60所示。

06 执行上述操作后，在控制条上双击鼠标左键，即可将控制条恢复到最初的状态，如图2-61所示。

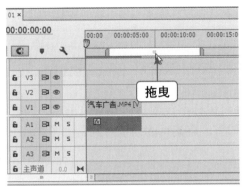

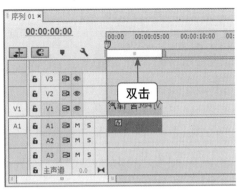

图2-60　移动项目的位置　　　　　　　　图2-61　调整控制条

07 在V1轨道上的素材对象上单击鼠标右键，在弹出的快捷菜单中选择【标签】|【芒果】选项，如图2-62所示。

08 执行操作后，即可为素材文件设置颜色标签，如图2-63所示。

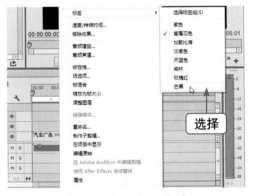

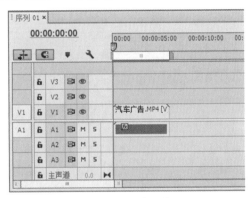

图2-62　单击【芒果】命令　　　　　　　图2-63　设置颜色标签

09 在V1轨道上的素材对象上单击鼠标右键，在弹出的快捷菜单中选择【速度/持续时间】选项，如图2-64所示。

10 弹出【剪辑速度/持续时间】对话框，在【速度】右侧的文本框中输入50，如图2-65所示。

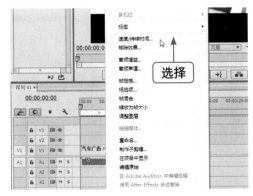

图2-64　选择【速度/持续时间】选项　　　图2-65　输入50

在【剪辑速度/持续时间】对话框中，可以设置【速度】值来控制剪辑的播放时间。【速度】参数值越大，则速度越快，播放时间就越短。

⑪ 单击【确定】按钮，即可在【时间轴】面板中查看调整播放速度后的效果，如图2-66所示。

⑫ 使用选择工具，选择视频轨道上的素材，并将鼠标移至素材右端的结束点，当鼠标呈拉伸图标◄时，单击鼠标左键并向左拖曳，即可调整素材的播放时间，如图2-67所示。

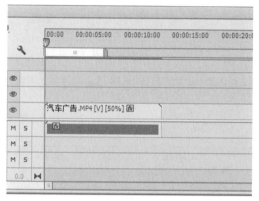
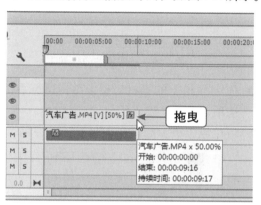

图2-66　查看调整播放速度后的效果　　　　图2-67　调整素材的播放时间

Example 实例 022　**通过三点剪辑自然风光**

素材文件	光盘＼素材＼第2章＼自然风光.mp4
效果文件	光盘＼效果＼第2章＼022 通过三点剪辑自然风光.prproj
视频文件	光盘＼视频＼第2章＼022 通过三点剪辑自然风光.mp4
难易程度	★★★☆☆
学习时间	20分钟
实例要点	使用三点剪辑的方法
思路分析	三点剪辑是指将素材中的部分内容替换影片剪辑中的部分内容的剪辑方法，本例介绍运用三点剪辑素材的操作方法

本实例的最终效果如图2-68所示。

图2-68　三点剪辑视频的效果

操作步骤

01 在Premiere Pro CC工作界面中，新建一个项目文件并创建序列，导入一个素材文件，如图2-69所示。

02 在【项目】面板的素材库中选择导入的素材文件，并将其拖曳至【时间轴】面板的V1轨道上，如图2-70所示。

图2-69 导入一个素材文件

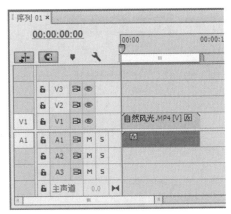

图2-70 拖曳素材文件

03 在【节目监视器】面板中设置时间为00:00:00:20并单击【标记入点】按钮，如图2-71所示。

04 在【节目监视器】面板中设置时间为00:00:10:00并单击【标记出点】按钮，如图2-72所示。

图2-71 单击【标记入点】按钮

图2-72 单击【标记出点】按钮

05 在【项目】面板中双击视频素材文件，在【源监视器】面板中设置时间为00:00:03:01并单击【标记入点】按钮，如图2-73所示。

06 执行上述操作后，单击【源监视器】面板中的【覆盖】按钮，弹出【适合剪辑】对话框，如图2-74所示。

07 单击【确定】按钮，即可将当前序列的00:00:00:20~00:00:10:00时间段的内容替换为以00:00:03:01为起始点至对应时间段的素材内容，如图2-75所示。

08 在【节目监视器】面板中单击【播放-停止切换】按钮查看视频效果，如图2-76所示。

图2-73 单击【标记入点】按钮

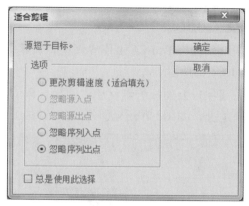

图2-74 弹出【适合剪辑】对话框

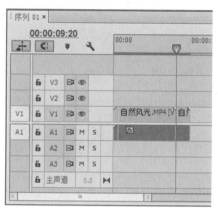

图2-75 替换相应的素材内容

图2-76 查看视频效果

Example 实例 023 通过四点剪辑电影镜头

素材文件	光盘＼素材＼第2章＼电影镜头.mp4
效果文件	光盘＼效果＼第2章＼023 通过四点剪辑电影镜头.prproj
视频文件	光盘＼视频＼第2章＼023 通过四点剪辑电影镜头.mp4
难易程度	★★★☆☆
学习时间	10分钟
实例要点	使用四点剪辑的方法
思路分析	四点剪辑比三点剪辑多一个点，需要设置源素材的出点，四点编辑同样需要运用设置入点和出点的操作。本例介绍运用四点剪辑视频的操作方法

本实例的最终效果如图2-77所示。

图2-77 四点剪辑视频的效果

操作步骤

01 在Premiere Pro CC工作界面中，新建一个项目文件并创建序列，导入一个素材文件，如图2-78所示。

02 在【项目】面板的素材库中选择导入的素材文件，并将其拖曳至【时间轴】面板的V1轨道上，如图2-79所示。

图2-78　导入一个素材文件

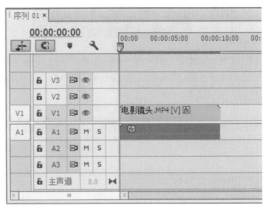

图2-79　拖曳素材文件

03 在【节目监视器】面板中设置时间为00:00:00:20并单击【标记入点】按钮，如图2-80所示。

04 在【节目监视器】面板中设置时间为00:00:06:10并单击【标记出点】按钮，如图2-81所示。

图2-80　单击【标记入点】按钮

图2-81　单击【标记出点】按钮

05 在【项目】面板中双击视频素材文件，在【源监视器】面板中设置时间为00:00:02:26并单击【标记入点】按钮，如图2-82所示。

06 在【源监视器】面板中设置时间为00:00:09:21并单击【标记出点】按钮，如图2-83所示。

07 执行上述操作后，单击【源监视器】面板中的【覆盖】按钮，弹出【适合剪辑】对话框，如图2-84所示。

08 单击【确定】按钮，即可完成四点剪辑的操作，如图2-85所示。

图2-82　单击【标记入点】按钮

图2-83　单击【标记出点】按钮

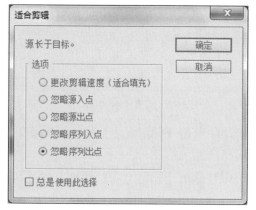

图2-84　弹出【适合剪辑】对话框

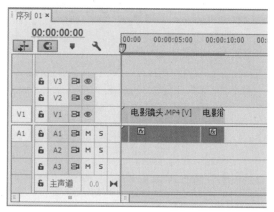

图2-85　完成四点剪辑的操作

提　示

在Premiere Pro CC中编辑某个视频作品时，如果只需要使用中间部分或视频的开始部分、结尾部分，此时就可以通过四点剪辑素材实现操作。

第3章
影视调色实例

本章重点

- 通过RGB曲线调整浪漫七夕
- 通过亮度曲线调整美丽女人
- 通过快速颜色校正调整爱在冬天
- 通过通道混合调整创意字母
- 通过ProcAmp调整圣诞女孩
- 通过自动对比度调整甜蜜恋人
- 通过阴影/高光调整幸福童年

- 通过三向色彩校正胶卷特写
- 通过亮度校正调整汽车飞驰
- 通过更改颜色调整七彩蝴蝶
- 通过卷积内核调整少女祈祷
- 通过光照效果调整珠宝广告
- 通过自动颜色调整松鼠大战

色彩在影视视频的编辑中是必不可少的一个重要元素，合理的色彩搭配加上靓丽的色彩感总能为视频增添几分亮点。本章主要介绍影视素材调色的操作方法。

Example 实例 024 通过RGB曲线调整浪漫七夕

素材文件	光盘 \ 素材 \ 第3章 \ 浪漫七夕.jpg
效果文件	光盘 \ 效果 \ 第3章 \ 024 通过RGB曲线调整浪漫七夕.prproj
视频文件	光盘 \ 视频 \ 第3章 \ 024 通过RGB曲线调整浪漫七夕.mp4
难易程度	★★☆☆☆
学习时间	10分钟
实例要点	【RGB曲线】特效的应用
思路分析	【RGB曲线】特效主要是通过调整画面的明暗关系和色彩变化来实现画面的校正。通过更改色调曲线的形状，可以实现对图像色调和颜色的调整与控制

本实例的最终效果如图3-1所示。

图3-1　RGB曲线调整的前后对比效果

▶ 操作步骤

01 在Premiere Pro CC工作界面中，新建一个项目文件并创建序列，导入一个素材文件，如图3-2所示。

02 在【项目】面板中选择素材文件，并将其添加到【时间轴】面板中的V1轨道上，如图3-3所示。

图3-2　导入素材文件　　　　　　　　图3-3　添加素材文件

提 示

RGB曲线效果针对每个颜色通道使用曲线调整来调整剪辑的颜色。每条曲线允许在整个图像的色调范围内调整多达16个不同的点。通过使用【辅助颜色校正】控件，还可以指定要校正的颜色范围。

03 在【时间轴】面板中添加素材后，在【节目监视器】面板中可以查看素材画面，如图3-4所示。

04 在【效果】面板中，依次展开【视频效果】|【颜色校正】选项，在其中选择【RGB曲线】视频特效，如图3-5所示。

图3-4 查看素材画面

图3-5 选择【RGB曲线】视频特效

05 单击鼠标左键并拖曳【RGB曲线】特效至【时间轴】面板中的素材文件上，如图3-6所示，释放鼠标即可添加视频特效。

06 选择V1轨道上的素材，在【效果控件】面板中，展开【RGB曲线】选项，如图3-7所示。

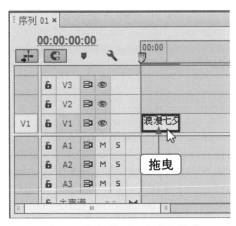

图3-6 拖曳【RGB曲线】特效

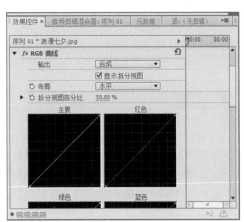

图3-7 展开【RGB曲线】选项

在【RGB曲线】选项列表中，各主要选项的含义如下。

- 输出：选择【合成】选项，可以在【节目监视器】中查看调整的最终结果，选择【亮度】选项，可以在【节目监视器】中查看色调值调整的显示效果。
- 显示拆分视图：将图像的一部分显示为校正视图，而将其他图像的另一部分显示为未校正视图。
- 布局：确定【拆分视图】图像是并排（水平）还是上下（垂直）布局。
- 拆分视图百分比：调整校正视图的大小。默认值为50%。
- 主通道：在更改曲线形状时改变所有通道的亮度和对比度。曲线向上弯曲会使剪辑变亮，曲线向下弯曲会使剪辑变暗。曲线较陡峭的部分表示图像中对比度较高的部分。通过单击可将点添加到曲线上，而通过拖动可操控形状，将点拖离图表可以删除点。
- 红色、绿色和蓝色：在更改曲线形状时改变红色、绿色和蓝色通道的亮度和对比度。曲线向上弯曲会使通道变亮，曲线向下弯曲会使通道变暗。
- 辅助颜色校正：指定由效果校正的颜色范围。可以通过色相、饱和度和明亮度定义颜色。单击三角形可访问控件。
- 中央：在指定的范围中定义中央颜色。选择吸管工具，然后在屏幕上单击任意位置以指定颜色，此颜色会显示在色板中。使用吸管工具 扩大颜色范围，使用吸管工具 减小颜色范围。也可以单击色板来打开Adobe拾色器，然后选择中央颜色。
- 色相、饱和度和明亮度：根据色相、饱和度和明亮度指定要校正的颜色范围。单击选项名称旁边的三角形可以访问阈值和柔和度（羽化）控件，用于定义色相、饱和度和明亮度范围。
- 结尾柔和度：使指定区域的边界模糊，从而使校正在更大程度上与原始图像混合。较高的值会增加柔和度。
- 边缘细化：使指定区域有更清晰的边界。校正显得更明显。较高的值会增加指定区域的边缘清晰度。
- 反转限制颜色：校正所有颜色，使用【辅助颜色校正】设置指定的颜色范围除外。

提 示

　　【辅助颜色校正】属性用来指定使用效果校正的颜色范围。可以通过色相、饱和度和明亮度指定颜色或颜色范围。将颜色校正效果隔离到图像的特定区域。这类似于在 Photoshop中执行选择或遮蔽图像，【辅助颜色校正】属性可供【亮度校正器】、【亮度曲线】、【RGB颜色校正器】、【RGB曲线】以及【三向颜色校正器】等效果使用。

07 在【红色】矩形区域中，单击鼠标左键并拖曳，创建并移动控制点，如图3-8所示。

08 执行上述操作后，即可运用RGB曲线校正色彩，单击【播放-停止切换】按钮，预览视频效果，如图3-9所示。

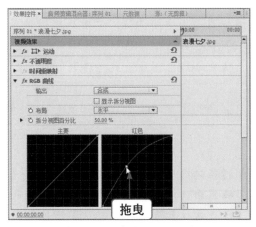

图3-8　创建并移动控制点　　　　　　　　图3-9　预览视频效果

 提　示

还可以使用【RGB颜色校正器】特效调整RGB颜色各通道的中间调值、色调值以及亮度值。修改画面的高光、中间调和阴影定义的色调范围，从而调整剪辑中的颜色。【RGB颜色校正器】选项界面如图3-10所示。

将素材添加到【时间轴】面板的轨道上后，为素材添加【RGB颜色校正器】特效，在【效果控件】面板中，展开【RGB颜色校正器】选项，设置【灰度系数】为0.5；在RGB选项区中设置【红色灰度系数】为4，【绿色灰度系数】为1.5，调整参数后的视频画面效果如图3-11所示。

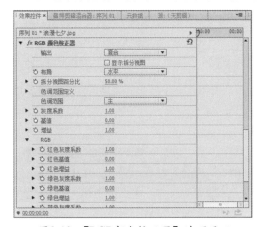

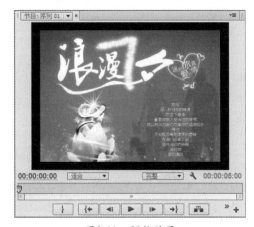

图3-10　【RGB颜色校正器】选项界面　　　　图3-11　调整效果

在【RGB颜色校正器】选项列表中，各主要选项的含义如下。

● 色调范围定义：使用【阈值】和【衰减】控件来定义阴影和高光的色调范围。（【阴影阈值】能确定阴影的色调范围；【阴影柔和度】能使用衰减确定阴影的色调范围；【高光阈值】能确定高光的色调范围；【高光柔和度】使用衰减确定高光的色调范围。）

● 色调范围：指定将颜色校正应用于整个图像（主）、仅高光、仅中间调，还是仅阴影。

- 灰度系数：在不影响黑白色阶的情况下调整图像的中间调值，使用此控件可在不扭曲阴影和高光的情况下调整太暗或太亮的图像。
- 基值：通过将固定偏移添加到图像的像素值中来调整图像。此控件与【增益】控件结合使用可增加图像的总体亮度。
- 增益：通过乘法调整亮度值，从而影响图像的总体对比度。较亮的像素受到的影响大于较暗的像素受到的影响。
- RGB：允许分别调整每个颜色通道的中间调值、对比度和亮度。单击三角形可展开用于设置每个通道的灰度系数、基值和增益的选项。【红色灰度系数】、【绿色灰度系数】和【蓝色灰度系数】在不影响黑白色阶的情况下调整红色、绿色或蓝色通道的中间调值；【红色基值】、【绿色基值】和【蓝色基值】通过将固定的偏移添加到通道的像素值中来调整红色、绿色或蓝色通道的色调值。此控件与【增益】控件结合使用可增加通道的总体亮度；【红色增益】、【绿色增益】和【蓝色增益】通过乘法调整红色、绿色或蓝色通道的亮度值，使较亮的像素受到的影响大于较暗的像素受到的影响。

Example 实例 025　通过三向色彩校正胶卷特写

素材文件	光盘\素材\第3章\胶卷特写.jpg
效果文件	光盘\效果\第3章\025 通过三向色彩校正胶卷特写.prproj
视频文件	光盘\视频\第3章\025 通过三向色彩校正胶卷特写.mp4
难易程度	★★★☆☆
学习时间	20分钟
实例要点	【三向色彩校正器】特效的应用
思路分析	【三向颜色校正器】特效的应用用于调整暗度、中间色和亮度的颜色。可以通过精确调整参数来指定颜色范围

本实例的最终效果如图3-12所示。

图3-12　三向色彩校正的前后对比效果

操作步骤

01 在Premiere Pro CC工作界面中，新建一个项目文件并创建序列，导入一个素材文件，如图3-13所示。

⓿❷ 在【项目】面板中选择素材文件，并将其添加到【时间轴】面板中的V1轨道上，如图3-14所示。

图3-13　导入素材文件　　　　　图3-14　添加素材文件

⓿❸ 在【时间轴】面板中添加素材后，在【节目监视器】面板中可以查看素材画面，如图3-15所示。

⓿❹ 在【效果】面板中，依次展开【视频效果】|【颜色校正】选项，在其中选择【三向颜色校正器】视频特效，如图3-16所示。

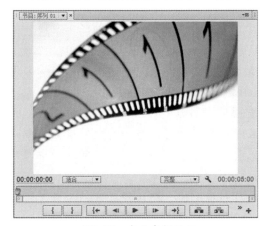

图3-15　查看素材画面　　　　　图3-16　选择【三向颜色校正器】视频特效

⓿❺ 将【三向颜色校正器】特效拖曳至【时间轴】面板中的素材文件上，选择V1轨道上的素材，在【效果控件】面板中，展开【三向颜色校正器】选项，如图3-17所示。

⓿❻ 展开【三向颜色校正器】|【主要】选项，设置【主色相角度】为16，【主平衡数量级】为50，【主平衡增益】为80，如图3-18所示。

提　示

　　色彩的三要素分别为色相、亮度以及饱和度。色相是指颜色的相貌，用于区别色彩的种类和名称；饱和度是指色彩的鲜艳程度，并由颜色的波长来决定；亮度是指色彩的明暗程度。调色就是通过调节色相、亮度与饱和度来调节影视画面的色彩。

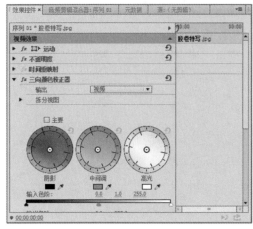
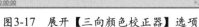

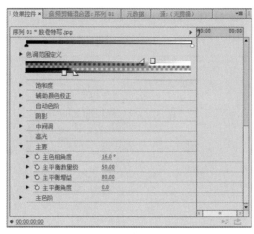

图3-17　展开【三向颜色校正器】选项　　　　图3-18　设置相应选项

在【三向颜色校正器】选项列表中，各主要选项的含义如下。

- 三向色相平衡和角度：使用对应于阴影（左轮）、中间调（中轮）和高光（右轮）的三个色轮来控制色相和饱和度调整。一个圆形缩略图围绕色轮中心移动，并控制色相（UV）转换。缩略图上的垂直手柄控制平衡数量级，而平衡数量级将影响控件的相对粗细度。色轮的外环控制色相旋转。

- 高光/中间调/阴影色相角度：控制高光、中间调或阴影中的色相旋转。默认值为0。负值向左旋转色轮，正值则向右旋转色轮。

- 高光/中间调/阴影平衡数量级：控制由【平衡角度】确定的颜色平衡校正量。可对高光、中间调和阴影应用调整。

- 高光/中间调/阴影平衡增益：通过乘法调整亮度值，使较亮的像素受到的影响大于较暗的像素受到的影响。可对高光、中间调和阴影应用调整。

- 高光/中间调/阴影平衡角度：控制高光、中间调或阴影中的色相转换。

- 输入色阶：外面的两个输入色阶滑块将黑场和白场映射到输出滑块的设置。中间输入滑块用于调整图像中的灰度系数。此滑块移动中间调并更改灰色调的中间范围的强度值，但不会显著改变高光和阴影。

- 输出色阶：将黑场和白场输入色阶滑块映射到指定值。默认情况下，输出滑块分别位于色阶0（此时阴影是全黑的）和色阶255（此时高光是全白的）。因此，在输出滑块的默认位置，移动黑色输入滑块会将阴影值映射到色阶0，而移动白场滑块会将高光值映射到色阶255。其余色阶将在色阶0和255之间重新分布。这种重新分布将会增大图像的色调范围，实际上也是提高图像的总体对比度。

- 色调范围定义：定义剪辑中的阴影、中间调和高光的色调范围。拖动方形滑块可调整阈值。拖动三角形滑块可调整柔和度（羽化）的程度。

- 饱和度：调整主、阴影、中间调或高光的颜色饱和度。默认值为100，表示不影响颜色。小于100表示降低饱和度，而0表示完全移除颜色。大于100将产生饱和度更高的颜色。

- 辅助颜色校正：指定由效果校正的颜色范围。可以通过色相、饱和度和明亮度定义颜色。通过【柔化】、【边缘细化】、【反转限制颜色】调整校正效果。

（【柔化】使指定区域的边界模糊，从而使校正在更大程度上与原始图像混合，较高的值会增加柔和度；【边缘细化】使指定区域有更清晰的边界，校正显得更明显，较高的值会增加指定区域的边缘清晰度；【反转限制颜色】校正所有颜色，用户使用【辅助颜色校正】设置指定的颜色范围除外）

- 自动黑色阶：提升剪辑中的黑色阶，使最黑的色阶高于7.5IRE。阴影的一部分会被剪切，而中间像素值将按比例重新分布。因此，使用自动黑色阶会使图像中的阴影变亮。
- 自动对比度：同时应用自动黑色阶和自动白色阶。这将使高光变暗而阴影部分变亮。
- 自动白色阶：降低剪辑中的白色阶，使最亮的色阶不超过100IRE。高光的一部分会被剪切，而中间像素值将按比例重新分布。因此，使用自动白色阶会使图像中的高光变暗。
- 黑色阶、灰色阶、白色阶：使用不同的吸管工具来采样图像中的目标颜色或监视器桌面上的任意位置，以设置最暗阴影、中间调灰色和最亮高光的色阶。也可以单击色板打开Adobe拾色器，然后选择颜色来定义黑色、中间调灰色和白色。
- 阴影/中间调/高光/主要：通过调整【色相角度】、【平衡数量级】、【平衡增益】以及【平衡角度】控件调整相应的色调范围。
- 输入黑色阶、输入灰色阶、输入白色阶：指定由效果校正的颜色范围。可以通过色相、饱和度和明亮度定义颜色。单击三角形可访问控件调整高光、中间调或阴影的黑场、中间调和白场输入色阶。
- 主色阶：输入黑色阶、输入灰色阶、输入白色阶用来调整高光、中间调或阴影的黑场、中间调和白场输入色阶。输出黑色阶、输出白色阶用来调整输入黑色对应的映射输出色阶以及高光、中间调或阴影对应的输入白色阶。

提 示

在Premiere Pro CC中，使用【三向颜色校正器】可以进行以下调整。
- 快速消除色偏：【三向颜色校正器】特效拥有一些控件可以快速平衡颜色，使白色、灰色和黑色保持中性。
- 快速进行明亮度校正：【三向颜色校正器】具有可快速调整剪辑明亮度的自动控件。
- 调整颜色平衡和饱和度：三向颜色校正器效果提供【色相平衡和角度】色轮和【饱和度】控件供用户设置，用于平衡视频中的颜色。顾名思义，颜色平衡可平衡红色、绿色和蓝色分量，从而在图像中产生所需的白色和中性灰色。也可以为特定的场景设置特殊色调。
- 替换颜色：使用【三向颜色校正器】中的【辅助颜色校正】控件可以帮助用户将更改应用于单个颜色或一系列颜色。

07 执行上述操作后，即可运用【三向颜色校正器】校正色彩，单击【播放-停止切换】按钮，预览视频效果，如图3-19所示。

08 在【效果控件】界面中，单击【三向颜色校正器】选项左侧的【切换效果开关】按钮 *fx*，如图3-20所示，即可隐藏【三向颜色校正器】的校正效果，对比查看校正前后的视频画面效果。

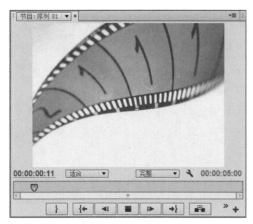

图3-19　预览视频效果

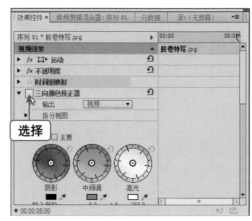

图3-20　单击【切换效果开关】按钮

提　示

在Premiere Pro CC中，使用色轮进行相应调整的方法如下。

● 色相角度：将颜色向目标颜色旋转。向左移动外环会将颜色向绿色旋转，向右移动外环会将颜色向红色旋转，如图3-21所示。

● 平衡数量级：控制引入视频的颜色强度。从中心向外移动圆形会增加数量级（强度），通过移动【平衡增益】手柄可以微调强度，如图3-22所示。

● 平衡增益：影响【平衡数量级】和【平衡角度】调整的相对粗细度。保持此控件的垂直手柄靠近色轮中心会使调整非常精细，向外环移动手柄会使调整非常粗略，如图13-23所示。

● 平衡角度：向目标颜色移动视频颜色。向特定色相移动【平衡数量级】圆形会相应地移动颜色，移动的强度取决于【平衡数量级】和【平衡增益】的共同调整，如图3-24所示。

　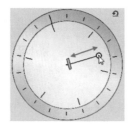　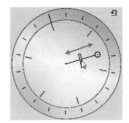　

图3-21　色相角度　　　图3-22　平衡数量级　　　图3-23　平衡增益　　　图3-24　平衡角度

Example 实例　026　通过亮度曲线调整美丽女人

素材文件	光盘 \ 素材 \ 第3章 \ 美丽女人.jpg
效果文件	光盘 \ 效果 \ 第3章 \ 026 通过亮度曲线调整美丽女人.prproj
视频文件	光盘 \ 视频 \ 第3章 \ 026 通过亮度曲线调整美丽女人.mp4
难易程度	★★☆☆☆
学习时间	10分钟
实例要点	【亮度曲线】特效的应用
思路分析	【亮度曲线】特效可以通过单独调整画面的亮度，使整个画面的明暗得到统一控制

本实例的最终效果如图3-25所示。

图3-25 亮度曲线调整的前后对比效果

操作步骤

01 在Premiere Pro CC工作界面中，新建一个项目文件并创建序列，导入一个素材文件，如图3-26所示。

02 在【项目】面板中选择素材文件，并将其添加到【时间轴】面板中的V1轨道上，如图3-27所示。

图3-26 导入素材文件

图3-27 添加素材文件

03 在【时间轴】面板中添加素材后，在【节目监视器】面板中可以查看素材画面，如图3-28所示。

04 在【效果】面板中，依次展开【视频效果】|【颜色校正】选项，在其中选择【亮度曲线】视频特效，如图3-29所示。

图3-28 查看素材画面

图3-29 选择【亮度曲线】视频特效

提示

亮度曲线和RGB曲线可以调整视频剪辑中的整个色调范围或仅调整选定的颜色范围。但与色阶不同，色阶只有三种调整（黑色阶、灰色阶和白色阶），而亮度曲线和RGB曲线允许在整个图像的色调范围内调整多达16个不同的点（从阴影到高光）。

⑤ 单击鼠标左键并拖曳【亮度曲线】特效至【时间轴】面板中的素材文件上，如图3-30所示，释放鼠标即可添加视频特效。

⑥ 选择V1轨道上的素材，在【效果控件】面板中展开【亮度曲线】选项，如图3-31所示。

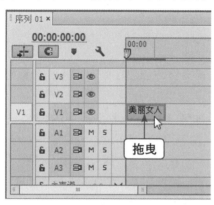

图3-30　拖曳【亮度曲线】特效

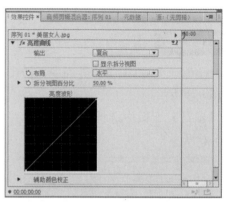

图3-31　展开【亮度曲线】选项

⑦ 将鼠标移至【亮度波形】矩形区域中，在曲线上单击鼠标左键并拖曳，添加控制点并调整控制点位置，重复以上操作，添加两个控制点并调整其位置，如图3-32所示。

⑧ 执行上述操作后，即可运用亮度曲线校正色彩，单击【播放-停止切换】按钮，预览视频效果，如图3-33所示。

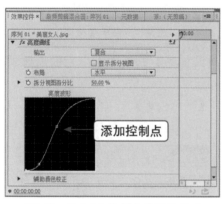

图3-32　添加2个控制点并调整位置

图3-33　预览视频效果

Example 实例 **027**　通过亮度校正调整汽车飞驰

素材文件	光盘＼素材＼第3章＼汽车飞驰.jpg
效果文件	光盘＼效果＼第3章＼027 通过亮度校正调整汽车飞驰.prproj
视频文件	光盘＼视频＼第3章＼027 通过亮度校正调整汽车飞驰.mp4

难易程度	★★☆☆☆
学习时间	10分钟
实例要点	【亮度校正器】特效的应用
思路分析	【亮度校正器】特效可以调整素材的高光、中间值、阴影状态下的亮度与对比度参数，也可以使用【辅助颜色校正】来指定色彩范围

本实例的最终效果如图3-34所示。

图3-34 亮度校正的前后对比效果

操作步骤

① 在Premiere Pro CC工作界面中，新建一个项目文件并创建序列，导入一个素材文件，如图3-35所示。

② 在【项目】面板中选择素材文件，并将其添加到【时间轴】面板中的V1轨道上，如图3-36所示。

图3-35 导入素材文件   图3-36 添加素材文件

③ 在【时间轴】面板中添加素材后，在【节目监视器】面板中可以查看素材画面，如图3-37所示。

④ 在【效果】面板中，依次展开【视频效果】|【颜色校正】选项，在其中选择【亮度校正器】视频特效，如图3-38所示。

⑤ 将【亮度校正器】特效拖曳至【时间轴】面板中的素材文件上，选择V1轨道上的素材，如图3-39所示。

⑥ 在【效果控件】面板中，展开【亮度校正器】选项，单击【色调范围】栏右侧的下三角形按钮，在弹出的列表框中选择【主】选项，设置【亮度】为30，【对比度】为40，如图3-40所示。

图3-37 查看素材画面

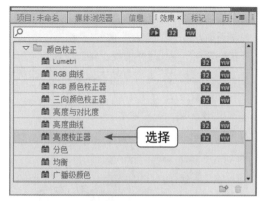

图3-38 选择【亮度校正器】视频特效

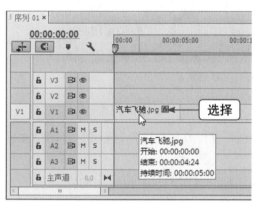

图3-39 选择素材文件

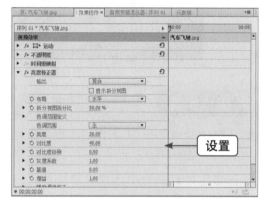

图3-40 设置相应选项

在【亮度校正器】选项列表中，各主要选项的含义如下。

- 色调范围：指定将明亮度调整应用于整个图像（主）、仅高光、仅中间调，还是仅阴影。
- 亮度：调整剪辑中的黑色阶。使用此控件确保剪辑中的黑色画面内容显示为黑色。
- 对比度：通过调整相对于剪辑原始对比度值的增益来影响图像的对比度。
- 对比度级别：设置剪辑的原始对比度值。
- 灰度系数：在不影响黑白色阶的情况下调整图像的中间调值。此控件会导致对比度变化，非常类似于在亮度曲线效果中更改曲线的形状。使用此控件可在不扭曲阴影和高光的情况下调整太暗或太亮的图像。
- 基值：通过将固定偏移添加到图像的像素值中来调整图像。此控件与【增益】控件结合使用可增加图像的总体亮度。
- 增益：通过乘法调整亮度值，从而影响图像的总体对比度。较亮的像素受到的影响大于较暗的像素受到的影响。

07 单击【色调范围】栏右侧的下三角形按钮，在弹出的列表框中选择【阴影】选项，设置【亮度】为-4、【对比度】为-10，如图3-41所示。

08 执行上述操作后，即可运用亮度校正器调整色彩，单击【播放-停止切换】按钮，预览视频效果，如图3-42所示。

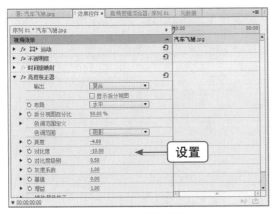

图3-41 设置相应选项　　　　　　　　　图3-42 预览视频效果

Example 实例 028 通过快速颜色校正调整爱在冬天

素材文件	光盘 \ 素材 \ 第3章 \ 爱在冬天.jpg
效果文件	光盘 \ 效果 \ 第3章 \ 028 通过运用快速颜色校正器调整爱在冬天.prproj
视频文件	光盘 \ 视频 \ 第3章 \ 028 通过运用快速颜色校正器调整爱在冬天.mp4
难易程度	★★★★☆
学习时间	30分钟
实例要点	【快速颜色校正器】特效的应用
思路分析	【快速颜色校正器】特效不仅可以通过调整素材的色调饱和度校正素材的颜色，还可以调整素材的白平衡。在多数情况下，环境光可能会导致图像的整体颜色出现一些细微的偏差。因此，可以通过为素材添加白平衡效果的方法来平衡素材的整体颜色偏差

本实例最终效果如图3-43所示。

图3-43 快速颜色校正的前后对比效果

操作步骤

01 在Premiere Pro CC工作界面中，新建一个项目文件并创建序列，导入一个素材文件，如图3-44所示。

02 在【项目】面板中选择素材文件，并将其添加到【时间轴】面板中的V1轨道上，如图3-45所示。

图3-44　导入素材文件

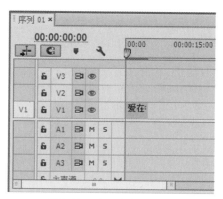

图3-45　添加素材文件

03 在【时间轴】面板中添加素材后，在【节目监视器】面板中可以查看素材画面，如图3-46所示。

04 在【效果】面板中，依次展开【视频效果】|【颜色校正】选项，在其中选择【快速颜色校正器】视频特效，如图3-47所示。

图3-46　查看素材画面

图3-47　选择【快速颜色校正器】视频特效

05 单击鼠标左键并拖曳【快速颜色校正器】特效至【时间轴】面板中的素材文件上，如图3-48所示，释放鼠标即可添加视频特效。

06 选择V1轨道上的素材，在【效果控件】面板中，展开【快速颜色校正器】选项，单击【白平衡】选项右侧的色块，如图3-49所示。

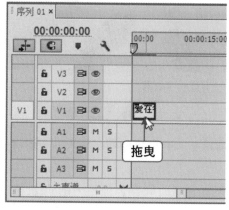

图3-48　拖曳【快速颜色校正器】特效

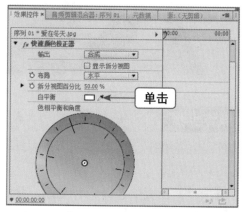

图3-49　单击【白平衡】选项右侧的色块

在【快速颜色校正器】选项列表中，各主要选项的含义如下。

- 白平衡：通过使用吸管工具来采样图像中的目标颜色或监视器桌面上的任意位置，将白平衡分配给图像。也可以单击色板打开Adobe拾色器，然后选择颜色来定义白平衡。
- 色相平衡和角度：使用色轮控制色相平衡和色相角度，小圆形围绕色轮中心移动，并控制色相（UV）转换，这将会改变平衡数量级和平衡角度，小垂线可设置控件的相对粗精度，而此控件控制平衡增益。
- 色相角度：控制色相旋转。默认值为0。负值向左旋转色轮，正值则向右旋转色轮。
- 平衡数量级：控制由【平衡角度】确定的颜色平衡校正量。
- 平衡增益：通过乘法来调整亮度值，使较亮的像素受到的影响大于较暗的像素受到的影响。
- 平衡角度：控制所需的色相值的选择范围。
- 饱和度：调整图像的颜色饱和度。默认值为100，表示不影响颜色，小于100表示降低饱和度，而0表示完全移除颜色，大于100将产生饱和度更高的颜色。

07 在弹出的【拾色器】对话框中，设置RGB参数值分别为119、198、187，如图3-50所示。

08 单击【确定】按钮，即可运用【快速颜色校正器】调整色彩，单击【播放-停止切换】按钮，预览视频效果，如图3-51所示。

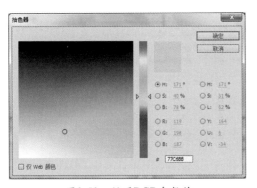

图3-50 设置RGB参数值

图3-51 预览视频效果

提 示

在Premiere Pro CC中，可以单击【白平衡】吸管，然后通过单击方式对节目监视器中的区域进行采样，最好对本应为白色的区域采样。【快速颜色校正器】将会对采样的颜色向白色调整，从而校正素材画面的白平衡。

Example **实例** 029   **通过更改颜色调整七彩蝴蝶**

素材文件	光盘 \ 素材 \ 第3章 \ 七彩蝴蝶.jpg
效果文件	光盘 \ 效果 \ 第3章 \ 029 通过更改颜色调整七彩蝴蝶.prproj
视频文件	光盘 \ 视频 \ 第3章 \ 029 通过更改颜色调整七彩蝴蝶.mp4
难易程度	★★★☆☆
学习时间	15分钟
实例要点	【更改颜色】特效的应用
思路分析	更改颜色是指通过指定一种颜色，然后用另一种新的来替换用户指定的颜色，达到色彩转换的效果

本实例最终效果如图3-52所示。

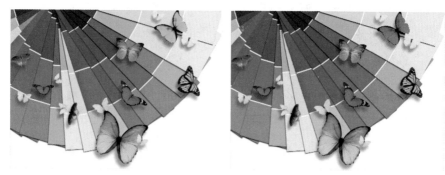

图3-52   更改颜色的前后对比效果

▶ **操作步骤**

01 在Premiere Pro CC工作界面中，新建一个项目文件并创建序列，导入一个素材文件，如图3-53所示。

02 在【项目】面板中选择素材文件，并将其添加到【时间轴】面板中的V1轨道上，如图3-54所示。

图3-53   导入素材文件

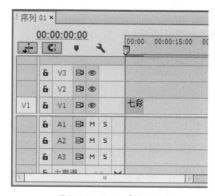

图3-54   添加素材文件

03 在【时间轴】面板中添加素材后，在【节目监视器】面板中可以查看素材画面，如图3-55所示。

04 在【效果】面板中，依次展开【视频效果】|【颜色校正】选项，在其中选择【更改颜色】视频特效，如图3-56所示。

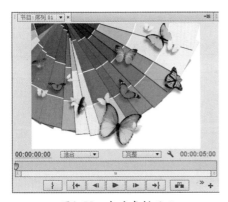

图3-55 查看素材画面

图3-56 选择【更改颜色】视频特效

05 将【更改颜色】特效拖曳至【时间轴】面板中的素材文件上，选择V1轨道上的素材，在【效果控件】面板中，展开【更改颜色】选项，单击【要更改的颜色】选项右侧的吸管图标 ，如图3-57所示。

06 在【节目监视器】中的合适位置单击，进行采样，如图3-58所示。

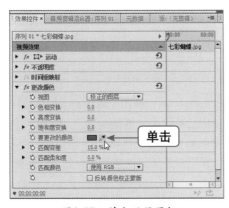

图3-57 单击吸管图标

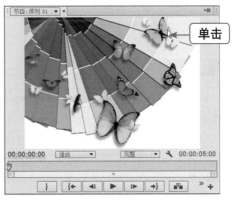

图3-58 进行采样

07 取样完成后，在【效果控件】面板中，展开【更改颜色】选项，设置【色相变换】为-175，【亮度变换】为8，【匹配容差】为28%，如图3-59所示。

08 执行上述操作后，即可运用【更改颜色】特效调整色彩，单击【播放-停止切换】按钮，预览视频效果，如图3-60所示。

图3-59 设置相应的选项

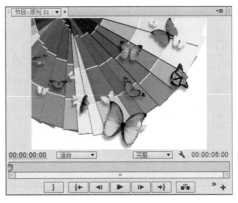

图3-60 预览视频效果

在【更改颜色】选项列表中，各主要选项的含义如下。

- 视图：【校正的图层】显示更改颜色效果的结果。【颜色校正遮罩】显示将要更改的图层的区域。颜色校正遮罩中的白色区域变化最大，黑暗区域变化最小。
- 色相变换：色相的调整量（读数）。
- 亮度变换：正值使匹配的像素变亮，负值使其变暗。
- 饱和度变换：正值增加匹配的像素的饱和度（向纯色移动），负值降低匹配的像素的饱和度（向灰色移动）。
- 要更改的颜色：范围中要更改的中央颜色。
- 匹配容差：颜色可以在多大程度上不同于【要匹配的颜色】并且仍然匹配。
- 匹配柔和度：不匹配的像素受效果影响的程度，与【要匹配的颜色】的相似性成比例。
- 匹配颜色：确定一个在其中比较颜色以确定相似性的色彩空间。RGB在RGB色彩空间中比较颜色。色相在颜色的色相上做比较，忽略饱和度和亮度，因此鲜红和浅粉匹配。色度使用两个色度分量来确定相似性，忽略明亮度（亮度）。
- 反转颜色校正蒙版：反转用于确定哪些颜色受影响的蒙版。

提 示 ||||||||||||||||||||||||||||||||||||||||||||||||||||||||||||||||||

　　在Premiere Pro CC中，可以使用【更改为颜色】特效，使用色相、亮度和饱和度（HLS）值将用户在图像中选择的颜色更改为另一种颜色，保持其他颜色不受影响。

　　【更改为颜色】提供了【更改颜色】效果未能提供的灵活性和选项。这些选项包括用于精确颜色匹配的色相、亮度和饱和度容差滑块，以及选择用户希望更改成的目标颜色的精确RGB值的功能，【更改为颜色】选项界面如图3-61所示。

　　将素材添加到【时间轴】面板的轨道上后，为素材添加【更改为颜色】特效，在【效果控件】面板中，展开【更改为颜色】选项，单击【自】右侧的色块，在弹出的【拾色器】对话框中设置RGB参数分别为3、231、72；单击【至】右侧的色块，在弹出的【拾色器】对话框中设置RGB参数分别为251、275、80；设置【色相】为20，【亮度】为60，【饱和度】为20，【柔和度】为20，调整效果如图3-62所示。

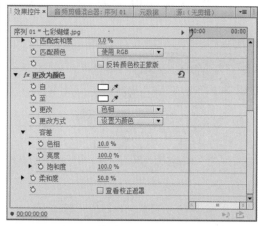

图3-61　【更改为颜色】选项界面

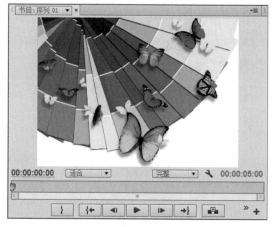

图3-62　调整效果

在【更改为颜色】选项列表中，各主要选项的含义如下。

- 自：要更改的颜色范围的中心。
- 至：将匹配的像素更改成的颜色。（要动画化颜色变化，需要为【至】颜色设置关键帧）
- 更改：选择受影响的通道。
- 更改方式：如何更改颜色。【设置为颜色】将受影响的像素直接更改为目标颜色；【变换为颜色】使用HLS插值向目标颜色变换受影响的像素值，每个像素的更改量取决于像素的颜色与【自】颜色的接近程度。
- 容差：颜色可以在多大程度上不同于【自】颜色并且仍然匹配。展开此控件可以显示色相、亮度和饱和度值的单独滑块。
- 柔和度：用于校正遮罩边缘的羽化量。较高的值将在受颜色更改影响的区域与不受影响的区域之间创建更平滑的过渡。
- 查看校正遮罩：显示灰度遮罩，表示效果影响每个像素的程度。白色区域的变化最大，黑暗区域的变化最小。

Example 实例 030 通过通道混合调整创意字母

素材文件	光盘 \ 素材 \ 第3章 \ 创意字母.jpg
效果文件	光盘 \ 效果 \ 第3章 \ 030 通过通道混合调整创意字母.prproj
视频文件	光盘 \ 视频 \ 第3章 \ 030 通过通道混合调整创意字母.mp4
难易程度	★★★☆☆
学习时间	15分钟
实例要点	【通道混合器】特效的应用
思路分析	【通道混合器】特效是利用当前颜色通道的混合值修改一个颜色通道，通过为每一个通道设置不同的颜色偏移来校正素材的颜色

本实例最终效果如图3-63所示。

图3-63 通道混合调整的前后对比效果

操作步骤

01 在Premiere Pro CC工作界面中，新建一个项目文件并创建序列，导入一个素材文件，如图3-64所示。

02 在【项目】面板中选择素材文件，并将其添加到【时间轴】面板中的V1轨道上，如图3-65所示。

图3-64 导入素材文件

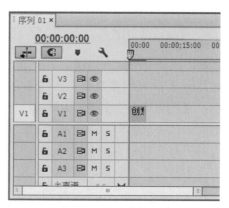

图3-65 添加素材文件

03 在【时间轴】面板中添加素材后，在【节目监视器】面板中可以查看素材画面，如图3-66所示。

04 在【效果】面板中，依次展开【视频效果】|【颜色校正】选项，在其中选择【通道混合器】视频特效，如图3-67所示。

图3-66 查看素材画面

图3-67 选择【通道混合器】视频特效

提 示

在Premiere Pro CC中，通道混合器效果通过使用当前颜色通道的混合组合来修改颜色通道。使用此效果可以执行其他颜色调整工具无法轻松完成的创意颜色调整，例如通过选择每个颜色通道所占的百分比来创建高质量灰度图像，创建高质量棕褐色调或其他着色图像，以及交换或复制通道。

05 将【通道混合器】特效拖曳至【时间轴】面板中的素材文件上，选择V1轨道上的素材，在【效果控件】面板中，展开【通道混合器】选项，设置【红色-红色】为131，【红色-绿色】为-85，【红色-蓝色】为69，【红色-恒量】为-7，【绿色-红色】为45，【绿色-绿色】为90，如图3-68所示。

06 执行上述操作后，即可运用【通道混合器】特效调整色彩，单击【播放-停止切换】按钮，预览视频效果，如图3-69所示。

图3-68 设置相应的选项

图3-69 预览视频效果

在【通道混合器】选项列表中，各主要选项的含义如下。

- 【输出通道 - 输入通道】：增加到输出通道值的输入通道值的百分比。例如，【红色 - 绿色】设置为10，表示在每个像素的红色通道的值上增加该像素绿色通道的值的10%。【蓝色 - 绿色】设置为100和【蓝色 - 蓝色】设置为0，表示将蓝色通道值替换成绿色通道值。
- 【输出通道 - 恒量】：增加到输出通道值的恒量值（百分比）。例如，【红色 - 恒量】为100，表示通过增加100%红色为每个像素增加红色通道的饱和度。
- 【单色】：使用红色、绿色和蓝色输出通道中的红色输出通道的值，从而创建灰度图像。

Example 实例 031 通过卷积内核调整少女祈祷

素材文件	光盘 \ 素材 \ 第3章 \ 少女祈祷.jpg
效果文件	光盘 \ 效果 \ 第3章 \ 031 通过卷积内核调整少女祈祷.prproj
视频文件	光盘 \ 视频 \ 第3章 \ 031 通过卷积内核调整少女祈祷.mp4
难易程度	★★★★☆
学习时间	45分钟
实例要点	【卷积内核】特效的应用
思路分析	【卷积内核】特效可以根据数学卷积分的运算来改变素材中的每一个像素

本实例最终效果如图3-70所示。

图3-70 卷积内核调整的前后对比效果

操作步骤

01 在Premiere Pro CC工作界面中，新建一个项目文件并创建序列，导入一个素材文件，如图3-71所示。

02 在【项目】面板中选择素材文件，并将其添加到【时间轴】面板中的V1轨道上，如图3-72所示。

图3-71　导入素材文件

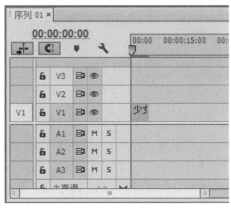

图3-72　添加素材文件

提　示

在Premiere Pro CC中，【卷积内核】视频特效主要用于以某种预先指定的数字计算方法来改变图像中像素的亮度值，从而得到丰富的视频效果。

在【效果控件】面板的【卷积内核】选项下，单击各选项前的三角形按钮▶，在其下方可以通过拖动滑块来调整数值。

03 在【时间轴】面板中添加素材后，在【节目监视器】面板中可以查看素材画面，如图3-73所示。

04 在【效果】面板中，依次展开【视频效果】|【调整】选项，在其中选择【卷积内核】视频特效，如图3-74所示。

图3-73　查看素材画面

图3-74　选择【卷积内核】视频特效

05 将【卷积内核】特效拖曳至【时间轴】面板中的素材文件上，然后选择V1轨道上的素材，在【效果控件】面板中展开【卷积内核】选项，设置【M11】为2，如图3-75所示。

06 执行上述操作后，即可运用【卷积内核】特效调整色彩，单击【播放-停止切换】按
钮，预览视频效果，如图3-76所示。

图3-75 设置相应的选项　　　　　　　　　　　图3-76 预览视频效果

提 示

在【卷积内核】选项列表中，每项以字母M开头的设置均表示3×3矩阵中的一个单元格。
例如，【M11】表示第1行第1列的单元格，【M22】表示矩阵中心的单元格。单击任何单元格
设置旁边的数字，可以键入要作为该像素亮度值的倍数的值。

在【卷积内核】选项列表中，单击【偏移】旁边的数字并键入一个值，此值将与缩放计算
的结果相加；单击【缩放】旁边的数字并键入一个值，计算中的像素亮度值总和将除以此值。

Example 实例 032 通过ProcAmp调整圣诞女孩

素材文件	光盘 \ 素材 \ 第3章 \ 圣诞女孩.jpg
效果文件	光盘 \ 效果 \ 第3章 \ 032 通过ProcAmp调整圣诞女孩.prproj
视频文件	光盘 \ 视频 \ 第3章 \ 032 通过ProcAmp调整圣诞女孩.mp4
难易程度	★★☆☆☆
学习时间	10分钟
实例要点	ProcAmp特效的应用
思路分析	ProcAmp特效可以分别调整影片的亮度、对比度、色相以及饱和度

本实例最终效果如图3-77所示。

图3-77 ProcAmp调整的前后对比效果

操作步骤

01 在Premiere Pro CC工作界面中，新建一个项目文件并创建序列，导入一个素材文件，如图3-78所示。

02 在【项目】面板中选择素材文件，并将其添加到【时间轴】面板中的V1轨道上，如图3-79所示。

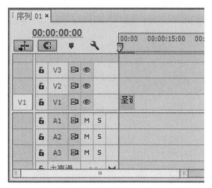

图3-78 导入素材文件　　　　　　　图3-79 添加素材文件

03 在【时间轴】面板中添加素材后，在【节目监视器】面板中可以查看该素材画面，如图3-80所示。

04 在【效果】面板中，依次展开【视频效果】|【调整】选项，在其中选择ProcAmp视频特效，如图3-81所示。

图3-80 查看素材画面　　　　　　　图3-81 选择ProcAmp视频特效

05 将ProcAmp特效拖曳至【时间轴】面板中的素材文件上，选择V1轨道上的素材，在【效果控件】面板中，展开ProcAmp选项，设置【亮度】为2，【对比度】为122，【饱和度】为147，如图3-82所示。

06 执行上述操作后，即可运用ProcAmp特效调整色彩，单击【播放-停止切换】按钮，预览视频效果，如图3-83所示。

提　示

在Premiere Pro CC中，ProcAmp效果用于模仿标准电视设备上的处理放大器。此效果可以调整剪辑图像的亮度、对比度、色相、饱和度以及拆分百分比。

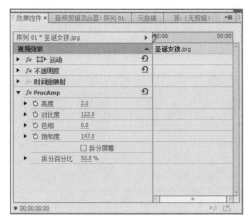

图3-82　设置相应的选项

图3-83　预览视频效果

Example 实例 033　通过光照效果调整珠宝广告

素材文件	光盘\素材\第3章\珠宝广告.jpg
效果文件	光盘\效果\第3章\033 通过光照效果调整珠宝广告.prproj
视频文件	光盘\视频\第3章\033 通过光照效果调整珠宝广告.mp4
难易程度	★★★☆☆
学习时间	15分钟
实例要点	【光照效果】特效的应用
思路分析	【光照效果】视频特效可以用来在图像中制作并应用多种照明效果

本实例最终效果如图3-84所示。

图3-84　光照效果调整的前后对比效果

操作步骤

01 在Premiere Pro CC工作界面中，新建一个项目文件并创建序列，导入一个素材文件，如图3-85所示。

02 在【项目】面板中选择素材文件，并将其添加到【时间轴】面板中的V1轨道上，如图3-86所示。

03 在【时间轴】面板中添加素材后，在【节目监视器】面板中可以查看该素材画面，如图3-87所示。

04 在【效果】面板中，依次展开【视频效果】|【调整】选项，在其中选择【光照效果】视频特效，如图3-88所示。

图3-85　导入素材文件

图3-86　添加素材文件

图3-87　查看素材画面

图3-88　选择【光照效果】视频特效

05 将【光照效果】特效拖曳至【时间轴】面板中的素材文件上，选择V1轨道上的素材，在【效果控件】面板中，展开【光照效果】|【光照1】选项，设置【光照类型】为【点光源】，【中央】为（16，126），【主要半径】为85，【次要半径】为85，【角度】为123，【强度】为9，【聚焦】为16，如图3-89所示。

06 执行上述操作后，即可运用【光照效果】特效调整色彩，单击【播放-停止切换】按钮，预览视频效果，如图3-90所示。

图3-89　设置相应的选项

图3-90　预览视频效果

在【光照效果】选项列表中，各主要选项的含义如下。

● 光照类型：选择光照类型以指定光源。【无】用来关闭光照；【方向型】从远处提供光照，使光线角度不变，就像太阳一样；【全光源】直接在图像上方提供四面八方的光照，就像灯泡照在一张纸上；【聚光】投射椭圆形光束。

- 光照颜色：用来指定光照颜色。可以单击色板使用Adobe拾色器选择颜色，然后单击【确定】按钮；也可以单击【吸管】图标，然后单击计算机桌面上的任意位置以选择颜色。
- 中央：使用光照中心的X和Y坐标值移动光照。也可以通过在节目监视器中拖动中心圆来定位光照。
- 主要半径：调整全光源或点光源的长度。也可以在节目监视器中拖动手柄之一。
- 次要半径：调整点光源的宽度。光照变为圆形后，增加次要半径就会增加主要半径。也可以在节目监视器中拖动手柄之一来调整此属性。
- 角度：更改平行光或点光源的方向。通过指定度数值可以调整此项控制。也可在【节目监视器】中将指针移至控制柄之外，直至其变成双头弯箭头，然后进行拖动以旋转光。
- 强度：控制光照是强烈还是柔和。
- 聚焦：调整点光源的最明亮区域的大小。
- 环境光照颜色：更改环境光的颜色。
- 环境光照强度：提供漫射光，就像该光照与室内其他光照（如日光或荧光）相混合一样。选择值100表示仅使用光源，或选择值-100表示移除光源。要更改环境光的颜色，可以单击颜色框并使用出现的拾色器。
- 表面光泽：决定表面反射多少光（类似在一张照相纸的表面上），其值介于-100（低反射）到100（高反射）之间。
- 表面材质：确定反射率较高者是光本身还是光照对象。值为-100表示反射光的颜色，值为100表示反射对象的颜色。
- 曝光：增加（正值）或减少（负值）光照的亮度。值为0是光照的默认亮度。

提 示

在Premiere Pro CC中，光照效果可以对剪辑应用光照效果，最多可采用5个光照来产生有创意的光照。【光照效果】可用于控制光照属性，如光照类型、方向、强度、颜色、光照中心和光照传播。还有一个【凹凸层】控件可以使用其他素材中的纹理或图案产生特殊光照效果，例如，类似3D表面的效果。

Example 实例 034 通过自动对比度调整甜蜜恋人

素材文件	光盘\素材\第3章\甜蜜恋人.jpg
效果文件	光盘\效果\第3章\034 通过自动对比度调整甜蜜恋人.prproj
视频文件	光盘\视频\第3章\034 通过自动对比度调整甜蜜恋人.mp4
难易程度	★★☆☆☆
学习时间	10分钟
实例要点	【自动对比度】特效的应用
思路分析	【自动对比度】特效主要用于调整素材整体色彩的混合，去除素材的偏色

本实例最终效果如图3-91所示。

图3-91 自动对比度调整的前后对比效果

操作步骤

01 在Premiere Pro CC工作界面中，新建一个项目文件并创建序列，导入一个素材文件，如图3-92所示。

02 在【项目】面板中选择素材文件，并将其添加到【时间轴】面板中的V1轨道上，如图3-93所示。

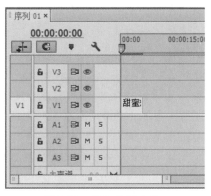

图3-92 导入素材文件　　　　　　图3-93 添加素材文件

03 在【时间轴】面板中添加素材后，在【节目监视器】面板中可以查看素材画面，如图3-94所示。

04 在【效果】面板中，依次展开【视频效果】|【调整】选项，在其中选择【自动对比度】视频特效，如图3-95所示。

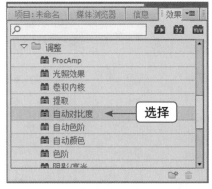

图3-94 查看素材画面　　　　　　图3-95 选择【自动对比度】视频特效

提 示 ||||||||||||||||||||||||||||||||||||||||||||||||||||||||||||||||||

在Premiere Pro CC中，【自动对比度】与【自动色阶】都可以用来调整对比度与颜色。其中【自动对比度】在无需增加或消除色偏的情况下调整总体对比度和颜色混合。【自动色阶】自动校正高光和阴影。由于【自动色阶】单独调整每个颜色通道，因此可能会消除或增加色偏。

05 将【自动对比度】特效拖曳至【时间轴】面板中的素材文件上，即可运用【自动对比度】特效调整色彩，单击【播放-停止切换】按钮，预览视频效果，如图3-96所示。

06 在【效果控件】面板中，展开【自动对比度】选项，可以对【自动对比度】特效进行详细的设置，如图3-97所示。

图3-96 预览视频效果

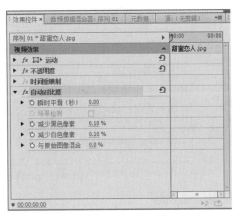

图3-97 【自动对比度】选项界面

在【自动对比度】选项列表中，各主要选项的含义如下。

- 瞬时平滑：相邻帧相对于其周围帧的范围（以秒为单位），通过分析此范围可以确定每个帧所需的校正量。如果【瞬时平滑】为0，将独立分析每个帧，而不考虑周围的帧。【瞬时平滑】可以随时间推移而形成外观更平滑的校正。

- 场景检测：如果选择此选项，在效果分析周围帧的瞬时平滑时，超出场景变化的帧将被忽略。

- 减少黑色像素，减少白色像素：决定有多少阴影和高光被剪切到图像中新的极端阴影和高光颜色。注意不要将剪切值设置得太大，因为这样做会降低阴影或高光中的细节。建议设置为0.0%到1%之间的值。默认情况下，阴影和高光像素将被剪切0.1%，也就是说，当发现图像中最暗和最亮的像素时，将会忽略任一极端的前0.1%；这些像素随后映射到输出黑色和输出白色。此剪切可确保输入黑色和输入白色值基于代表像素值而不是极端像素值。

- 与原始图像混合：确定效果的透明度。效果与原始图像混合，合成的效果位于顶部。此值设置得越高，效果对剪辑的影响越小。例如，如果将此值设置为100%，效果对剪辑没有可见结果；如果将此值设置为0%，原始图像不会显示出来。

Example 实例 **035** 通过自动颜色调整松鼠大战

素材文件	光盘 \ 素材 \ 第3章 \ 松鼠大战.jpg
效果文件	光盘 \ 效果 \ 第3章 \ 035 通过自动颜色调整松鼠大战.prproj
视频文件	光盘 \ 视频 \ 第3章 \ 035 通过自动颜色调整松鼠大战.mp4
难易程度	★★☆☆☆
学习时间	10分钟
实例要点	【自动颜色】特效的应用
思路分析	【自动颜色】通过对中间调进行中和并剪切黑白像素来调整对比度和颜色

本实例最终效果如图3-98所示。

图3-98　自动颜色调整的前后对比效果

▶ **操作步骤**

01 在Premiere Pro CC工作界面中，新建一个项目文件并创建序列，导入一个素材文件，如图3-99所示。

02 在【项目】面板中选择素材文件，并将其添加到【时间轴】面板中的V1轨道上，如图3-100所示。

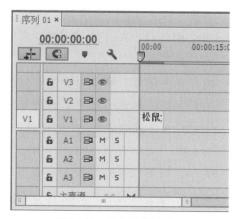

图3-99　导入素材文件　　　　　　　图3-100　添加素材文件

03 在【时间轴】面板中添加素材后，在【节目监视器】面板中可以查看该素材画面，如图3-101所示。

04 在【效果】面板中，依次展开【视频效果】|【调整】选项，在其中选择【自动颜色】视频特效，如图3-102所示。

图3-101　查看素材画面

图3-102　选择【自动颜色】视频特效

05 将【自动颜色】特效拖曳至【时间轴】面板中的素材文件上，选择V1轨道上的素材，在【效果控件】面板中，展开【自动颜色】选项，设置【减少黑色像素】为10%，【减少白色像素】为6.1%，如图3-103所示。

06 执行上述操作后，即可运用【自动颜色】特效调整色彩，单击【播放-停止切换】按钮，预览视频效果，如图3-104所示。

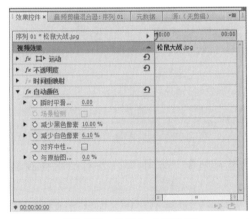

图3-103　设置相应的选项

图3-104　预览视频效果

Example 实例 036 通过阴影/高光调整幸福童年

素材文件	光盘 \ 素材 \ 第3章 \ 幸福童年.jpg
效果文件	光盘 \ 效果 \ 第3章 \ 036 通过阴影高光调整幸福童年.prproj
视频文件	光盘 \ 视频 \ 第3章 \ 036 通过阴影高光调整幸福童年.mp4
难易程度	★★★☆☆
学习时间	20分钟
实例要点	【阴影/高光】特效的应用
思路分析	【阴影/高光】特效可以使素材画面变亮并加强阴影

本实例最终效果如图3-105所示。

图3-105　阴影/高光调整的前后对比效果

操作步骤

01 在Premiere Pro CC工作界面中，新建一个项目文件并创建序列，导入一个素材文件，如图3-106所示。

02 在【项目】面板中选择素材文件，并将其添加到【时间轴】面板中的V1轨道上，如图3-107所示。

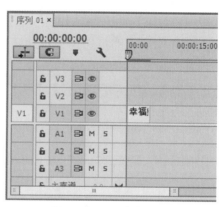

图3-106　导入素材文件　　　　　　　　　　图3-107　添加素材文件

03 在【时间轴】面板中添加素材后，在【节目监视器】面板中可以查看该素材画面，如图3-108所示。

04 在【效果】面板中，依次展开【视频效果】|【调整】选项，在其中选择【阴影/高光】视频特效，如图3-109所示。

图3-108　查看素材画面　　　　　　　　　　图3-109　选择【阴影/高光】视频特效

提 示 |||||||||||||||||||||||||||||||||||||||||||||||||||||||||||||||||||||||||||||||||||

在Premiere Pro CC中,【阴影/高光】效果可以增亮图像中的主体,而降低图像中的高光。此效果不会使整个图像变暗或变亮;它基于周围的像素独立调整阴影和高光,也可以调整图像的总体对比度。默认设置用于修复有逆光问题的图像。

05 将【阴影/高光】特效拖曳至【时间轴】面板中的素材文件上,选择V1轨道上的素材,在【效果控件】面板中,展开【阴影/高光】|【更多选项】选项,设置【阴影色调宽度】为50,【阴影半径】为89,【高光半径】为27,【颜色校正】为20,【减少黑色像素】为26%,【减少白色像素】为15.01%,如图3-110所示。

06 执行上述操作后,即可运用【阴影/高光】特效调整色彩,单击【播放-停止切换】按钮,预览视频效果,如图3-111所示。

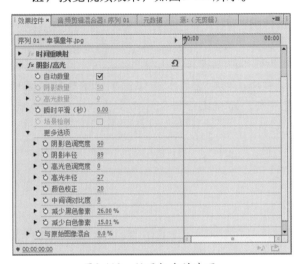

图3-110 设置相应的选项

图3-111 预览视频效果

在【阴影/高光】选项列表中,各主要选项的含义如下。

- 自动数量:如果选择此选项,将忽略【阴影数量】和【高光数量】值,并使用适合变亮和恢复阴影细节的自动确定的数量。选择此选项还会激活【瞬时平滑】控件。
- 阴影数量:使图像中的阴影变亮的程度。仅当取消选择【自动数量】时,此控件才处于活动状态。
- 高光数量:使图像中的高光变暗的程度。仅当取消选择【自动数量】时,此控件才处于活动状态。
- 瞬时平滑:相邻帧相对于其周围帧的范围(以秒为单位),通过分析此范围可以确定每个帧所需的校正量。如果【瞬时平滑】为0,将独立分析每个帧,而不考虑周围的帧。【瞬时平滑】可以随时间推移而形成外观更平滑的校正。
- 场景检测:如果选择此选项,在分析周围帧的瞬时平滑时,超出场景变化的帧将被忽略。

- 与原始图像混合：效果的透明度。效果与原始图像混合，合成的效果位于顶部。此值设置得越高，效果对剪辑的影响越小。例如，如果将此值设置为100%，效果对剪辑没有可见结果；如果将此值设置为0%，原始图像不会显示出来。

- 阴影色调宽度和高光色调宽度：阴影和高光中的可调色调的范围。较低的值将可调范围分别限制到仅最暗和最亮的区域。较高的值会扩展可调范围。这些控件有助于隔离要调整的区域。例如，要使暗的区域变亮的同时不影响中间调，应设置较低的【阴影色调宽度】值，以便在调整【阴影数量】时，仅使图像最暗的区域变亮。指定对给定图像而言，太大的值可能在强烈的从暗到亮边缘的周围产生光晕。

- 阴影半径和高光半径：某个像素周围区域的半径（以像素为单位），效果使用此半径来确定这一像素是否位于阴影或高光中。通常，此值应大致等于图像中的关注主体的大小。

- 颜色校正：效果应用于所调整的阴影和高光的颜色校正量。例如，如果增大【阴影数量】值，原始图像中的暗色将显示出来；【颜色校正】值越高，这些颜色越饱和，对阴影和高光的校正越明显，可用的颜色校正范围越大。

- 中间调对比度：效果应用于中间调的对比度的数量。较高的值单独增加中间调中的对比度，而同时使阴影变暗、高光变亮。负值表示降低对比度。

中文版
Premiere Pro CC
影视编辑全实例

第4章
视频效果应用实例

本章重点

- 通过添加视频效果编辑彩色椅子
- 通过删除视频效果编辑玫瑰花香
- 通过扭曲视频效果制作五彩铅笔
- 通过锐化和模糊特效编辑清新美女
- 通过闪电特效制作闪电惊雷
- 通过透视特效制作华丽都市
- 通过键控特效制作可爱女孩

- 通过复制与粘贴视频效果编辑异域风情
- 通过水平翻转特效编辑惬意生活
- 通过蒙尘与划痕特效制作怀旧相片
- 通过镜头光晕特效编辑宝马大厦
- 通过时间码特效制作花朵绽放
- 通过通道特效制作相伴一生
- 通过风格化特效制作彩色浮雕

随着数字时代的发展，添加影视特效这一复杂的工作已经得到了简化。Premiere Pro CC提供了大量的视频特效以增强影片的效果。通过制作视频效果，可以制作很多奇特的艺术画面。

Premiere Pro CC根据视频效果的作用，将提供的130多种视频效果分为【变换】、【图像控制】、【实用程序】、【扭曲】、【时间】、【杂色与颗粒】、【模糊与锐化】、【生成】、【视频】、【调整】、【过渡】、【透视】、【通道】、【键控】、【颜色校正】、【风格化】16个文件夹，放置在【效果】面板中的【视频效果】文件夹中，如图4-1所示。

已添加视频效果的素材右侧的【不透明度】按钮 ⚆ 就会变成紫色 ⚆，以便于用户区分素材是否添加了视频效果，单击【不透明度】按钮 ⚆，即可在弹出的列表框中查看添加的视频效果，如图4-2所示。

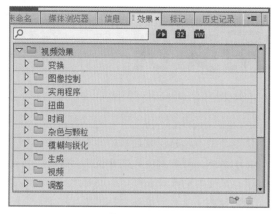

图4-1 【视频效果】文件夹

图4-2 查看添加的视频效果

在Premiere Pro CC中，添加到【时间轴】面板的每个视频都会预先应用或内置固定效果。固定效果可控制剪辑的固有属性，可以在【效果控件】面板中调整所有的固定效果属性来激活它们。固定效果包括以下内容：

- 运动：包括多种属性，用于旋转和缩放视频，调整视频的防闪烁属性，或将这些视频与其他视频进行合成。
- 不透明度：允许降低视频的不透明度，用于实现叠加、淡化和溶解之类的效果。
- 时间重映射：允许针对视频的任何部分减速、加速或倒放及将帧冻结。通过提供微调控制，使这些变化加速或减速。
- 音量：控制视频中的音频音量。

为素材添加视频效果之后，还可以在【效果控件】面板中展开相应的效果选项，为添加的特效设置参数，如图4-3所示。

在Premiere Pro CC的【效果控件】面板中，如果添加的效果右侧出现【设置】按钮 →国，单击该按钮可以弹出相应的对话框，可以根据需要运用对话框设置视频效果的参数，如图4-4所示。

了解视频效果的分类与设置方法后，下面介绍制作精彩视频效果的方法和技巧。

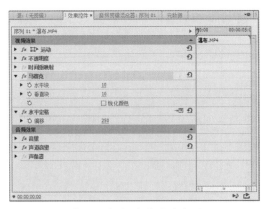

图4-3 视频效果设置选项

图4-4 视频效果对话框

 提 示

　　Premiere Pro CC在应用于视频的所有标准效果之后渲染固定效果。标准效果会按照从上往下出现的顺序渲染。可以在【效果控件】面板中将标准效果拖到新的位置来更改它们的顺序，但是不能重新排列固定效果的顺序。

Example 实例 037 通过添加视频效果编辑彩色椅子

素材文件	光盘 \ 素材 \ 第4章 \ 彩色椅子.jpg
效果文件	光盘 \ 效果 \ 第4章 \ 037 通过添加视频效果编辑彩色椅子.prproj
视频文件	光盘 \ 视频 \ 第4章 \ 037 通过添加视频效果编辑彩色椅子.mp4
难易程度	★★★☆☆
学习时间	10分钟
实例要点	添加视频效果的操作方法
思路分析	在Premiere Pro CC的【效果】面板中，在【视频效果】文件夹中提供了所有的视频效果，可以直接将需要的视频效果拖曳至视频轨道上的素材上；依次拖曳多个视频效果至【时间轴】面板的素材中，可以实现多个视频效果的添加

本实例的最终效果如图4-5所示。

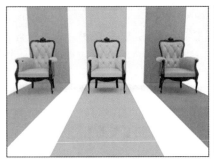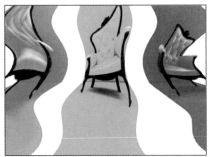

图4-5 添加视频特效后的素材前后对比效果

▶ **操作步骤**

01 在Premiere Pro CC工作界面中，新建一个项目文件并创建序列，导入一个素材文件，如图4-6所示。

02 在【项目】面板中选择素材文件，并将其添加到【时间轴】面板中的V1轨道上，如图4-7所示。

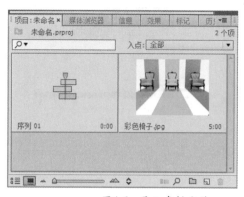

图4-6　导入素材文件　　　　　　图4-7　添加素材文件

03 在【时间轴】面板中添加素材后，在【节目监视器】面板中可以查看该素材画面，如图4-8所示。

04 在【效果】面板中，依次展开【视频效果】|【扭曲】选项，在其中选择【弯曲】视频效果，如图4-9所示。

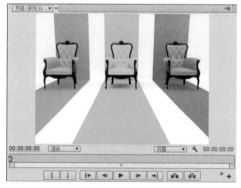

图4-8　查看素材画面　　　　　　图4-9　选择【弯曲】视频效果

提　示

在【效果】面板中，可以在上方的搜索栏中输入想要的效果名称，即可快速查找需要的效果。

05 将【弯曲】特效拖曳至【时间轴】面板中的素材文件上，如图4-10所示，释放鼠标即可添加视频效果。

06 选择V1轨道上的素材，在【效果控件】面板中展开【弯曲】选项，单击【设置】按钮，如图4-11所示。

提　示

在【时间轴】面板中选择素材对象之后，只需要在【效果】面板中双击合适的视频效果，即可添加视频效果到选择的素材文件上。

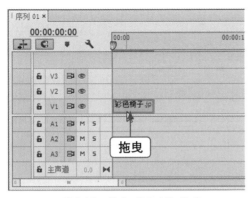

图4-10　拖曳【弯曲】特效

图4-11　单击【设置】按钮

07 在弹出的【弯曲设置】对话框中，设置相应的选项，如图4-12所示。

08 单击【确定】按钮，即可设置添加的视频效果，单击【播放-停止切换】按钮，预览视频效果，如图4-13所示。

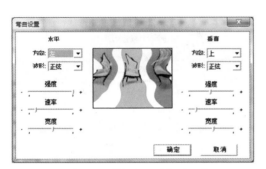

图4-12　【弯曲设置】对话框

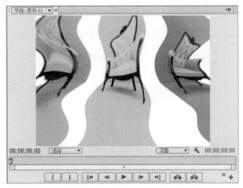

图4-13　预览视频效果

在【弯曲设置】对话框中，各主要选项的含义如下。

- 方向：指定波形移动的方向。包括上、下、左、右、内、外6种移动方向。
- 波形：指定波形的形状。可以从正弦波、圆形、三角形或正方形中进行选择。
- 强度：指定波形的强度。
- 速率：指定波形的速率。如果要仅在横向或纵向产生波形，可以针对不需要的方向将速率滑块移动到底。
- 宽度：指定波形的宽度。

09 选择相应的素材，在【效果】面板中依次展开【视频效果】|【实用程序】选项，在其中选择【Cineon转换器】视频效果，如图4-14所示。

10 单击鼠标左键并拖曳【Cineon转换器】特效至【效果控件】面板中，如图4-15所示，释放鼠标左键，即可添加视频效果。

11 在【效果控件】面板中展开【Cineon转换器】选项，在其中设置相应的参数，如图4-16所示。

12 执行上述操作后，即可设置添加的视频效果，单击【播放-停止切换】按钮，预览视频效果，如图4-17所示。

图4-14　选择【Cineon转换器】视频效果

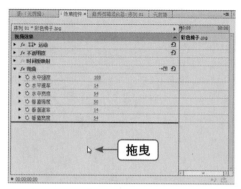

图4-15　拖曳【Cineon转换器】特效

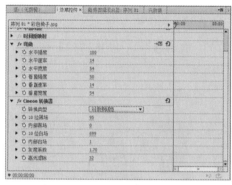

图4-16　设置相应的选项

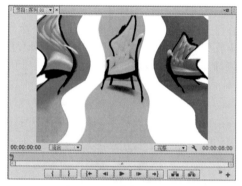

图4-17　预览视频效果

提　示

　　在Premiere Pro CC中，当用户完成单个视频特效的添加后，可以继续拖曳其他视频特效来完成多视频特效的添加。执行操作后，【效果控件】面板中即可显示添加的其他视频特效，可以随意拖曳各个视频特效，调整视频特效的排列顺序，这些操作可能会影响到视频特效的最终效果。

　　在【Cineon转换器】选项列表中，各主要选项的含义如下。

- 转换类型：【对数到线性】可以将每种颜色用8位二进制（8bpc）对数表示的非Cineon剪辑渲染为Cineon剪辑；【线性到对数】针对包含Cineon文件8bpc线性代理的剪辑，将其转换为8bpc对数剪辑，以便于显示对数文件中的特征；【对数到对数】检测8bpc或10bpc对数Cineon文件，以将其作为8bpc对数代理渲染。
- 10位黑场：用于转换10bpc对数Cineon剪辑的黑场（最小密度）。
- 内部黑场：用于Premiere Pro CC中的剪辑的黑场。
- 10位白场：用于转换10bpc对数Cineon剪辑的白场（最大密度）。
- 内部白场：用于Premiere Pro CC中的剪辑的白场。
- 灰度系数：增大或减小【灰度系数】可分别使中间调变亮或变暗。
- 高光滤除：用于校正明亮高光的滤除值。如果调整最明亮的区域使图像的其余部分显得太暗，可以使用【高光滤除】调整这些明亮的高光。如果高光显示为白斑，可以增大【高光滤除】，直到可见细节。具有高对比度的图像可能需要较高的滤除值。

提 示

Cineon转换器效果提供了针对Cineon帧的颜色转换的高度控制。将Cineon转换器效果应用于视频中可以精确调整视频的颜色，同时在节目监视器中交互式查看结果。可以设置关键帧来调整色调随时间推移的变化；使用关键帧插值和缓动手柄可以精确匹配最不规则的光照变化，或使文件处于默认状态并使用转换器。使用每个像素的每个Cineon通道中的10个数据位，可以更轻松地增强重要的色调范围，同时保持总体色调平衡。通过谨慎指定范围，可以创建忠实反映原始图像的图像版本。

Example 实例 038 通过复制与粘贴视频效果编辑异域风情

素材文件	光盘 \ 素材 \ 第4章 \ 异域风情1.jpg、异域风情2.jpg
效果文件	光盘 \ 效果 \ 第4章 \ 038 通过复制与粘贴视频效果编辑异域风情.prproj
视频文件	光盘 \ 视频 \ 第4章 \ 038 通过复制与粘贴视频效果编辑异域风情.mp4
难易程度	★★☆☆☆
学习时间	5分钟
实例要点	复制与粘贴视频效果的操作方法
思路分析	在编辑视频的过程中，往往需要对多个素材使用同样的视频效果。此时，用户可以使用复制和粘贴视频效果的方法来制作多个相同的视频效果

本实例的最终效果如图4-18所示。

图4-18　复制与粘贴视频效果

操作步骤

01 在Premiere Pro CC工作界面中，新建一个项目文件并创建序列，导入两个素材文件，如图4-19所示。

02 在【项目】面板中选择素材文件，并将其添加到【时间轴】面板中的V1轨道上，选择【异域风情1】素材文件，如图4-20所示。

图4-19　导入素材文件　　　　　图4-20　选择素材文件

03 在【效果】面板中，依次展开【视频效果】|【调整】选项，在其中选择ProcAmp视频效果，如图4-21所示。

04 切换至【效果控件】面板，将ProcAmp视频效果拖曳至【效果控件】面板中，设置【亮度】为1，【对比度】为108，【饱和度】为155，在ProcAmp选项上单击鼠标右键，在弹出的快捷菜单中选择【复制】选项，如图4-22所示。

图4-21　选择【ProcAmp】视频效果

图4-22　单击【复制】命令

05 在【时间轴】面板中，选择【异域风情2】素材文件，如图4-23所示。

06 在【效果控件】面板中的空白位置单击鼠标右键，在弹出的快捷菜单中选择【粘贴】选项，如图4-24所示。

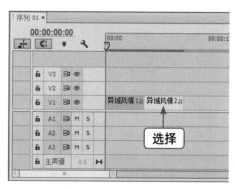

图4-23　选择【异域风情2】素材文件

图4-24　单击【粘贴】命令

07 执行上述操作后，即可将复制的视频效果粘贴到【异域风情2】素材中，如图4-25所示。

08 单击【播放-停止切换】按钮，预览视频效果，如图4-26所示。

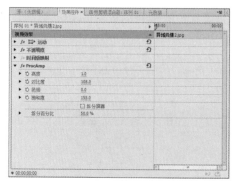

图4-25　粘贴视频效果

图4-26　预览视频效果

Example 实例 039 通过删除视频效果编辑玫瑰花香

素材文件	光盘\素材\第4章\039 通过删除视频效果编辑玫瑰花香.jpg
效果文件	光盘\效果\第4章\039 通过删除视频效果编辑玫瑰花香.prproj
视频文件	光盘\视频\第4章\039 通过删除视频效果编辑玫瑰花香.mp4
难易程度	★★☆☆☆
学习时间	5分钟
实例要点	删除视频效果的操作方法
思路分析	在Premiere Pro CC中，在进行视频效果添加的过程中，如果对添加的视频效果不满意，可以通过【清除】命令将其删除

本实例的最终效果如图4-27所示。

图4-27　删除视频效果后的前后对比效果

操作步骤

01 在Premiere Pro CC工作界面中，按【Ctrl+O】组合键，打开一个项目文件，在【节目监视器】面板中查看项目效果，如图4-28所示。

02 在【时间轴】面板的V1轨道上选择素材文件，如图4-29所示。

图4-28　查看项目效果　　　　　　图4-29　选择素材文件

03 切换至【效果控件】面板，在【紊乱置换】选项上单击鼠标右键，在弹出的快捷菜单中选择【清除】选项，如图4-30所示。

04 执行操作后，即可清除【紊乱转换】视频效果，选择【色调】选项，如图4-31所示。

05 在菜单栏中单击【编辑】|【清除】命令，如图4-32所示。

06 执行操作后，即可清除【色调】视频效果，单击【播放-停止切换】按钮，预览视频效果，如图4-33所示。

图4-30　单击【清除】命令

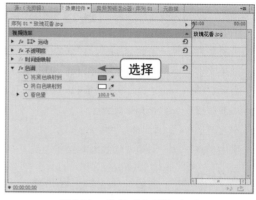

图4-31　选择【色调】选项

图4-32　单击【清除】命令

图4-33　预览视频效果

Example 实例 040　通过水平翻转特效编辑惬意生活

素材文件	光盘＼素材＼第4章＼惬意生活.jpg
效果文件	光盘＼效果＼第4章＼040 通过水平翻转特效编辑惬意生活.prproj
视频文件	光盘＼视频＼第4章＼040 通过水平翻转特效编辑惬意生活.mp4
难易程度	★★☆☆☆
学习时间	5分钟
实例要点	【水平翻转】特效的应用
思路分析	【水平翻转】特效可以将当前的素材进行水平翻转

本实例的最终效果如图4-34所示。

图4-34　水平翻转特效

操作步骤

01 在Premiere Pro CC工作界面中，新建一个项目文件并创建序列，导入一个素材文件，如图4-35所示。

02 在【项目】面板中选择素材文件，并将其添加到【时间轴】面板中的V1轨道上，如图4-36所示。

图4-35 导入素材文件

图4-36 添加素材文件

03 在【时间轴】面板中添加素材后，在【节目监视器】面板中可以查看该素材画面，如图4-37所示。

04 在【效果】面板中，依次展开【视频效果】|【变换】选项，在其中选择【水平翻转】视频效果，如图4-38所示。

图4-37 查看素材画面

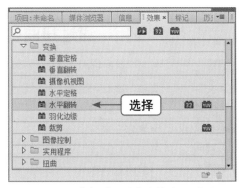

图4-38 选择【水平翻转】视频效果

在【变换】文件夹中，各视频效果的作用如下。

● 垂直定格：垂直定格效果可以向上滚动剪辑，此效果类似于在电视机上调整垂直定格。关键帧无法应用于此效果。

● 垂直翻转：垂直翻转效果可以使剪辑从上到下翻转。关键帧无法应用于此效果。

● 摄像机视图：摄像机视图效果模拟摄像机从不同角度查看剪辑，从而使剪辑扭曲。通过控制摄像机的位置，可扭曲剪辑的形状。

● 水平定格：水平定格效果向左或向右倾斜帧；此效果类似于电视机上的水平定格设置。拖动滑块可控制剪辑的倾斜度。

● 水平翻转：水平翻转效果可以将剪辑中的每个帧从左到右反转；然而，剪辑仍然正向播放。
- 羽化边缘：羽化边缘效果可用于在所有的四个边上创建柔和的黑边框，从而在剪辑中让视频出现晕影。通过输入【数量】值可以控制边框宽度。
- 裁剪：裁剪效果可以从剪辑的边缘修剪像素。

⑤ 将【水平翻转】特效拖曳至【时间轴】面板中的素材文件上，如图4-39所示，释放鼠标后，即可添加视频效果。

⑥ 执行上述操作后，即可运用水平翻转编辑素材，单击【播放-停止切换】按钮，预览视频效果，如图4-40所示。

图4-39　拖曳视频效果

图4-40　预览视频效果

Example 实例 041　通过扭曲视频效果制作五彩铅笔

素材文件	光盘 \ 素材 \ 第4章 \ 五彩铅笔.jpg
效果文件	光盘 \ 效果 \ 第4章 \ 041 通过扭曲视频效果制作五彩铅笔.prproj
视频文件	光盘 \ 视频 \ 第4章 \ 041 通过扭曲视频效果制作五彩铅笔.mp4
难易程度	★★☆☆☆
学习时间	5分钟
实例要点	【扭曲】视频效果的应用
思路分析	【扭曲】特效包含了13种不同样式的效果，该特效可以对镜头画面进行变形扭曲

本实例最终效果如图4-41所示。

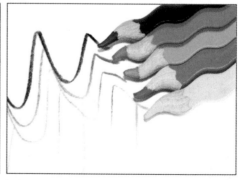

图4-41　扭曲特效

● 操作步骤

01 在Premiere Pro CC工作界面中，新建一个项目文件并创建序列，导入一个素材文件，如图4-42所示。

02 在【项目】面板中选择素材文件，并将其添加到【时间轴】面板中的V1轨道上，如图4-43所示。

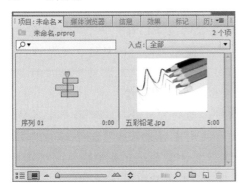

图4-42 导入素材文件

图4-43 添加素材文件

03 在【时间轴】面板中添加素材后，在【节目监视器】面板中可以查看该素材画面，如图4-44所示。

04 在【效果】面板中，依次展开【视频效果】|【扭曲】选项，在其中选择【波形变形】视频效果，如图4-45所示。

图4-44 查看素材画面

图4-45 选择【波形变形】视频效果

在【扭曲】文件夹中，各主要视频效果的作用如下。

● Warp Stabilizer：Warp Stabilizer效果自动完成分析要稳定的素材，去除正常会出现在稳定视频里的动作伪影。让摇晃的、不稳定的手持连续镜头实现很好的平滑稳定效果。

● 位移：位移效果可以在剪辑内平移图像。脱离图像一侧的视觉信息会在对面出现。

● 变换：变换效果可以将二维几何变换应用于剪辑。如果要在渲染其他标准效果之前渲染剪辑锚点、位置、进行缩放或不透明度设置，可以应用变换效果，而不使用剪辑固定效果。

● 弯曲：弯曲效果可以产生在剪辑中横向和纵向均可移动的波形外观，从而扭曲剪辑。可以产生各种大小和速率的大量不同波形。

● 放大：放大效果可以扩大图像的整体或一部分。此效果的作用类似于在图像某区域放置放大镜，或将其用于在保持分辨率的情况下使整个图像放大远远超出100%。

● 旋转：旋转效果可以通过围绕剪辑中心旋转剪辑来扭曲图像。图像在中心的扭曲程度大于在边缘的扭曲程度，在极端设置下会造成旋涡结果。

● 果冻效应修复：DSLR及其他基于CMOS传感器的摄像机都有一个常见问题：在视频的扫描线之间通常有一个延迟时间。由于扫描之间的时间延迟，无法准确地同时记录图像的所有部分，导致果冻效应扭曲。如果摄像机或拍摄对象移动就会发生这些扭曲。果冻效应修复效果可以用来去除这些扭曲伪像。

● 波形变形：波形变形效果可以产生在图像中移动的波形外观。可以产生各种不同的波形形状，包括正方形、圆形和正弦波。波形变形效果横跨整个时间范围以恒定速度自动动画化（没有关键帧）。要改变速度，需要设置关键帧。

● 球面化：球面化效果通过将图像区域包裹到球面上来扭曲图层。

● 紊乱置换：紊乱置换效果使用不规则杂色在图像中创建湍流扭曲。例如，将其用于创建流水、哈哈镜和飞舞的旗帜。

● 边角定位：边角定位效果通过更改每个角的位置来扭曲图像。使用此效果可拉伸、收缩、倾斜或扭曲图像，或用于模拟沿剪辑边缘旋转的透视或运动（如开门）。（在【效果控件】面板中选择【边角定位】选项，可以在节目监视器中直接操控边角定位效果属性，拖动四个角手柄之一可以调整这些属性）

● 镜像：镜像效果沿一条线拆分图像，然后将一侧反射到另一侧。

● 镜头扭曲：镜头扭曲效果可以模拟透过扭曲镜头查看剪辑。

05 单击鼠标左键并拖曳【波形变形】特效至【时间轴】面板中的素材文件上，选择V1轨道上的素材，在【效果控件】面板中展开【波形变形】选项，设置【波形宽度】为70，如图4-46所示。

06 执行上述操作后，即可通过扭曲视频效果编辑素材，单击【播放-停止切换】按钮，预览视频效果，如图4-47所示。

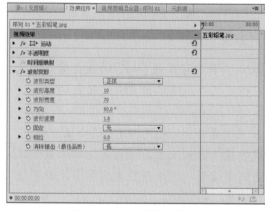

图4-46 设置【波形宽度】

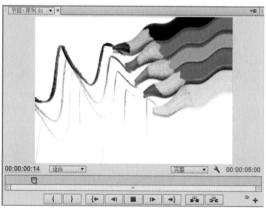

图4-47 预览视频效果

在【波形变形】选项列表中，各主要选项的含义如下。

- 波形类型：在其中可以选择波形的形状。
- 波形高度：可以设置波峰之间的距离，以像素为单位。
- 波形宽度：可以设置波形的大小，以像素为单位。
- 方向：可以设置波形在图像中移动的方向。例如，值为225°将使波形从右上角到左下角成对角线移动。
- 波形速度：可以设置波形传播的速度（以每秒周数为单位）。负值表示使波形反向，值为0表示不产生任何移动。要随时间推移而改变波速，可以将此控件设置为0，然后为【相位】属性设置关键帧。
- 固定：可以设置要固定的边缘（使得沿着这些边缘的像素不被置换）。
- 相位：可以设置波形上的波形周期开始点。例如，0°表示波形从下坡中点开始，而90°表示波形从波谷最低点开始。
- 消除锯齿（最佳品质）：设置对图像执行的消除锯齿或边缘平滑的程度。在许多情况下，较低的设置可产生满意效果；较高的设置可能显著增加渲染时间。

Example 实例 042 通过蒙尘与划痕特效制作怀旧相片

素材文件	光盘\素材\第4章\怀旧相片.jpg
效果文件	光盘\效果\第4章\042 通过蒙尘与划痕特效制作怀旧相片.prproj
视频文件	光盘\视频\第4章\042 通过蒙尘与划痕特效制作怀旧相片.mp4
难易程度	★★★☆☆
学习时间	10分钟
实例要点	【蒙尘与划痕】特效的应用
思路分析	【灰尘与划痕】特效可用于产生一种朦胧的模糊效果

本实例最终效果如图4-48所示。

图4-48　蒙尘与划痕特效

操作步骤

01 在Premiere Pro CC工作界面中，新建一个项目文件并创建序列，导入一个素材文件，如图4-49所示。

02 在【项目】面板中选择该素材文件，并将其添加到【时间轴】面板中的V1轨道上，如图4-50所示。

图4-49　导入素材文件

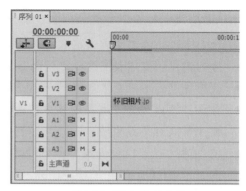

图4-50　添加素材文件

03 在【时间轴】面板中添加素材后，在【节目监视器】面板中可以查看该素材画面，如图4-51所示。

04 在【效果】面板中，依次展开【视频效果】|【杂色与颗粒】选项，在其中选择【蒙尘与划痕】视频效果，如图4-52所示。

图4-51　查看素材画面

图4-52　选择【蒙尘与划痕】视频效果

在【杂色与颗粒】文件夹中，各视频效果的作用如下。

- 中间值：可以将每个像素替换为另一像素，此像素可以指定半径的邻近像素的中间颜色值。当【半径】值较低时，此效果可用于减少某些类型的杂色。在【半径】值较高时，此效果为图像提供绘画风格的外观。
- 杂色：杂色效果可以随机更改整个图像中的像素值。
- 杂色Alpha：杂色Alpha效果可以将杂色添加到Alpha通道。
- 杂色HLS与杂色HLS自动：杂色HLS效果可以在使用静止或移动源素材的剪辑中生成静态杂色。杂色HLS自动效果自动创建动画化的杂色。这两种效果都提供各种类型的杂色，这些类型的杂色可添加到剪辑的色相、饱和度或亮度。除用于确定杂色动画的最后一个控件外，这两种效果的控件是相同的。
- 蒙尘与划痕：蒙尘与划痕效果可以将位于指定半径之内的不同像素更改为更类似邻近的像素，从而减少杂色和瑕疵。

05 将【蒙尘与划痕】特效拖曳至【时间轴】面板中的素材文件上，选择V1轨道上的素材，在【效果控件】面板中，展开【蒙尘与划痕】选项，设置【半径】为6，如图4-53所示。

06 执行上述操作后，即可通过蒙尘与划痕效果编辑素材，单击【播放-停止切换】按钮，预览视频效果，如图4-54所示。

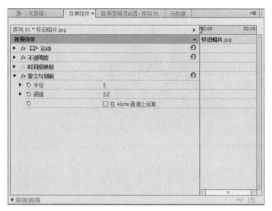

图4-53　设置【半径】为6　　　　　　　　图4-54　预览视频效果

在【蒙尘与划痕】选项列表中，各主要选项的含义如下。

● 半径：该效果可以搜索像素间差异的距离，较高的值会使图像模糊，一般使用能够消除瑕疵的最小值。
● 阈值：该效果可以设置像素能够与其邻近像素在多大程度上不同而不被效果更改，设置该参数能够消除瑕疵的最高值。

 提　示

在Premiere Pro CC中，为了实现图像锐度与隐藏瑕疵之间的平衡，需要在【蒙尘与划痕】选项中尝试不同组合的半径和阈值设置。

Example 实例 043 **通过锐化和模糊特效编辑清新美女**

在Premiere Pro CC中，【模糊和锐化】特效可以对镜头画面进行模糊或清晰处理。下面介绍运用模糊和锐化效果编辑素材的操作方法。

1. 通过锐化效果编辑清新美女

素材文件	光盘 \ 素材 \ 第4章 \ 清新美女1.jpg
效果文件	光盘 \ 效果 \ 第4章 \ 043 通过锐化特效编辑清新美女.prproj
视频文件	光盘 \ 视频 \ 第4章 \ 043 通过锐化特效编辑清新美女.mp4
难易程度	★★☆☆☆
学习时间	5分钟
实例要点	【锐化】效果的应用
思路分析	【锐化】效果通过增加颜色变化位置的对比度，对镜头画面进行清晰处理

本实例最终效果如图4-55所示。

图4-55 锐化特效

> **操作步骤**

01 在Premiere Pro CC工作界面中，新建一个项目文件并创建序列，导入一个素材文件，如图4-56所示。

02 在【项目】面板中选择素材文件，并将其添加到【时间轴】面板中的V1轨道上，如图4-57所示。

图4-56 导入素材文件　　　　　　　　　图4-57 添加素材文件

03 在【时间轴】面板中添加素材后，在【节目监视器】面板中可以查看该素材画面，如图4-58所示。

04 在【效果】面板中，依次展开【视频效果】|【模糊与锐化】选项，在其中选择【锐化】视频效果，如图4-59所示。

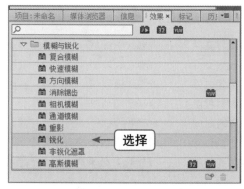

图4-58 查看素材画面　　　　　　　　　图4-59 选择【锐化】视频效果

05 将【锐化】特效拖曳至【时间轴】面板中的素材文件上，选择V1轨道上的素材，在
【效果控件】面板中，展开【锐化】选项，设置【锐化量】为90，如图4-60所示。

06 执行上述操作后，即可运用【锐化】特效编辑素材，单击【播放-停止切换】按钮，预
览视频效果，如图4-61所示。

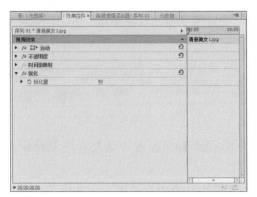 

图4-60　设置【锐化量】为90　　　　　　图4-61　预览视频效果

2. 通过模糊特效编辑清新美女

素材文件	光盘 \ 素材 \ 第4章 \ 清新美女2.jpg
效果文件	光盘 \ 效果 \ 第4章 \ 043 通过模糊特效编辑清新美女.prproj
视频文件	光盘 \ 视频 \ 第4章 \ 043 通过模糊特效编辑清新美女.mp4
难易程度	★★☆☆☆
学习时间	5分钟
实例要点	【高斯模糊】特效的应用
思路分析	与【锐化】效果相反，【模糊】效果能对镜头画面进行模糊化处理

本实例最终效果如图4-62所示。

图4-62　通过模糊特效编辑清新美女

▶ 操作步骤

01 在Premiere Pro CC工作界面中，新建一个项目文件并创建序列，导入一个素材文件，
如图4-63所示。

02 在【项目】面板中选择该素材文件，并将其添加到【时间轴】面板中的V1轨道上，
如图4-64所示。

图4-63　导入素材文件

图4-64　添加素材文件

03 在【时间轴】面板中添加素材后，在【节目监视器】面板中可以查看该素材画面，如图4-65所示。

04 在【效果】面板中，依次展开【视频效果】|【模糊与锐化】选项，在其中选择【高斯模糊】视频效果，如图4-66所示。

图4-65　查看素材画面

图4-66　选择【高斯模糊】视频效果

在【模糊与锐化】文件夹中，各视频效果的作用如下。

- 复合模糊：复合模糊效果可以根据控制剪辑（也称为模糊图层或模糊图）的明亮度值使像素变模糊。默认情况下，模糊图层中的亮值对应于效果剪辑的较多模糊，暗值对应于较少模糊。对亮值选择【反转模糊】可对应于较少模糊。此效果可用于模拟涂抹和指纹。此外，还可以模拟由烟或热所引起的可见性变化，特别是可用于动画模糊图层。
- 快速模糊：【快速模糊】接近于【高斯模糊】，但是【快速模糊】能使大型区域快速变模糊。
- 方向模糊：方向模糊效果可以为剪辑提供运动幻像。
- 消除锯齿：消除锯齿效果可以在高度对比度颜色区域之间混合边缘。混合后，颜色形成中间阴影，使得暗区和亮区之间的过渡看起来更加具有渐变的效果。
- 相机模糊：相机模糊效果可以模拟离开摄像机焦点范围的图像，使剪辑变模糊。例如，通过为模糊设置关键帧，可以模拟主体进入、离开焦点或摄像机意外撞击。拖动滑块可为选定关键帧指定模糊量，较高的值会增强模糊。

- 通道模糊：通道模糊效果可以使剪辑的红色、绿色、蓝色或Alpha通道各自变模糊。可以指定模糊是水平、垂直，还是两者都有。
- 重影：重影效果可以在当前帧上叠加前面紧接的帧的透明度。此效果非常有用，例如，如果要显示移动物体（如弹力球）的运动路径，就可以使用此效果。
- 锐化：锐化效果可以增加颜色变化位置的对比度。
- 非锐化遮罩：非锐化遮罩效果可以增加定义边缘的颜色之间的对比度。
- 高斯模糊：高斯模糊效果可以模糊和柔化图像并消除杂色，可以指定模糊的方式是水平、垂直，还是两者都有。

05 将【高斯模糊】特效拖曳至【时间轴】面板中的素材文件上，选择V1轨道上的素材，在【效果控件】面板中，展开【高斯模糊】选项，设置【模糊度】为47，如图4-67所示。

06 执行上述操作后，即可运用【高斯模糊】特效编辑素材，单击【播放-停止切换】按钮，预览视频效果，如图4-68所示。

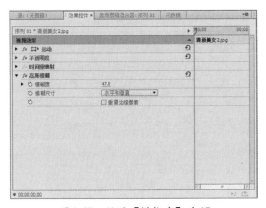
图4-67　设置【模糊度】为47

图4-68　预览视频效果

 提 示

在Premiere Pro CC中，消除锯齿、摄像机模糊与重影等视频效果不支持Mac系统的电脑，只能在Windows系统中使用。

Example 实例 044 通过镜头光晕特效编辑宝马大厦

素材文件	光盘\素材\第4章\宝马大厦.jpg
效果文件	光盘\效果\第4章\044 通过镜头光晕特效编辑宝马大厦.prproj
视频文件	光盘\视频\第4章\044 通过镜头光晕特效编辑宝马大厦.mp4
难易程度	★★☆☆☆
学习时间	5分钟
实例要点	【镜头光晕】特效的应用
思路分析	【镜头光晕】特效可以在素材画面上模拟出摄像机镜头上的光晕效果

本实例最终效果如图4-69所示。

图4-69　镜头光晕特效

▶ **操作步骤**

01 在Premiere Pro CC工作界面中，新建一个项目文件并创建序列，导入一个素材文件，如图4-70所示。

02 在【项目】面板中选择该素材文件，并将其添加到【时间轴】面板中的V1轨道上，如图4-71所示。

图4-70　导入素材文件　　　　　　　图4-71　添加素材文件

03 在【时间轴】面板中添加素材后，在【节目监视器】面板中可以查看该素材画面，如图4-72所示。

04 在【效果】面板中，依次展开【视频效果】|【生成】选项，在其中选择【镜头光晕】视频效果，如图4-73所示。

图4-72　查看素材画面　　　　　图4-73　选择【镜头光晕】视频效果

在【生成】文件夹中，各视频效果的作用如下。

● 书写：书写效果可以动画化剪辑上的描边。例如，可以模拟草体文字或签名的手写动作。

- 单元格图案：单元格图案效果可以生成基于单元格杂色的单元格图案。使用此效果可创建静态或移动的背景纹理和图案。图案可依次用作纹理遮罩，用作过渡映射或用作置换映射源。
- 吸管填充：吸管填充效果可以将采样的颜色应用于源剪辑。此效果可用于从原始剪辑上的采样点快速挑选纯色，或者从一个剪辑挑选颜色值，然后使用混合模式将此颜色应用于第二个剪辑。
- 四色渐变：四色渐变效果可以产生四色渐变。通过四个效果点、位置和颜色（可使用【位置和颜色】控件予以动画化）来定义渐变。渐变包括混合在一起的四个纯色环，每个环都有一个效果点作为其中心。
- 圆形：圆形效果可以创建可自定义的实心圆或环。
- 棋盘：棋盘效果可以创建由矩形组成的棋盘图案，其中一半是透明的。
- 椭圆：椭圆效果可以用于绘制椭圆形。
- 油漆桶：油漆桶效果是使用纯色来填充区域的非破坏性油漆效果。其原理非常类似于 Adobe Photoshop中的【油漆桶】工具。【油漆桶】可以用于给漫画类型轮廓图着色，或用于替换图像中的颜色区域。
- 渐变：渐变效果可以创建颜色渐变。可以创建线性渐变或径向渐变，并随时间推移而改变渐变位置和颜色。使用【渐变起点】和【渐变终点】属性可指定其起始和结束位置。使用【渐变扩散】控件可使渐变颜色分散并消除色带。
- 网格：使用网格效果可以创建可自定义的网格。可以在颜色遮罩中渲染此网格，或在源剪辑的Alpha通道中将此网格渲染为蒙版。此效果有益于生成可应用其他效果的设计元素和遮罩。
- 镜头光晕：镜头光晕效果可以模拟将强光投射到摄像机镜头中时产生的折射。
- 闪电：闪电效果可以在剪辑的两个指定点之间创建闪电、雅各布天梯和其他电化视觉效果。闪电效果在剪辑的时间范围内自动创建动画，无需使用关键帧。

05 将【镜头光晕】特效拖曳至【时间轴】面板中的素材文件上，选择V1轨道上的素材，在【效果控件】面板中，展开【镜头光晕】选项，设置【光晕中心】的坐标参数值分别为200、138，【光晕亮度】为120%，如图4-74所示。

06 执行上述操作后，即可运用【镜头光晕】特效编辑素材，单击【播放-停止切换】按钮，预览视频效果，如图4-75所示。

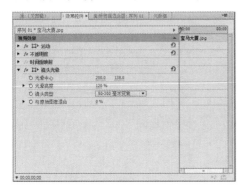

图4-74 设置相应的选项

图4-75 预览视频效果

在【镜头光晕】选项列表中，各主要选项的作用如下。

- 光晕中心：指定光晕中心的位置。
- 光晕亮度：指定亮度的百分比，亮度值的范围可以从0%～300%。
- 镜头类型：选择要模拟的镜头类型。包括【50～300毫米变焦】、【35毫米定焦】、【105毫米定焦】3种类型。
- 与原始图像混合：指定效果与源剪辑混合的程度。

Example 实例 **045** **通过闪电特效制作闪电惊雷**

素材文件	光盘 \ 素材 \ 第4章 \ 闪电惊雷.jpg
效果文件	光盘 \ 效果 \ 第4章 \ 045 通过闪电特效制作闪电惊雷.prproj
视频文件	光盘 \ 视频 \ 第4章 \ 045 通过闪电特效制作闪电惊雷.mp4
难易程度	★★★☆☆
学习时间	15分钟
实例要点	【闪电】特效的应用
思路分析	【闪电】特效可以在视频画面中添加闪电效果

本实例最终效果如图4-76所示。

图4-76　闪电特效

操作步骤

01 在Premiere Pro CC工作界面中，新建一个项目文件并创建序列，导入一个素材文件，如图4-77所示。

02 在【项目】面板中选择素材文件，并将其添加到【时间轴】面板中的V1轨道上，如图4-78所示。

图4-77　导入素材文件　　　　　　　图4-78　添加素材文件

03 在【时间轴】面板中添加素材后，在【节目监视器】面板中可以查看该素材画面，如图4-79所示。

04 在【效果】面板中，依次展开【视频效果】|【生成】选项，在其中选择【闪电】视频效果，如图4-80所示。

图4-79　查看素材画面

图4-80　选择【闪电】视频效果

05 将【闪电】特效拖曳至【时间轴】面板中的素材文件上，然后选择V1轨道上的素材，在【效果控件】面板中展开【闪电】选项，设置相应的选项，如图4-81所示。

06 执行上述操作后，即可运用【闪电】特效编辑素材，单击【播放-停止切换】按钮，预览视频效果，如图4-82所示。

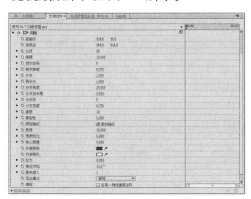

图4-81　设置相应的选项

图4-82　预览视频效果

> **提 示**
>
> 　　雅各布天梯视觉效果展现了电弧在底部产生，然后逐级激荡向上运动，如一簇簇圣火似的向上爬升的效果，犹如在圣经中雅各布梦见天使用来上下天堂的梯子。

在【闪电】选项列表中，各主要选项的作用如下。

● 起始点、结束点：可以设置闪电的开始和结束位置。

● 分段：形成主要闪电的分段数。较高的值产生更多细节，但会降低运动的平滑度。

● 振幅：是指闪电的波动大小，以剪辑宽度的百分比表示。

● 细节级别、细节振幅：是指添加到闪电和任何分支的细节的程度。对于【细节级别】，典型值的范围是从2 到3。对于【细节振幅】，典型值为0.3。将任一控件的值设置为较高的值最适合静止图像，但容易遮蔽动画。

- 分支：是指在闪电分段的结尾出现的分支（分叉）量。值为0表示不产生分支；值为1.0表示在每个分段处产生分支。
- 再分支：是指从分支到再分支的量。较高的值将产生枝状闪电。
- 分支角度：是指分支和主要闪电之间的角度。
- 分支段长度：是指每条分支段的长度，作为闪电平均分段长度的组成部分。
- 分支段：是指每条分支的最大分段数。要产生长分支，请为【分支段长度】和【分支段】两者指定较高的值。
- 分支宽度：是指每条分支的平均宽度，作为闪电宽度的组成部分。
- 速度：是指闪电波动速度。
- 稳定性：是指闪电位于由起始点和结束点确定的线之后的接近程度。较低的值使闪电接近于这条线；较高的值将产生显著的波动。
- 固定端点：确定闪电的结束点是否保持在固定位置。如果未选择此控件，则闪电的端点在结束点周围波动。
- 宽度、宽度变化：可以设置闪电的宽度以及不同分段的宽度的可变程度。宽度变化是随机的。值为0表示不产生宽度变化；值为1表示产生最大的宽度变化。
- 核心宽度：是指内发光的宽度，由【内部颜色】值指定，【核心宽度】的概念是相对于闪电总宽度而言的。
- 外部颜色、内部颜色：用于设置闪电外发光和内发光的颜色。因为闪电效果在合成中是在现有颜色的上面添加这些颜色，所以原色通常产生最好的结果。明亮的颜色通常会变得亮得多，有时变为白色，具体取决于图片本身颜色的亮度。
- 拉力、拖拉方向：是指拉动闪电的力量的强度和方向。结合使用【拉力】值和【稳定性】值可产生雅各布天梯外观。
- 随机植入：可以作为闪电效果基础的随机杂色生成器的输入值（注：闪电的随机运动可能干扰剪辑中的其他图像。应尝试不同的"随机植入"值，直至找到一个适用于此剪辑的值）。
- 混合模式：用于将闪电合成到原始剪辑上的混合模式。
- 在每一帧处重新运行：可以在每一帧处重新生成闪电。如果要使闪电在用户每次运行它时在同一帧处具有相同的行为方式，不要选择此选项。选择此选项将会增加渲染时间。

Example 实例 046 通过时间码特效制作花朵绽放

素材文件	光盘\素材\第4章\花朵绽放.jpg
效果文件	光盘\效果\第4章\046 通过时间码特效制作花朵绽放.prproj
视频文件	光盘\视频\第4章\046 通过时间码特效制作花朵绽放.mp4
难易程度	★★☆☆☆
学习时间	5分钟
实例要点	【时间码】特效的应用
思路分析	【时间码】特效可以在视频画面中添加一个时间码

本实例最终效果如图4-83所示。

图4-83 时间码特效

操作步骤

01 在Premiere Pro CC工作界面中，新建一个项目文件并创建序列，导入一个素材文件，如图4-84所示。

02 在【项目】面板中选择该素材文件，并将其添加到【时间轴】面板中的V1轨道上，如图4-85所示。

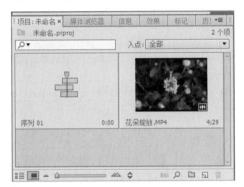

图4-84 导入素材文件　　　　　　　　图4-85 添加素材文件

03 在【时间轴】面板中添加素材后，在【节目监视器】面板中可以查看该素材画面，如图4-86所示。

04 在【效果】面板中，依次展开【视频效果】|【视频】选项，在其中选择【时间码】视频效果，如图4-87所示。

图4-86 查看素材画面　　　　　　　　图4-87 选择【时间码】视频效果

05 将【时间码】特效拖曳至【时间轴】面板中的素材文件上，然后选择V1轨道上的素材，在【效果控件】面板中展开【时间码】选项，调整时间码的显示位置（位置参数分别为360、506.9），设置【大小】为13.5%，【不透明度】为35%，如图4-88所示。

06 执行上述操作后，即可运用【时间码】特效编辑素材，单击【播放-停止切换】按钮，预览视频效果，如图4-89所示。

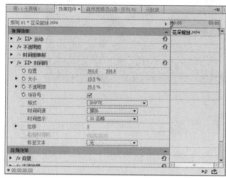

图4-88　设置相应的选项

图4-89　预览视频效果

在【时间码】选项列表中，各主要选项的作用如下。

- 位置：调整时间码的水平和垂直位置。
- 大小：指定文本的大小。
- 不透明度：指定时间码后面的黑盒的不透明度。
- 场符号：使隔行扫描场符号在时间码右侧可见或不可见。
- 格式指定：指定时间码以SMPTE格式、帧数还是英寸和35毫米或16毫米胶片帧来显示。
- 时间码源：【剪辑】可以在距离剪辑开头为0的位置显示时间码。【媒体】显示媒体文件的时间码。【生成】根据【偏移】选项中的【起始时间】启动时间码，并基于【时间显示】选项计数。（注：将【时间码源】设置为【生成】将会启用【起始时间码】字段。通过启用【起始时间码】字段，可以设置自定义的起始时间）
- 时间显示：设置时间码效果使用的时间基准。默认情况下，当【时间码源】设置为【剪辑】时，此选项将设置为项目时间基准。
- 位移：在显示的时间码中加上或减去帧。
- 标签文本：在时间码的左侧显示提示标签。可以从【无】、【自动】和【摄像机1】到【摄像机9】中进行选择。

Example 实例 047　通过透视特效制作华丽都市

素材文件	光盘\素材\第4章\华丽都市.jpg
效果文件	光盘\效果\第4章\047 通过透视特效制作华丽都市.prproj
视频文件	光盘\视频\第4章\047 通过透视特效制作华丽都市.mp4
难易程度	★★☆☆☆
学习时间	5分钟
实例要点	【透视】特效的应用
思路分析	【透视】特效主要用于在视频画面上添加透视效果

本实例最终效果如图4-90所示。

图4-90 透视特效

操作步骤

01 在Premiere Pro CC工作界面中，新建一个项目文件并创建序列，导入一个素材文件，如图4-91所示。

02 在【项目】面板中选择该素材文件，并将其添加到【时间轴】面板中的V1轨道上，如图4-92所示。

图4-91 导入素材文件   图4-92 添加素材文件

03 在【时间轴】面板中添加素材后，在【节目监视器】面板中可以查看该素材画面，如图4-93所示。

04 在【效果】面板中，依次展开【视频效果】|【透视】选项，在其中选择【基本3D】视频效果，如图4-94所示。

图4-93 查看素材画面   图4-94 选择【基本3D】视频效果

在【透视】文件夹中，各视频效果的作用如下。

- 基本3D：可以在3D空间中操控剪辑。可以围绕水平和垂直轴旋转图像，以及朝靠近或远离用户的方向移动剪辑。此外还可以创建镜面高光来表现由旋转表面反射的光感。
- 投影：可以添加出现在剪辑后面的阴影。投影的形状取决于剪辑的Alpha通道。
- 放射阴影：可以在应用此效果的剪辑上创建来自点光源的阴影，而不是来自无限光源的阴影（如同投影效果）。此阴影是从源剪辑的Alpha通道投射的，因此在光透过半透明区域时，该剪辑的颜色可影响阴影的颜色。
- 斜角边：可以为图像边缘提供凿刻和光亮的3D外观。边缘位置取决于源图像的Alpha通道。与【斜面Alpha】不同，在此效果中创建的边缘始终为矩形，因此具有非矩形Alpha通道的图像无法形成适当的外观。所有的边缘具有同样的厚度。
- 斜面Alpha：可以将斜缘和光添加到图像的Alpha边界，通常可为2D元素呈现3D外观。如果剪辑没有Alpha通道或者剪辑完全不透明，则此效果将应用于剪辑的边缘。此效果所创建的边缘比斜角边效果创建的边缘柔和。此效果适用于包含Alpha通道的文本。

05 将【基本3D】特效拖曳至【时间轴】面板中的素材文件上，选择V1轨道上的素材，在【效果控件】面板中，展开【基本3D】选项，如图4-95所示。

06 设置【旋转】为-100，单击【旋转】选项左侧的【切换动画】按钮，如图4-96所示。

图4-95 展开【基本3D】选项

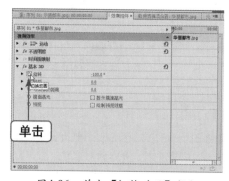

图4-96 单击【切换动画】按钮

07 拖曳时间指示器至00:00:05:00的位置，设置【旋转】为0，如图4-97所示。

08 执行上述操作后，即可运用【基本3D】特效调整素材，单击【播放-停止切换】按钮，预览视频效果，如图4-98所示。

图4-97 设置【旋转】为0

图4-98 预览视频效果

在【基本3D】选项列表中，各主要选项的作用如下。

- 位移：可以控制水平旋转（围绕垂直轴旋转）。可以旋转90°以上来查看图像的背面（是前方的镜像图像）。
- 倾斜：可以控制垂直旋转（围绕水平轴旋转）。
- 与图像的距离：指定图像距离观看者的距离。随着距离变大，图像会后退。
- 镜面高光：可以通过添加闪光来反射所旋转图像的表面，就像在表面上方有一盏灯照亮。在选择【绘制预览线框】的情况下，如果镜面高光在剪辑上不可见（高光的中心与剪辑不相交），则以红色加号（+）作为指示，而如果镜面高光可见，则以绿色加号（+）作为指示。在镜面高光效果在节目监视器中变为可见之前，必须渲染一个预览。
- 预览：可以绘制3D图像的线框轮廓。线框轮廓可快速渲染。要查看最终结果，可以在完成操控线框图像时取消选中【绘制预览线框】复选框。

Example 实例 048 通过通道特效制作相伴一生

素材文件	光盘\素材\第4章\相伴一生.jpg
效果文件	光盘\效果\第4章\048 通过通道特效制作相伴一生.prproj
视频文件	光盘\视频\第4章\048 通过通道特效制作相伴一生.mp4
难易程度	★★★☆☆
学习时间	10分钟
实例要点	【通道】特效的应用
思路分析	【通道】视频效果主要用于对画面的RGB通道进行特殊处理

本实例最终效果如图4-99所示。

图4-99 通道特效

操作步骤

01 在Premiere Pro CC工作界面中，新建一个项目文件并创建序列，导入一个素材文件，如图4-100所示。

02 在【项目】面板中选择该素材文件，并将其添加到【时间轴】面板中的V1轨道上，如图4-101所示。

图4-100　导入素材文件

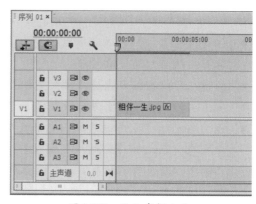

图4-101　添加素材文件

03 在【时间轴】面板中添加素材后，在【节目监视器】面板中可以查看该素材画面，如图4-102所示。

04 在【效果】面板中，依次展开【视频效果】|【通道】选项，在其中选择【纯色合成】视频效果，如图4-103所示。

图4-102　查看素材画面

图4-103　选择【纯色合成】视频效果

在【通道】文件夹中，各视频效果的作用如下。

- **反转**：可以反转图像的颜色信息。
- **复合运算**：以数学方式合并应用此效果的剪辑和控制图层。复合运算效果的作用仅仅是提供兼容性，用于兼容在After Effects早期版本中创建的使用复合运算效果的项目。
- **混合**：使用以下5个模式之一混合两个剪辑。【仅颜色】根据辅助图像中每个对应像素的颜色，为原始图像中的每个像素着色；【仅色调】与【仅颜色】类似，但仅当原始图像中的像素已经着色后才为这些像素着色；【仅变暗】使得比辅助图像中对应像素更亮的原始图像中每个像素变暗；【仅变亮】使得比辅助图像中对应像素更暗的原始图像中每个像素变亮；【交叉淡化】淡出原始图像而淡入辅助图像。
- **算术**：可以对图像的红色、绿色和蓝色通道执行各种简单的数学运算。
- **纯色合成**：通过纯色合成效果可以在原始源剪辑后面快速创建纯色合成。可以控制源剪辑的不透明度，控制纯色的不透明度，并全部在效果控件内应用混合模式。

- 计算：可以将一个剪辑的通道与另一个剪辑的通道相结合。
- 设置遮罩：可以将剪辑的Alpha通道（遮罩）替换成另一视频轨道的剪辑中的通道，这将会创建移动遮罩效果。

05 将【纯色合成】特效拖曳至【时间轴】面板中的素材文件上，选择V1轨道上的素材，在【效果控件】面板中，展开【纯色合成】选项，依次单击【源不透明度】与【颜色】选项左侧的【切换动画】按钮，如图4-104所示。

06 拖曳时间指示器至00:00:04:00的位置，设置【源不透明度】为50%，单击【颜色】右侧的色块，如图4-105所示。

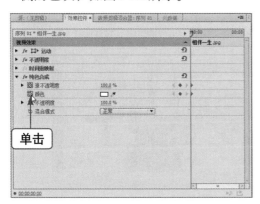

图4-104　单击【切换动画】按钮

图4-105　设置相应的选项

在【纯色合成】选项列表中，各主要选项的作用如下。

- 源不透明度：源剪辑的不透明度。
- 颜色：纯色。
- 不透明度：纯色的不透明度。
- 混合模式：用于合并剪辑和纯色的混合模式。

07 在弹出的【拾色器】对话框中，设置颜色的RGB参数值分别为255、205、205，如图4-106所示。

08 单击【确定】按钮，即可运用【纯色合成】特效编辑素材，单击【播放-停止切换】按钮，预览视频效果，如图4-107所示。

图4-106　设置颜色的RGB参数值

图4-107　预览视频效果

Example 实例 049 通过键控特效制作可爱女孩

素材文件	光盘\素材\第4章\可爱女孩1.jpg、可爱女孩2.jpg
效果文件	光盘\效果\第4章\049 通过键控特效制作可爱女孩.prproj
视频文件	光盘\视频\第4章\049 通过键控特效制作可爱女孩.mp4
难易程度	★★☆☆☆
学习时间	15分钟
实例要点	【键控】特效的应用
思路分析	【键控】视频效果主要针对视频图像的特定键进行处理

本实例最终效果如图4-108所示。

图4-108　键控特效

▶ **操作步骤**

01 在Premiere Pro CC工作界面中，新建一个项目文件并创建序列，导入两个素材文件，如图4-109所示。

02 在【项目】面板中选择【可爱女孩1】素材，将其添加到【时间轴】面板中的V1轨道上，选择【可爱女孩2】素材，将其添加到V2轨道上，在【时间轴】面板中选择【可爱女孩2】素材，如图4-110所示。

图4-109　导入素材文件　　　　　　　图4-110　选择素材文件

03 在【时间轴】面板中添加素材后，在【节目监视器】面板中可以查看该素材画面，如图4-111所示。

04 在【效果】面板中，依次展开【视频效果】|【键控】选项，在其中选择【色度键】视频效果，如图4-112所示。

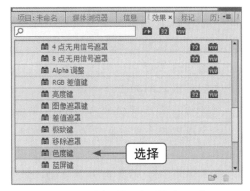

图4-111　查看素材画面　　　　　　图4-112　选择【色度键】视频效果

在【键控】文件夹中，各视频效果的作用如下。

- 8点、4点和16点无用信号遮罩效果：这3个无用信号遮罩效果有助于剪除镜头中的无关部分，以便能够更有效地应用和调整关键效果。为了进行更详细的键控，将以4个、8个或16个调整点应用遮罩。应用效果后，单击【效果控件】面板中的效果名称旁边的【变换】图标。这样将会在节目监视器中显示无用信号遮罩手柄。如果要调整遮罩，可以在节目监视器中拖动手柄，或在【效果控件】面板中拖动控件。

- Alpha调整：需要更改固定效果的默认渲染顺序时，可使用Alpha调整效果代替不透明度效果。更改不透明度百分比可创建透明度级别。

- RGB差值键：RGB差值键效果是色度键效果的简化版本。此效果允许选择目标颜色的范围，但无法混合图像或调整灰色中的透明度。RGB差值键效果可用于不包含阴影的明亮场景，或用于不需要微调的粗剪。

- 亮度键：可以抠出图层中指定明亮度或亮度的所有区域。

- 图像遮罩键：可以根据静止图像剪辑（充当遮罩）的明亮度值抠出剪辑图像的区域。透明区域显示下方轨道上的剪辑产生的图像。可以指定项目中要充当遮罩的任何静止图像剪辑；它不必位于序列中。如果要使用移动图像作为遮罩，可以改用轨道遮罩键效果。

- 差值遮罩：可以创建透明度的方法是将源剪辑和差值剪辑进行比较，然后在源图像中抠出与差值图像中的位置和颜色均匹配的像素。通常，此效果用于抠出移动物体后面的静态背景，然后放在不同的背景上。差值剪辑通常仅仅是背景素材的帧（在移动物体进入场景之前）。因此，差值遮罩效果最适合使用固定摄像机和静止背景拍摄的场景。

- 极致键：极致键效果可以在具有支持的NVIDIA显卡的计算机上采用GPU加速，从而提高播放和渲染性能。

- 移除遮罩：移除遮罩效果可以从预乘某种颜色的剪辑中移除颜色边纹。将Alpha通道与独立文件中的填充纹理相结合时，此效果很有用。如果导入具有预乘Alpha通道的素材，或使用After Effects创建Alpha通道，则可能需要从图像中移除光晕。光晕源于图像的颜色和背景之间或遮罩与颜色之间较大的对比度。移除或更改遮罩的颜色可以移除光晕。

- 色度键：色度键效果可以抠出所有类似于指定的主要颜色的图像像素。抠出剪辑中的颜色值时，该颜色或颜色范围将变得对整个剪辑透明。可通过调整容差级别来控制透明颜色的范围。也可以对透明区域的边缘进行羽化，以便创建透明和不透明区域之间的平滑过渡。
- 蓝屏键：蓝屏键效果可以基于真色度的蓝色创建透明度区域。使用此键可以在创建合成时抠出明亮的蓝屏。
- 轨道遮罩键效果：使用轨道遮罩键可以移动或更改透明区域。轨道遮罩键通过一个剪辑（叠加的剪辑）显示另一个剪辑（背景剪辑），此过程中使用第三个文件作为遮罩，在叠加的剪辑中创建透明区域。此效果需要两个剪辑和一个遮罩，每个剪辑位于自身的轨道上。遮罩中的白色区域在叠加的剪辑中是不透明的，防止底层剪辑显示出来。遮罩中的黑色区域是透明的，而灰色区域是部分透明的。
- 非红色键：非红色键效果可以基于绿色或蓝色背景创建透明度。此键类似于蓝屏键效果，但是它还允许用户混合两个剪辑。此外，非红色键效果有助于减少不透明对象边缘的边纹。在需要控制混合时，或在蓝屏键效果无法产生满意结果时，可使用非红色键效果来抠出绿屏。
- 颜色键：颜色键效果可以抠出所有类似于指定的主要颜色的图像像素。此效果仅修改剪辑的 Alpha 通道。

05 将【色度键】特效拖曳至【时间轴】面板中的【可爱女孩2】素材文件上，在【效果控件】面板中，展开【色度键】选项，设置【颜色】为白色，【相似性】为4.0%，如图4-113所示。

06 执行上述操作后，即可运用键控特效编辑素材，单击【播放-停止切换】按钮，预览视频效果，如图4-114所示。

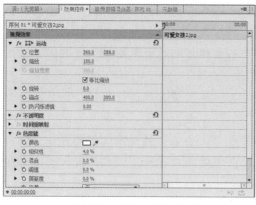

图4-113　设置相应的选项

图4-114　预览视频效果

在【色度键】选项列表中，各主要选项的作用如下。

- 颜色：可以设置要抠出的目标颜色。
- 相似性：可以扩大或减小将变得透明的目标颜色的范围。较高的值可增大范围。
- 混合：可以将要抠出的剪辑与底层剪辑进行混合。较高的值可混合更大比例的剪辑。
- 阈值：可以控制抠出的颜色范围内的阴影量。较高的值将保留更多阴影。

- 屏蔽度：可以使阴影变暗或变亮。向右拖动可使阴影变暗，但不要拖到【阈值】滑块之外，这样做可反转灰色和透明像素。
- 平滑：可以指定Premiere Pro CC应用于透明和不透明区域之间边界的消除锯齿量。消除锯齿可混合像素，从而产生更柔化、更平滑的边缘。选择【无】可产生锐化边缘，没有消除锯齿功能。需要保持锐化线条（如字幕中的线条）时，此选项很有用。选择【低】或【高】可产生不同的平滑量。
- 仅蒙版：仅显示剪辑的Alpha通道。黑色表示透明区域，白色表示不透明区域，而灰色表示部分透明区域。

Example 实例 050 通过风格化特效制作彩色浮雕

素材文件	光盘 \ 素材 \ 第4章 \ 彩色浮雕.jpg
效果文件	光盘 \ 效果 \ 第4章 \ 050 通过风格化特效制作彩色浮雕.prproj
视频文件	光盘 \ 视频 \ 第4章 \ 050 通过风格化特效制作彩色浮雕.mp4
难易程度	★★☆☆☆
学习时间	10分钟
实例要点	【风格化】特效的应用
思路分析	【风格化】视频效果主要用于创建印象或其他画派的绘画效果

本实例最终效果如图4-115所示。

图4-115　风格化特效

操作步骤

01 在Premiere Pro CC工作界面中，新建一个项目文件并创建序列，导入一个素材文件，如图4-116所示。

02 在【项目】面板中选择素材文件，并将其添加到【时间轴】面板中的V1轨道上，如图4-117所示。

03 在【时间轴】面板中添加素材后，在【节目监视器】面板中可以查看该素材画面，如图4-118所示。

04 在【效果】面板中，依次展开【视频效果】|【风格化】选项，在其中选择【彩色浮雕】视频效果，如图4-119所示。

图4-116　导入素材文件

图4-117　添加素材文件

图4-118　查看素材画面

图4-119　选择【彩色浮雕】视频效果

在【风格化】文件夹中，各视频效果的作用如下。

- Alpha发光：可以在蒙版Alpha通道的边缘周围添加颜色，可以让单一颜色在远离边缘时淡出或变成另一种颜色。

- 复制：可以将屏幕分成多个平铺并在每个平铺中显示整个图像，可通过拖动滑块来设置每个列和行的平铺数。

- 彩色浮雕：彩色浮雕效果与浮雕效果的原理相似，但不抑制图像的原始颜色。

- 抽帧：抽帧效果可用于为图像中的每个通道指定色调级别数（或亮度值）。抽帧效果随后将像素映射到最匹配的级别。例如，在RGB图像中选择两个色调级别，将为红色指定两个色调，为绿色指定两个色调，并为蓝色指定两个色调。值的选择范围在2～255之间。

- 曝光过度：曝光过度效果可创建负像和正像之间的混合，导致图像看起来有光晕，此效果类似于胶卷底片在显影过程中短暂曝光。

- 查找边缘：可以识别有明显过渡的图像区域并突出边缘。边缘可在白色背景上显示为暗线，或在黑色背景上显示为彩色线。如果应用查找边缘效果，图像通常看起来像草图或原图的底片。

- 浮雕：可以锐化图像中的对象的边缘并抑制颜色，此效果从指定的角度使边缘产生高光。

- 画笔描边：可以向图像应用粗糙的绘画外观，也可以使用此效果实现点彩画样式，方法是将画笔描边的长度设置为0，并且增加描边浓度。即使指定描边的方向，描边也会通过少量随机散布的方式产生更自然的结果。此效果可改变Alpha通道以及颜色通道。如果已经蒙住图像的一部分，画笔描边将在蒙版边缘上方绘制。

- 粗糙边缘：可以通过使用计算方法使剪辑Alpha通道的边缘变粗糙。此效果为栅格化文字或图形提供自然粗糙的外观，犹如受过侵蚀的金属或打字机打出的文字。

- 纹理化：可以为剪辑提供其他剪辑的纹理的外观。例如，可以使树的图像显示为好像它有砖块纹理，并且可以控制纹理深度以及明显光源。

- 闪光灯：可以对剪辑执行算术运算，或使剪辑在定期或随机间隔透明。例如，每五秒，剪辑可在十分之一秒内变为完全透明，或者剪辑的颜色能够以随机间隔反转。

- 阈值：可以将灰度图像或彩色图像转换成高对比度的黑白图像。指定明亮度级别作为阈值；所有与阈值亮度相同或比阈值亮度更高的像素将转换为白色，而所有相比更暗的像素则转换为黑色。

- 马赛克：可以使用纯色矩形填充剪辑，使原始图像像素化。此效果可用于模拟低分辨率显示以及用于遮蔽面部。

05 将【彩色浮雕】特效拖曳至【时间轴】面板中的素材文件上，选择V1轨道上的素材，在【效果控件】面板中，展开【彩色浮雕】选项，设置【方向】为45，【起伏】为1.6，【对比度】为540，【与原始图像混合】为16%，如图4-120所示。

06 执行上述操作后，即可运用风格化特效调整色彩，单击【播放-停止切换】按钮，预览视频效果，如图4-121所示。

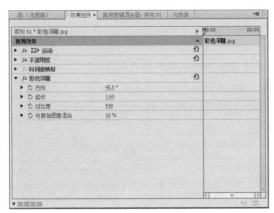

图4-120 设置相应的选项

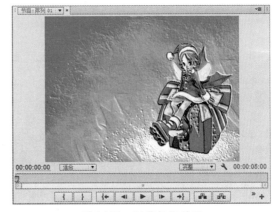

图4-121 预览视频效果

在【彩色浮雕】选项列表中，各主要选项的含义如下。

- 方向：可以设置高光源发光的方向。

- 起伏：可以设置浮雕的视觉高度，以像素为单位。【起伏】设置实际控制高光边缘的最大宽度。

- 对比度：可以设置确定图像的锐度。

- 与原始图像混合：可以设置确定效果的透明度。效果与原始图像混合，合成的效果位于顶部。此值设置得越高，效果对剪辑的影响越小。例如，如果将此值设置为100%，效果对剪辑没有可见结果；如果将此值设置为0%，原始图像不会显示出来。

第5章
视频转场特效实例

本章重点

- 通过向上折叠转场制作竹篮猫咪
- 通过星形划像转场制作纯真世界
- 通过叠加溶解转场制作精致茶壶
- 通过带状滑动转场制作纯真小孩
- 通过页面剥落转场制作幸福生活
- 通过翻转转场制作周年庆典

- 通过交叉伸展转场制作美丽新娘
- 通过渐变擦除转场制作精美饰品
- 通过中心拆分转场制作河边泛舟
- 通过缩放轨迹转场制作结婚特写
- 通过映射转场制作游戏宣传
- 通过纹理化转场制作梦幻天使

视频影片是由镜头与镜头之间的链接组建起来的，可以在两个镜头之间添加过渡效果，使得镜头与镜头之间的过渡更为平滑。

Premiere Pro CC根据视频效果的作用和效果，将提供的70多种视频过渡效果分为【3D运动】、【伸缩】、【划像】、【擦除】、【映射】、【溶解】、【滑动】、【特殊效果】、【缩放】、【页面剥落】10个文件夹，放置在【效果】面板中的【视频过渡】文件夹中，如图5-1所示。

在【时间轴】面板中，视频过渡通常应用于同一轨道上相邻的两个素材文件之间，也可以应用在素材文件的开始或者结尾处。在已添加视频过渡的素材文件上，将会出现相应的视频过渡图标，图标的宽度会根据视频过渡的持续时间长度而变化，选择相应的视频过渡图标，此时图标变成灰色，切换至【效果控件】面板，可以对视频过渡进行详细设置，选中【显示实际源】复选框，如图5-2所示，即可在面板中的预览区内预览实际素材效果。

图5-1 【视频过渡】文件夹　　　　　　图5-2 【效果控件】面板

Example 实例 051 通过向上折叠转场制作竹篮猫咪

素材文件	光盘\素材\第5章\竹篮猫咪1.jpg、竹篮猫咪2.jpg
效果文件	光盘\效果\第5章\051 通过向上折叠转场制作竹篮猫咪.prproj
视频文件	光盘\视频\第5章\051 通过向上折叠转场制作竹篮猫咪.mp4
难易程度	★★☆☆☆
学习时间	10分钟
实例要点	【向上折叠】视频转场效果的应用
思路分析	【向上折叠】视频转场效果会在第一个镜头中出现类似【折纸】一样的折叠效果，并逐渐显示出第二个镜头的转场效果

本实例的最终效果如图5-3所示。

图5-3 向上折叠转场效果

操作步骤

01 在Premiere Pro CC工作界面中，新建一个项目文件并创建序列，导入两个素材文件，如图5-4所示。

02 在【项目】面板中选择导入的素材文件，并将其添加到【时间轴】面板中的V1轨道上，如图5-5所示。

图5-4 导入素材文件

图5-5 添加素材文件

03 在【效果】面板中，依次展开【视频过渡】|【3D运动】选项，在其中选择【向上折叠】视频过渡，如图5-6所示。

04 将【向上折叠】视频过渡拖曳至【时间轴】面板中的两个素材文件之间，如图5-7所示，释放鼠标即可添加视频过渡。

图5-6 选择【向上折叠】视频过渡

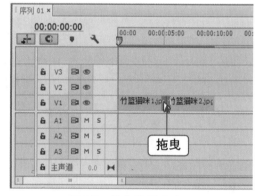

图5-7 拖曳视频过渡

05 在添加的视频过渡上单击鼠标右键，在弹出的快捷菜单中选择【设置过渡持续时间】选项，如图5-8所示。

06 在弹出的【设置过渡持续时间】对话框中，设置【持续时间】为00:00:03:00，如图5-9所示。

提 示

在Premiere Pro CC中，将视频过渡效果应用于素材文件的开始或者结尾处时，可以认为是在素材文件与黑屏之间应用视频过渡效果。

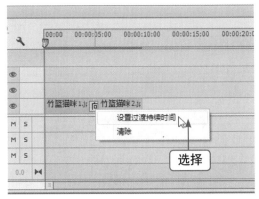

图5-8 选择【设置过渡持续时间】选项　　　　　　图5-9 设置【持续时间】

7⃝ 单击【确定】按钮，设置过渡持续时间，如图5-10所示。

8⃝ 单击【播放-停止切换】按钮，预览视频效果，如图5-11所示。

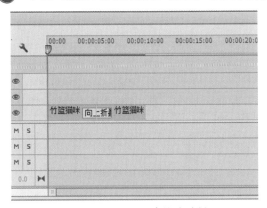

图5-10 设置过渡持续时间　　　　　　　　　图5-11 预览视频效果

提 示

在【3D运动】文件夹中，提供了【向上折叠】、【帘式】、【摆入】、【摆出】、【旋转】、【旋转离开】、【立方体旋转】、【筋斗过渡】、【翻转】以及【门】10种3D运动视频过渡效果。

Example **实例 052 通过交叉伸展转场制作美丽新娘**

素材文件	光盘\素材\第5章\美丽新娘1.jpg、美丽新娘2.jpg
效果文件	光盘\效果\第5章\052 通过交叉伸展转场制作美丽新娘.prproj
视频文件	光盘\视频\第5章\052 通过交叉伸展转场制作美丽新娘.mp4
难易程度	★★☆☆☆
学习时间	10分钟
实例要点	【交叉伸展】视频转场效果的应用
思路分析	【交叉伸展】转场效果是将第一个镜头的画面进行收缩，然后逐渐过渡至第二个镜头的转场效果

139

本实例的最终效果如图5-12所示。

图5-12　交叉伸展转场效果

操作步骤

01 在Premiere Pro CC工作界面中，新建一个项目文件并创建序列，导入两个素材文件，如图5-13所示。

02 在【项目】面板中选择导入的素材文件，并将其添加到【时间轴】面板中的V1轨道上，如图5-14所示。

图5-13　导入素材文件

图5-14　添加素材文件

03 在【效果】面板中，依次展开【视频过渡】|【伸缩】选项，在其中选择【交叉伸展】视频过渡，如图5-15所示。

04 将【交叉伸展】视频过渡添加到【时间轴】面板中两个素材文件之间，选择【交叉伸展】视频过渡，如图5-16所示。

图5-15　选择【交叉伸展】视频过渡

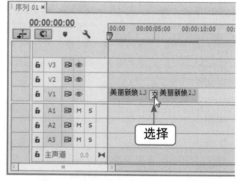

图5-16　选择【交叉伸展】视频过渡

05 切换至【效果控件】面板，在效果缩略图右侧单击【自东向西】按钮，如图5-17所示，调整伸展的方向。

06 执行上述操作后，即可设置交叉伸展转场效果，单击【播放-停止切换】按钮，预览视频效果，如图5-18所示。

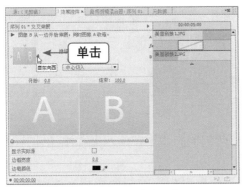

图5-17 单击【自东向西】按钮

图5-18 预览视频效果

Example 实例 053 通过星形划像转场制作纯真世界

素材文件	光盘 \ 素材 \ 第5章 \ 纯真世界1.jpg、纯真世界2.jpg
效果文件	光盘 \ 效果 \ 第5章 \ 053 通过星形划像转场制作纯真世界.prproj
视频文件	光盘 \ 视频 \ 第5章 \ 053 通过星形划像转场制作纯真世界.mp4
难易程度	★★☆☆☆
学习时间	10分钟
实例要点	【星形划像】视频转场效果的应用
思路分析	【星形划像】转场效果是将第二个镜头的画面以星形方式扩张，然后逐渐取代第一个镜头的转场效果

本实例的最终效果如图5-19所示。

图5-19 星形划像转场效果

▶ 操作步骤

01 在Premiere Pro CC工作界面中，新建一个项目文件并创建序列，导入两个素材文件，如图5-20所示。

02 在【项目】面板中选择导入的素材文件，并将其添加到【时间轴】面板中的V1轨道上，如图5-21所示。

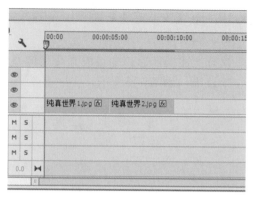

图5-20　导入素材文件　　　　　　　　图5-21　添加素材文件

03 在【效果】面板中，依次展开【视频过渡】|【划像】选项，在其中选择【星形划像】视频过渡，如图5-22所示。

04 将【星形划像】视频过渡添加到【时间轴】面板中相应的两个素材文件之间，选择【星形划像】视频过渡，如图5-23所示。

图5-22　选择【星形划像】视频过渡　　　图5-23　选择【星形划像】视频过渡

05 切换至【效果控件】面板，设置【边框宽度】为1，单击【中心切入】右侧的下拉按钮，在弹出的列表框中选择【起点切入】选项，如图5-24所示。

06 执行上述操作后，即可设置视频过渡效果的切入方式，在【效果控件】面板右侧的时间轴上可以查看视频过渡的切入起点，如图5-25所示。

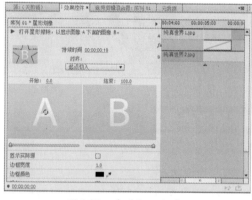

图5-24　选择【起点切入】选项　　　　　图5-25　查看切入起点

提 示

在【效果控件】面板的时间轴上，将鼠标移至效果图标 *fx* 右侧的视频过渡效果上，当鼠标指针呈带箭头的矩形形状 ⬌ 时，单击鼠标左键并拖曳，可以自定义视频过渡的切入起点，如图5-26所示。

07 执行操作后，即可设置星形划像转场效果，单击【播放-停止切换】按钮，预览视频效果果，如图5-27所示。

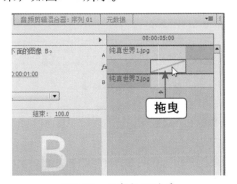

图5-26　拖曳视频过渡

图5-27　预览视频效果

Example 实例 **054　通过渐变擦除转场制作精美饰品**

素材文件	光盘 \ 素材 \ 第5章 \ 精美饰品1.jpg、精美饰品2.jpg
效果文件	光盘 \ 效果 \ 第5章 \ 054 通过渐变擦除转场制作精美饰品.prproj
视频文件	光盘 \ 视频 \ 第5章 \ 054 通过渐变擦除转场制作精美饰品.mp4
难易程度	★★☆☆☆
学习时间	10分钟
实例要点	【渐变擦除】视频转场效果的应用
思路分析	【渐变擦除】转场效果是将第二个镜头的画面以渐变方式逐渐取代第一个镜头的转场效果

本实例的最终效果如图5-28所示。

图5-28　渐变擦除转场效果

▶ **操作步骤**

01 在Premiere Pro CC工作界面中，新建一个项目文件并创建序列，导入两个素材文件，如图5-29所示。

02 在【项目】面板中选择导入的素材文件，并将其添加到【时间轴】面板中的V1轨道上，如图5-30所示。

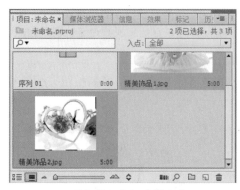

图5-29　导入素材文件

图5-30　添加素材文件

03 在【效果】面板中，依次展开【视频过渡】|【擦除】选项，在其中选择【渐变擦除】视频过渡，如图5-31所示。

04 将【渐变擦除】视频过渡拖曳到【时间轴】面板中相应的两个素材文件之间，如图5-32所示。

图5-31　选择【渐变擦除】视频过渡

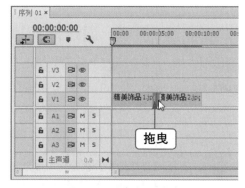

图5-32　拖曳视频过渡

05 释放鼠标，弹出【渐变擦除设置】对话框，在对话框中设置【柔和度】为0，如图5-33所示。

06 单击【确定】按钮，即可设置渐变擦除转场效果，单击【播放-停止切换】按钮，预览视频效果，如图5-34所示。

图5-33　设置【柔和度】

图5-34　预览视频效果

Example 实例 055 通过叠加溶解转场制作精致茶壶

素材文件	光盘 \ 素材 \ 第5章 \ 精致茶壶1.jpg、精致茶壶2.jpg
效果文件	光盘 \ 效果 \ 第5章 \ 055 通过叠加溶解转场制作精致茶壶.prproj
视频文件	光盘 \ 视频 \ 第5章 \ 055 通过叠加溶解转场制作精致茶壶.mp4
难易程度	★★☆☆☆
学习时间	10分钟
实例要点	【叠加溶解】视频转场效果的应用
思路分析	【叠加溶解】转场效果是将第一个镜头的画面融化消失，第二个镜头的画面同时出现的转场效果

本实例最终效果如图5-35所示。

图5-35 叠加溶解转场效果

操作步骤

01 在Premiere Pro CC工作界面中，新建一个项目文件并创建序列，导入两个素材文件，如图5-36所示。

02 在【项目】面板中选择导入的素材文件，并将其添加到【时间轴】面板中的V1轨道上，如图5-37所示。

图5-36 导入素材文件

图5-37 添加素材文件

03 在【效果】面板中，依次展开【视频过渡】|【溶解】选项，在其中选择【叠加溶解】视频过渡，如图5-38所示。

04 将【叠加溶解】视频过渡添加到【时间轴】面板中相应的两个素材文件之间，如图5-39所示。

图5-38 选择【叠加溶解】视频过渡

图5-39 添加视频过渡

05 在【时间轴】面板中选择【叠加溶解】视频过渡，切换至【效果控件】面板，将鼠标移至效果图标 fx 右侧的视频过渡效果上，当鼠标指针呈红色拉伸形状◀时，单击鼠标左键并向右拖曳，如图5-40所示，即可调整视频过渡效果的播放时间。

06 执行上述操作后，即可设置叠加溶解转场效果，单击【播放-停止切换】按钮，预览视频效果，如图5-41所示。

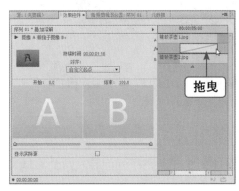

图5-40 拖曳视频过渡

图5-41 预览视频效果

提 示

在【时间轴】面板中也可以对视频过渡效果进行简单的设置，将鼠标移至视频过渡效果图标上，当鼠标指针呈白色三角形状时，单击鼠标左键并拖曳，可以调整视频过渡效果的切入位置，将鼠标移至视频过渡效果图标的一侧，当鼠标指针呈红色拉伸形状时，单击鼠标左键并拖曳，可以调整视频过渡效果的播放时间。

Example 实例 **056** **通过中心拆分转场制作河边泛舟**

素材文件	光盘 \ 素材 \ 第5章 \ 河边泛舟1.jpg、河边泛舟2.jpg
效果文件	光盘 \ 效果 \ 第5章 \ 056 通过中心拆分转场制作河边泛舟.prproj
视频文件	光盘 \ 视频 \ 第5章 \ 056 通过中心拆分转场制作河边泛舟.mp4
难易程度	★★☆☆☆
学习时间	10分钟
实例要点	【中心拆分】视频转场效果的应用
思路分析	【中心拆分】转场效果是将第一个镜头的画面从中心拆分为四个画面，并向四个角落移动，逐渐过渡至第二个镜头的转场效果

本实例最终效果如图5-42所示。

图5-42　中心拆分转场效果

▶ **操作步骤**

01 在Premiere Pro CC工作界面中，新建一个项目文件并创建序列，导入两个素材文件，如图5-43所示。

02 在【项目】面板中选择导入的素材文件，并将其添加到【时间轴】面板中的V1轨道上，如图5-44所示。

图5-43　导入素材文件

图5-44　添加素材文件

03 在【效果】面板中，依次展开【视频过渡】|【滑动】选项，在其中选择【中心拆分】视频过渡，如图5-45所示。

04 将【中心拆分】视频过渡添加到【时间轴】面板中相应的两个素材文件之间，如图5-46所示。

图5-45　选择【中心拆分】视频过渡

图5-46　添加视频过渡

05 在【时间轴】面板中选择【中心拆分】视频过渡，切换至【效果控件】面板，设置【边框宽度】为2，【边框颜色】为白色，如图5-47所示。

06 执行上述操作后，即可设置中心拆分转场效果，单击【播放-停止切换】按钮，预览视频效果，如图5-48所示。

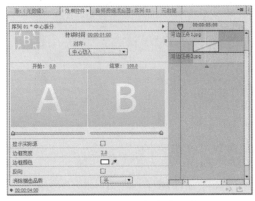
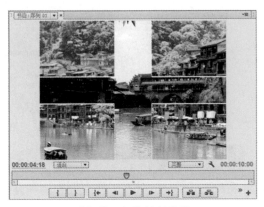

图5-47 设置颜色为白色　　　　　　　　　　图5-48 预览视频效果

Example 实例 057　通过带状滑动转场制作纯真小孩

素材文件	光盘\素材\第5章\纯真小孩1.jpg、纯真小孩2.jpg
效果文件	光盘\效果\第5章\057 通过带状滑动转场制作纯真小孩.prproj
视频文件	光盘\视频\第5章\057 通过带状滑动转场制作纯真小孩.mp4
难易程度	★★☆☆☆
学习时间	10分钟
实例要点	【带状滑动】视频转场效果的应用
思路分析	【带状滑动】转场效果是将第二个镜头的画面以长条带状的方式进入，逐渐取代第一个镜头的转场效果

本实例最终效果如图5-49所示。

图5-49 带状滑动转场效果

▶ 操作步骤

01 在Premiere Pro CC工作界面中，新建一个项目文件并创建序列，导入两个素材文件，如图5-50所示。

02 在【项目】面板中选择导入的素材文件，并将其添加到【时间轴】面板中的V1轨道上，如图5-51所示。

图5-50 导入素材文件

图5-51 添加素材文件

03 在【效果】面板中，依次展开【视频过渡】|【滑动】选项，在其中选择【带状滑动】视频过渡，如图5-52所示。

04 将【带状滑动】视频过渡拖曳到【时间轴】面板中相应的两个素材文件之间，如图5-53所示。

图5-52 选择【带状滑动】视频过渡

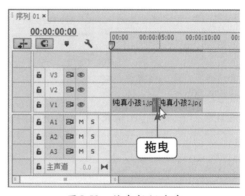

图5-53 拖曳视频过渡

05 释放鼠标即可添加视频过渡效果，在【时间轴】面板中选择【带状滑动】视频过渡，如图5-54所示。

06 切换至【效果控件】面板，单击【自定义】按钮，如图5-55所示。

图5-54 选择视频过渡

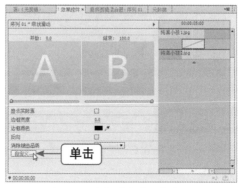

图5-55 单击【自定义】按钮

07 弹出【带状滑动设置】对话框，设置【带数量】为12，如图5-56所示。

08 单击【确定】按钮，即可设置带状滑动视频过渡效果，单击【播放-停止切换】按钮，预览视频效果，如图5-57所示。

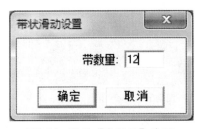

图5-56　设置【带数量】为12

图5-57　预览视频效果

Example 实例 058　通过缩放轨迹转场制作结婚特写

素材文件	光盘\素材\第5章\结婚特写1.jpg、结婚特写2.jpg
效果文件	光盘\效果\第5章\058 通过缩放轨迹转场制作结婚特写.prproj
视频文件	光盘\视频\第5章\058 通过缩放轨迹转场制作结婚特写.mp4
难易程度	★★☆☆☆
学习时间	10分钟
实例要点	【缩放轨迹】视频转场效果的应用
思路分析	【缩放轨迹】转场效果是将第一个镜头的画面向中心缩小，并显示缩小轨迹，逐渐过渡到第二个镜头的转场效果

本实例最终效果如图5-58所示。

 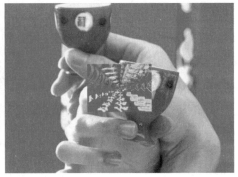

图5-58　缩放轨迹转场效果

▶ 操作步骤

01 在Premiere Pro CC工作界面中，新建一个项目文件并创建序列，导入两个素材文件，如图5-59所示。

02 在【项目】面板中选择导入的素材文件，并将其添加到【时间轴】面板中的V1轨道上，如图5-60所示。

图5-59 导入素材文件

图5-60 添加素材文件

03 在【效果】面板中，依次展开【视频过渡】|【缩放】选项，在其中选择【缩放轨迹】视频过渡，如图5-61所示。

04 将【缩放轨迹】视频过渡拖曳到【时间轴】面板中相应的两个素材文件之间，如图5-62所示。

图5-61 选择【缩放轨迹】视频过渡

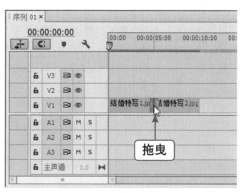

图5-62 拖曳视频过渡

05 释放鼠标即可添加视频过渡效果，在【时间轴】面板中选择【缩放轨迹】视频过渡，如图5-63所示。

06 切换至【效果控件】面板，单击【自定义】按钮，如图5-64所示。

图5-63 选择视频过渡

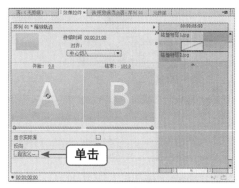

图5-64 单击【自定义】按钮

07 弹出【缩放轨迹设置】对话框，设置【轨迹数量】为16，如图5-65所示。

08 单击【确定】按钮，即可设置缩放轨迹视频过渡，单击【播放-停止切换】按钮，预览视频效果，如图5-66所示。

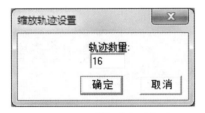

图5-65　设置【轨迹数量】为16

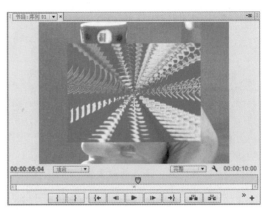

图5-66　预览视频效果

Example 实例 059　通过页面剥落转场制作幸福生活

素材文件	光盘\素材\第5章\幸福生活1.jpg、幸福生活2.jpg
效果文件	光盘\效果\第5章\059 通过页面剥落转场制作幸福生活.prproj
视频文件	光盘\视频\第5章\059 通过页面剥落转场制作幸福生活.mp4
难易程度	★★★☆☆
学习时间	15分钟
实例要点	【页面剥落】视频转场效果的应用
思路分析	【页面剥落】转场效果是将第一个镜头的画面以页面的形式从左上角剥落，逐渐过渡到第二个镜头的转场效果

本实例最终效果如图5-67所示。

图5-67　页面剥落转场效果

▶ 操作步骤

01 在Premiere Pro CC工作界面中，新建一个项目文件并创建序列，导入两个素材文件，如图5-68所示。

02 在【项目】面板中选择导入的素材文件，并将其添加到【时间轴】面板中的V1轨道上，如图5-69所示。

图5-68　导入素材文件　　　　　　　　图5-69　添加素材文件

03 在【效果】面板中，依次展开【视频过渡】|【页面剥落】选项，在其中选择【页面剥落】视频过渡，如图5-70所示。

04 将【页面剥落】视频过渡添加到【时间轴】面板中相应的两个素材文件之间，如图5-71所示。

图5-70　选择【页面剥落】视频过渡　　　图5-71　添加视频过渡

05 在【时间轴】面板中选择【页面剥落】视频过渡，切换至【效果控件】面板，选中【反向】复选框，如图5-72所示，即可将页面剥落视频过渡效果进行反向。

06 单击【播放-停止切换】按钮，预览视频效果，如图5-73所示。

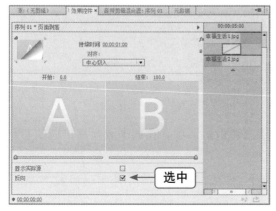

图5-72　选中【反向】复选框　　　　　图5-73　预览视频效果

Example 实例 060 **通过映射转场制作游戏宣传**

素材文件	光盘 \ 素材 \ 第5章 \ 游戏宣传1.jpg、游戏宣传2.jpg
效果文件	光盘 \ 效果 \ 第5章 \ 060 通过映射转场制作游戏宣传.prproj
视频文件	光盘 \ 视频 \ 第5章 \ 060 通过映射转场制作游戏宣传.mp4
难易程度	★★☆☆☆
学习时间	10分钟
实例要点	【映射】视频转场效果的应用
思路分析	【映射】转场效果提供了两种类型的转场特效，一种是【声道映射】转场，另一种是【明亮度映射】转场。本例将介绍【声道映射】转场效果的使用方法

本实例最终效果如图5-74所示。

图5-74　映射转场效果

▶ **操作步骤**

01 在Premiere Pro CC工作界面中，新建一个项目文件并创建序列，导入两个素材文件，如图5-75所示。

02 在【项目】面板中选择导入的素材文件，并将其添加到【时间轴】面板中的V1轨道上，如图5-76所示。

图5-75　导入素材文件　　　　　　图5-76　添加素材文件

03 在【效果】面板中，依次展开【视频过渡】|【映射】选项，在其中选择【声道映射】视频过渡，如图5-77所示。

04 将【声道映射】视频过渡拖曳到【时间轴】面板中相应的两个素材文件之间，如图5-78所示。

05 释放鼠标，弹出【通道映射设置】对话框，选中【反转】复选框，如图5-79所示。

06 单击【确定】按钮，即可添加通道映射转场效果，单击【播放-停止切换】按钮，预览视频效果，如图5-80所示。

图5-77 选择【声道映射】视频过渡

图5-78 添加视频过渡

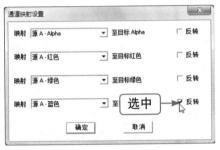

图5-79 选中相应的复选框

图5-80 预览视频效果

Example 实例 061 **通过翻转转场制作周年庆典**

素材文件	光盘\素材\第5章\周年庆典1.jpg，周年庆典2.jpg
效果文件	光盘\效果\第5章\061 通过翻转转场制作周年庆典.prproj
视频文件	光盘\视频\第5章\061 通过翻转转场制作周年庆典.mp4
难易程度	★★☆☆☆
学习时间	10分钟
实例要点	【翻转】视频转场效果的应用
思路分析	【翻转】转场效果是将第一个镜头的画面翻转，逐渐过渡到第二个镜头的转场效果

本实例最终效果如图5-81所示。

图5-81 翻转转场效果

▶ **操作步骤**

01 在Premiere Pro CC工作界面中,新建一个项目文件并创建序列,导入两个素材文件,如图5-82所示。

02 在【项目】面板中选择导入的素材文件,并将其添加到【时间轴】面板中的V1轨道上,如图5-83所示。

图5-82　导入素材文件

图5-83　添加素材文件

03 在【效果】面板中,依次展开【视频过渡】|【3D运动】选项,在其中选择【翻转】视频过渡,如图5-84所示。

04 将【翻转】视频过渡添加到【时间轴】面板中相应的两个素材文件之间,如图5-85所示。

图5-84　选择【翻转】视频过渡

图5-85　添加视频过渡

05 在【时间轴】面板中选择【翻转】视频过渡,切换至【效果控件】面板,单击【自定义】按钮,如图5-86所示。

06 在弹出的【翻转设置】对话框中,设置【带】为8,单击【填充颜色】右侧的色块,如图5-87所示。

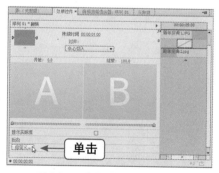

图5-86　单击【自定义】按钮

图5-87　单击色块

07 在弹出的【拾色器】对话框中，设置颜色的RGB参数值分别为255、252、0，如图5-88所示。

08 依次单击【确定】按钮，即可设置翻转转场效果，单击【播放-停止切换】按钮，预览视频效果，如图5-89所示。

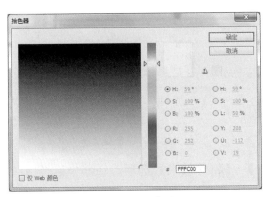

图5-88 设置颜色

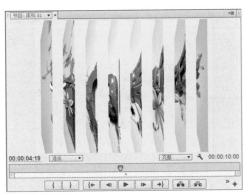

图5-89 预览视频效果

Example 实例 062 通过纹理化转场制作梦幻天使

素材文件	光盘 \ 素材 \ 第5章 \ 梦幻天使1.jpg、梦幻天使2.jpg
效果文件	光盘 \ 效果 \ 第5章 \ 062 通过纹理化转场制作梦幻天使.prproj
视频文件	光盘 \ 视频 \ 第5章 \ 062 通过纹理化转场制作梦幻天使.mp4
难易程度	★★★☆☆
学习时间	10分钟
实例要点	【纹理化】视频转场效果的应用
思路分析	【纹理化】转场效果是在第一个镜头的画面显示第二个镜头画面的纹理，然后过渡到第二个镜头的转场效果

本实例最终效果如图5-90所示。

图5-90 纹理化转场效果

▶ **操作步骤**

01 在Premiere Pro CC工作界面中，新建一个项目文件并创建序列，导入两个素材文件，如图5-91所示。

02 在【项目】面板中选择导入的素材文件，并将其添加到【时间轴】面板中的V1轨道上，如图5-92所示。

图5-91　导入素材文件

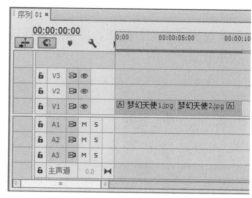

图5-92　添加素材文件

03 在【效果】面板中，依次展开【视频过渡】|【特殊效果】选项，在其中选择【纹理化】视频过渡，如图5-93所示。

04 将【纹理化】视频过渡拖曳到【时间轴】面板中相应的两个素材文件之间，如图5-94所示。

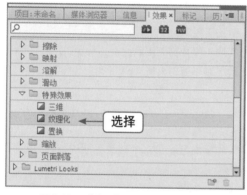

图5-93　选择【纹理化】视频过渡

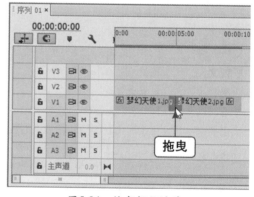

图5-94　拖曳视频过渡

05 释放鼠标，即可添加纹理化转场效果，如图5-95所示。

06 单击【播放-停止切换】按钮，预览视频效果，如图5-96所示。

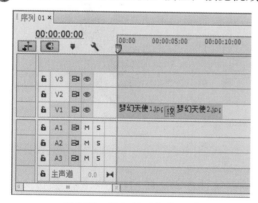

图5-95　添加纹理化转场效果

图5-96　预览视频效果

中文版
Premiere Pro CC
影视编辑全实例

第6章
影视字幕特效实例

本章重点

- 通过实色填充特效制作感恩教师节
- 通过斜面填充特效制作影视频道
- 通过阴影特效制作儿童乐园
- 通过路径特效制作童话世界
- 通过扭曲特效制作海底世界

- 通过渐变填充特效制作唇膏广告
- 通过描边特效制作岁月痕迹
- 通过滚动特效制作圣诞快乐
- 通过旋转特效制作海边美景
- 通过发光特效制作绿色春天

字幕是以各种字体、浮雕和动画等形式出现在画面中的文字总称，字幕设计与书写是影视造型的艺术手段之一。在通过实例学习创建字幕之前，首先介绍创建字幕的操作方法，以及掌握【字幕编辑】窗口。

在Premiere Pro CC中，字幕是一个独立的文件，可以通过创建新的字幕来添加字幕效果，也可以将字幕文件拖入【时间轴】面板中的视频轨道上添加字幕效果。

默认的Premiere Pro CC工作界面中并没有打开【字幕编辑】窗口。此时，需要单击【文件】|【新建】|【字幕】命令，如图6-1所示，弹出【新建字幕】对话框，在其中可以根据需要设置新字幕的名称，如图6-2所示，单击【确定】按钮，即可打开【字幕编辑】窗口，如图6-3所示。

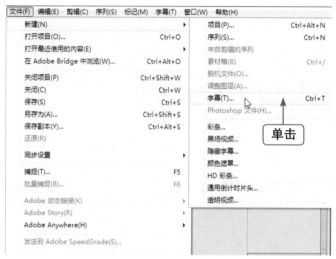

图6-1 单击【字幕】命令

图6-2 【新建字幕】对话框

图6-3 【字幕编辑】窗口

提 示

在Premiere Pro CC中，除了使用以上方法创建字幕，还可以单击菜单栏上的【字幕】|【新建字幕】|【默认静态字幕】命令或按【Ctrl＋T】组合键，也可以快速弹出【新建字幕】对话框，创建字幕效果。

【字幕编辑】窗口主要由工具箱、字幕动作、字幕样式、字幕属性和工作区5个部分组成，各部分的主要含义如下。

- 工具箱：主要包括创建各种字幕、图形的工具。
- 字幕动作：主要用于对字幕、图形进行移动、旋转等操作。
- 字幕样式：用于设置字幕的样式，也可以自己创建字幕样式，单击面板右上方的按钮 ，弹出列表框，选择【保存样式库】选项即可。
- 字幕属性：主要用于设置字幕、图形的一些特性。
- 工作区：用于创建字幕、图形的工作区域，在这个区域中有两个线框，外侧的线框为动作安全区；内侧的线框为标题安全区，在创建字幕时，字幕不能超过这个范围。

在【字幕编辑】窗口右上角的字幕工具箱中，提供了各种工具，主要用于输入、移动各种文本和绘制各种图形，其中各主要按钮的含义如下。

- 选择工具 ：选择该工具，可以对已经存在的图形及文字进行选择，以及对位置和控制点进行调整。
- 旋转工具 ：选择该工具，可以对已经存在的图形及文字进行旋转。
- 文字工具 ：选择该工具，可以在绘图区中输入文本。
- 垂直文字工具 ：选择该工具，可以在绘图区中输入垂直文本。
- 区域文字工具 ：选择该工具，可以制作段落文本，适用于文本较多的时候。
- 垂直区域文字工具 ：选择该工具，可以制作垂直段落文本。
- 路径文字工具 ：选择该工具，可以制作出水平路径文本效果。
- 垂直路径文字工具 ：选择该工具，可以制作出垂直路径文本效果。
- 钢笔工具 ：选择该工具，可以勾画复杂的轮廓和定义多个锚点。
- 删除定位点工具 ：选择该工具，可以在轮廓线上删除锚点。
- 添加定位点工具 ：选择该工具，可以在轮廓线上添加锚点。
- 转换定位点工具 ：选择该工具，可以调整轮廓线上锚点的位置和角度。
- 矩形工具 ：选择该工具，可以绘制出矩形。
- 圆角矩形工具 ：选择该工具，可以绘制出圆角的矩形。
- 切角矩形工具 ：选择该工具，可以绘制出切角的矩形。
- 圆矩形工具 ：选择该工具，可以绘制出圆角的矩形。
- 楔形工具 ：选择该工具，可以绘制出楔形的图形。
- 弧形工具 ：选择该工具，可以绘制出弧形。
- 椭圆形工具 ：选择该工具，可以绘制出椭圆形图形。
- 直线工具 ：选择该工具，可以绘制出直线图形。

Example 实例 063　**通过实色填充特效制作感恩教师节**

素材文件	光盘 \ 素材 \ 第6章 \ 感恩教师节.jpg
效果文件	光盘 \ 效果 \ 第6章 \ 063 通过实色填充特效制作感恩教师节.prproj
视频文件	光盘 \ 视频 \ 第6章 \ 063 通过实色填充特效制作感恩教师节.mp4
难易程度	★★★☆☆
学习时间	15分钟
实例要点	实色填充特效的制作
思路分析	在Premiere Pro CC中，设置字幕实色填充特效是指为字体内填充一种单独的颜色。本例介绍制作字幕实色填充特效的操作方法

本实例的最终效果如图6-4所示。

图6-4　制作实色填充字幕的前后对比效果

操作步骤

01 在Premiere Pro CC工作界面中，新建一个项目文件并创建序列，导入一个素材文件，如图6-5所示。

02 在【项目】面板的素材库中选择导入的素材文件，并将其添加到【时间轴】面板的V1轨道上，如图6-6所示。

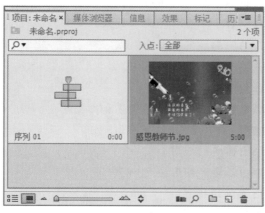 

图6-5　导入素材文件　　　　　　　　图6-6　添加素材文件

03 单击【字幕】|【新建字幕】|【默认静态字幕】命令，如图6-7所示。

04 在弹出的【新建字幕】对话框中输入字幕名称，单击【确定】按钮，如图6-8所示。

图6-7 单击【默认静态字幕】命令　　　图6-8 单击【确定】按钮

05 打开【字幕编辑】窗口，选取工具箱中的文字工具 T，在绘图区的合适位置单击鼠标左键，显示闪烁的光标，如图6-9所示。

06 输入文字【感恩教师节】，选择输入的文字，如图6-10所示。

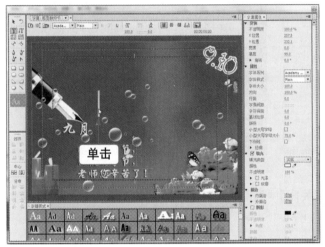

图6-9 显示闪烁的光标　　　　　图6-10 选择输入的文字

提 示

在【字幕编辑】窗口中输入汉字时，有时会由于使用的字体样式不支持该文字，导致输入的汉字无法显示，此时可以选择输入的文字，将字体样式设置为常用的汉字字体，即可解决该问题。

07 展开【属性】选项，单击【字体系列】右侧的下拉按钮，在弹出的列表框中选择【黑体】选项，如图6-11所示。

08 执行操作后，即可调整字幕的字体样式，设置【字体大小】为50，选中【填充】复选框，单击【颜色】选项右侧的色块，如图6-12所示。

图6-11　选择【黑体】选项

图6-12　单击相应的色块

09 在弹出的【拾色器】对话框中，设置颜色为黄色（RGB参数值分别为254、254、0），如图6-13所示。

10 单击【确定】按钮应用设置，在工作区中显示字幕效果，如图6-14所示。

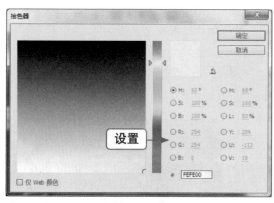

图6-13　设置颜色

图6-14　显示字幕效果

11 单击【字幕编辑】窗口右上角的【关闭】按钮，关闭【字幕编辑】窗口，此时可以在【项目】面板中查看创建的字幕，如图6-15所示。

12 在字幕文件上，单击鼠标左键并拖曳至【时间轴】面板中的V2轨道上，如图6-16所示。

图6-15　查看创建的字幕

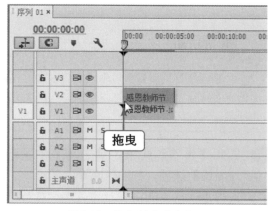

图6-16　拖曳创建的字幕

提 示

Premiere Pro CC会以从上至下的顺序渲染视频，如果将字幕文件添加到V1轨道，将影片素材文件添加到V2及以上的轨道，将会导致渲染的影片素材挡住字幕文件，而无法显示字幕。

⑬ 释放鼠标，即可将字幕文件添加到V2轨道上，如图6-17所示。
⑭ 单击【播放-停止切换】按钮，预览视频效果，如图6-18所示。

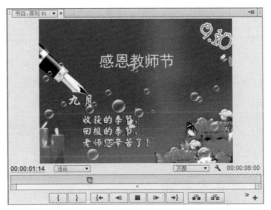

图6-17 添加字幕文件到V2轨道　　　　图6-18 预览视频效果

提 示

在使用Premiere Pro CC创建字幕之后，可以将字幕文件导出到电脑中，供以后在其他视频编辑工作中使用，导出字幕的操作方法很简单，在【项目】面板中选择需要导出的字幕文件，单击【文件】|【导出】|【字幕】命令，如图6-19所示，在弹出的【保存字幕】对话框中设置保存路径与文件名，如图6-20所示，单击【保存】按钮即可。

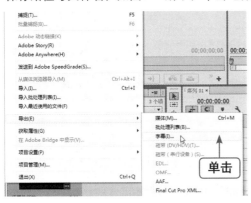

图6-19 单击【字幕】命令　　　　图6-20 设置保存路径与文件名

Example 实例 064 通过渐变填充特效制作唇膏广告

素材文件	光盘\素材\第6章\唇膏广告.jpg
效果文件	光盘\效果\第6章\064 通过渐变填充特效制作唇膏广告.prproj
视频文件	光盘\视频\第6章\064 通过渐变填充特效制作唇膏广告.mp4

难易程度	★★☆☆☆
学习时间	15分钟
实例要点	渐变填充特效的制作
思路分析	在Premiere Pro CC中，设置字幕渐变填充特效是指在字体内部，填充从一种颜色逐渐向另一种颜色过渡的特效。本例介绍设置字幕渐变填充特效的操作方法

本实例的最终效果如图6-21所示。

图6-21 制作渐变填充字幕的前后对比效果

操作步骤

01 在Premiere Pro CC工作界面中，新建一个项目文件并创建序列，导入一个素材文件，如图6-22所示。

02 在【项目】面板的素材库中选择导入的素材文件，并将其添加到【时间轴】面板的V1轨道上，如图6-23所示。

图6-22 导入素材文件

图6-23 添加素材文件

03 单击【字幕】|【新建字幕】|【默认静态字幕】命令，在弹出的【新建字幕】对话框中输入字幕名称，如图6-24所示。

04 单击【确定】按钮，打开【字幕编辑】窗口，选取工具箱中的垂直文字工具▊T▊，如图6-25所示。

05 在工作区中输入文字【炫丽唇彩】，选择输入的文字，如图6-26所示。

06 展开【变换】选项，设置【X位置】为612.2，【Y位置】为338.2；展开【属性】选项，设置【字体系列】为【方正黄草简体】，【字体大小】为80，如图6-27所示。

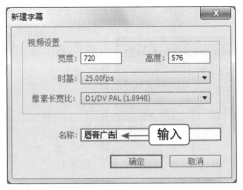

图6-24　输入字幕名称

图6-25　选择垂直文字工具

图6-26　选择输入的文字

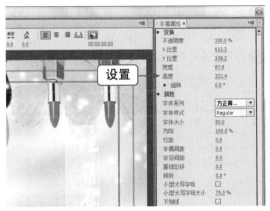

图6-27　设置相应的选项

07　选中【填充】复选框，单击【实底】选项右侧的下拉按钮，在弹出的列表框中选择【径向渐变】选项，如图6-28所示。

08　显示【径向渐变】选项，双击【颜色】选项右侧的第1个色标，如图6-29所示。

图6-28　选择【径向渐变】选项

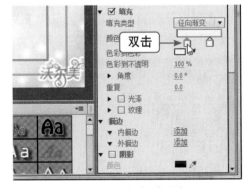

图6-29　双击第1个色标

09　在弹出的【拾色器】对话框中，设置颜色为红色（RGB参数值分别为250、21、21），如图6-30所示。

10　单击【确定】按钮，返回【字幕编辑】窗口，双击【颜色】选项右侧的第2个色标，在弹出的【拾色器】对话框中设置颜色为黄色（RGB参数值分别为247、227、7），如图6-31所示。

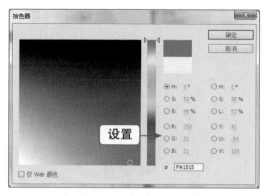

图6-30 设置第1个色标的颜色

图6-31 设置第2个色标的颜色

11 单击【确定】按钮,返回【字幕编辑】窗口,单击【外描边】选项右侧的【添加】链接,如图6-32所示。

12 显示【外描边】选项,设置【大小】为5,如图6-33所示。

图6-32 单击【添加】链接

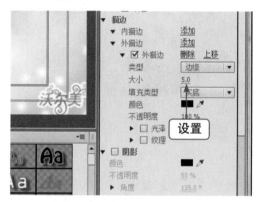

图6-33 设置【大小】为5

13 执行上述操作后,在工作区中显示字幕效果,如图6-34所示。

14 单击【字幕编辑】窗口右上角的【关闭】按钮,关闭【字幕编辑】窗口,此时可以在【项目】面板中查看创建的字幕,如图6-35所示。

图6-34 显示字幕效果

图6-35 查看创建的字幕

15 在【项目】面板中选择字幕文件,将其添加到【时间轴】面板中的V2轨道上,如图6-36所示。

⑯ 单击【播放-停止切换】按钮，预览视频效果，如图6-37所示。

图6-36 添加字幕文件　　　　　　　　　　图6-37 预览视频效果

Example 实例 065 通过斜面填充特效制作影视频道

素材文件	光盘 \ 素材 \ 第6章 \ 影视频道.jpg
效果文件	光盘 \ 效果 \ 第6章 \ 065 通过斜面填充特效制作影视频道.prproj
视频文件	光盘 \ 视频 \ 第6章 \ 065 通过斜面填充特效制作影视频道.mp4
难易程度	★★☆☆☆
学习时间	15分钟
实例要点	斜面填充特效的制作
思路分析	在Premiere Pro CC中，斜面填充特效是指在字体内部，通过设置阴影色彩的方式，模拟一种中间较亮、边缘较暗的三维浮雕填充效果

本实例的最终效果如图6-38所示。

图6-38 制作斜面填充字幕的前后对比效果

操作步骤

⓪1 在Premiere Pro CC工作界面中，新建一个项目文件并创建序列，导入一个素材文件，如图6-39所示。

⓪2 在【项目】面板的素材库中选择导入的素材文件，并将其添加到【时间轴】面板的V1轨道上，如图6-40所示。

图6-39　导入素材文件　　　　　　　　　　　　图6-40　添加素材文件

⑬ 单击【字幕】|【新建字幕】|【默认静态字幕】命令，在弹出的【新建字幕】对话框中输入字幕名称，如图6-41所示。

⑭ 单击【确定】按钮，打开【字幕编辑】窗口，选取工具箱中的文字工具 T，如图6-42所示。

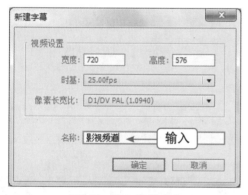

图6-41　输入字幕名称

图6-42　选择文字工具

⑮ 在工作区中输入文字【影视频道】，选择输入的文字，如图6-43所示。

⑯ 展开【属性】选项，单击【字体系列】右侧的下拉按钮，在弹出的列表框中选择【方正大黑简体】选项，如图6-44所示。

图6-43　选择输入的文字

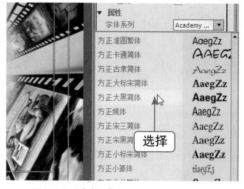

图6-44　选择【方正大黑简体】选项

⑰ 展开【变换】选项，设置【X位置】为374.9，【Y位置】为285，如图6-45所示。

08 选中【填充】复选框，单击【实底】选项右侧的下拉按钮，在弹出的列表框中选择【斜面】选项，如图6-46所示。

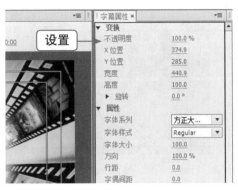
图6-45 设置相应选项

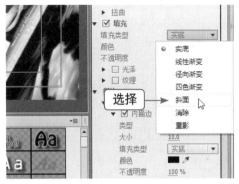
图6-46 选择【斜面】选项

09 显示【斜面】选项，单击【高光颜色】右侧的色块，如图6-47所示。

10 在弹出的【拾色器】对话框中设置颜色为黄色（RGB参数值分别为255、255、0），如图6-48所示，单击【确定】按钮应用设置。

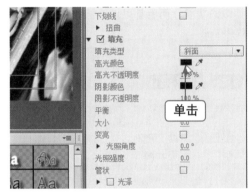
图6-47 单击相应的色块

图6-48 设置颜色

11 使用同样的操作方法，设置【阴影颜色】为红色（RGB参数值分别为255、0、0），设置【平衡】为-27，【大小】为24，如图6-49所示。

12 执行上述操作后，在工作区中显示字幕效果，如图6-50所示。

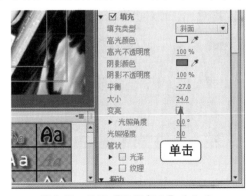
图6-49 设置【阴影颜色】为红色

图6-50 显示字幕效果

13 单击【字幕编辑】窗口右上角的【关闭】按钮，关闭【字幕编辑】窗口，在【项目】

面板选择创建的字幕，将其添加到【时间轴】面板中的V2轨道上，如图6-51所示。

14 单击【播放-停止切换】按钮，预览视频效果，如图6-52所示。

图6-51　添加字幕文件　　　　　　　　　图6-52　预览视频效果

提　示

字幕的填充特效还有【消除】与【重影】两种效果，【消除】效果是用来暂时性地隐藏字幕，包括字幕的阴影和描边效果；残像与消除拥有类似的功能，两者都可以隐藏字幕的效果，其区别在于残像只能隐藏字幕本身，无法隐藏阴影效果。

Example 实例　066　**通过描边特效制作岁月痕迹**

素材文件	光盘 \ 素材 \ 第6章 \ 岁月痕迹.jpg
效果文件	光盘 \ 效果 \ 第6章 \ 066 通过描边特效制作岁月痕迹.prproj
视频文件	光盘 \ 视频 \ 第6章 \ 066 通过描边特效制作岁月痕迹.mp4
难易程度	★★☆☆☆
学习时间	15分钟
实例要点	描边特效的制作
思路分析	在Premiere Pro CC中，设置字幕描边特效是指为字幕建立边缘效果，描边分为内描边与外描边两种类型。本例介绍设置字幕描边特效的操作方法

本实例的最终效果如图6-53所示。

图6-53　制作描边字幕的前后对比效果

操作步骤

01 在Premiere Pro CC工作界面中，新建一个项目文件并创建序列，导入一个素材文件，如图6-54所示。

02 在【项目】面板的素材库中选择导入的素材文件，并将其添加到【时间轴】面板的V1
轨道上，如图6-55所示。

图6-54 导入素材文件   图6-55 添加素材文件

03 单击【文件】|【新建】|【字幕】命令，在弹出的【新建字幕】对话框中输入字幕名
称，如图6-56所示。

04 单击【确定】按钮，打开【字幕编辑】窗口，选取工具箱中的垂直文字工具■，如
图6-57所示。

图6-56 输入字幕名称   图6-57 选择垂直文字工具

05 在工作区中输入文字【岁月痕迹】，选择输入的文字，如图6-58所示。

06 展开【属性】选项，设置【字体系列】为【华文新魏】、【字体大小】为70，展开
【变换】选项，设置【X位置】为640，【Y位置】为220，如图6-59所示。

图6-58 选择输入的文字   图6-59 设置相应的选项

07 单击【外描边】右侧的【添加】链接，如图6-60所示。

08 添加外描边效果，设置【类型】为【边缘】，【大小】为50，【颜色】为黑色，如图6-61所示。

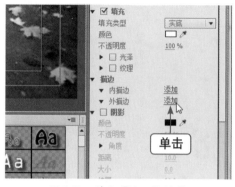

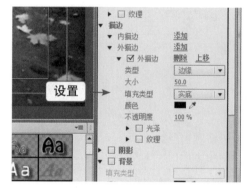

图6-60　单击【添加】链接　　　　　　　　　　图6-61　设置相应的选项

09 执行上述操作后，在工作区中显示字幕效果，如图6-62所示。

10 单击【字幕编辑】窗口右上角的【关闭】按钮，关闭【字幕编辑】窗口，此时可以在【项目】面板中查看创建的字幕，如图6-63所示。

图6-62　显示字幕效果　　　　　　　　　　图6-63　查看创建的字幕

11 在【项目】面板中选择字幕文件，并将其添加到【时间轴】面板中的V2轨道上，如图6-64所示。

12 单击【播放-停止切换】按钮，预览视频效果，如图6-65所示。

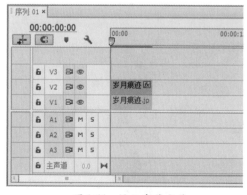

图6-64　添加字幕文件　　　　　　　　　　图6-65　预览视频效果

通过阴影特效制作儿童乐园

素材文件	光盘＼素材＼第6章＼儿童乐园.jpg
效果文件	光盘＼效果＼第6章＼067 通过阴影特效制作儿童乐园.prproj
视频文件	光盘＼视频＼第6章＼067 通过阴影特效制作儿童乐园.mp4
难易程度	★★☆☆☆
学习时间	15分钟
实例要点	阴影特效的制作
思路分析	在Premiere Pro CC中，设置字幕阴影特效是指为字幕文本建立阴影效果。本例介绍设置字幕阴影特效的操作方法

本实例的最终效果如图6-66所示。

图6-66　制作阴影字幕的前后对比效果

操作步骤

01 在Premiere Pro CC工作界面中，新建一个项目文件并创建序列，导入一个素材文件，如图6-67所示。

02 在【项目】面板的素材库中选择导入的素材文件，并将其添加到【时间轴】面板的V1轨道上，如图6-68所示。

图6-67　导入素材文件

图6-68　添加素材文件

03 单击【文件】|【新建】|【字幕】命令，在弹出的【新建字幕】对话框中输入字幕名称，如图6-69所示。

04 单击【确定】按钮，打开【字幕编辑】窗口，选取工具箱中的文字工具T，在工作区的合适位置输入文字【儿童乐园】，选择输入的文字，如图6-70所示。

图6-69　输入字幕名称

图6-70　选择文字

05 展开【属性】选项，设置【字体系列】为【方正超粗黑简体】，【字体大小】为70；展开【变换】选项，设置【X位置】为400，【Y位置】为190，如图6-71所示。

06 选中【填充】复选框，单击【实底】选项右侧的下拉按钮，在弹出的列表框中选择【径向渐变】选项，如图6-72所示。

图6-71　设置相应的选项

图6-72　选择【径向渐变】选项

07 显示【径向渐变】选项，双击【颜色】选项右侧的第1个色标，如图6-73所示。

08 在弹出的【拾色器】对话框中，设置颜色为红色（RGB参数值分别为255、0、0），如图6-74所示。

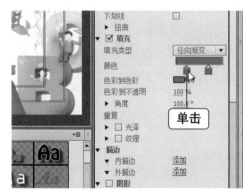

图6-73　双击第1个色标

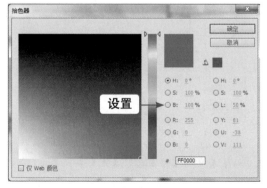

图6-74　设置第1个色标的颜色

09 单击【确定】按钮，返回【字幕编辑】窗口，双击【颜色】选项右侧的第2个色标，在弹出的【拾色器】对话框中设置颜色为黄色（RGB参数值分别为255、255、0），如图6-75所示。

⑩ 单击【确定】按钮，返回【字幕编辑】窗口，选中【阴影】复选框，设置【扩展】为50，如图6-76所示。

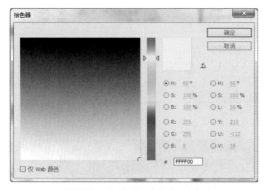

图6-75 设置第2个色标的颜色

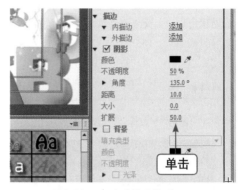

图6-76 设置【扩展】为50

⑪ 执行上述操作后，在工作区中显示字幕效果，如图6-77所示。

⑫ 单击【字幕编辑】窗口右上角的【关闭】按钮，关闭【字幕编辑】窗口，此时可以在【项目】面板中查看创建的字幕，如图6-78所示。

图6-77 显示字幕效果

图6-78 查看创建的字幕

⑬ 在【项目】面板中选择字幕文件，将其添加到【时间轴】面板中的V2轨道上，如图6-79所示。

⑭ 单击【播放-停止切换】按钮，预览视频效果，如图6-80所示。

图6-79 添加字幕文件

图6-80 预览视频效果

Example 实例 068　**通过滚动特效制作圣诞快乐**

素材文件	光盘 \ 素材 \ 第6章 \ 圣诞快乐.jpg
效果文件	光盘 \ 效果 \ 第6章 \ 068 通过滚动特效制作圣诞快乐.prproj
视频文件	光盘 \ 视频 \ 第6章 \ 068 通过滚动特效制作圣诞快乐.mp4
难易程度	★★☆☆☆
学习时间	15分钟
实例要点	滚动特效的制作
思路分析	在Premiere Pro CC中，设置字幕阴影特效是指字幕在屏幕上沿着一定方向滚动的效果。本例介绍设置字幕滚动特效的操作方法

本实例的最终效果如图6-81所示。

图6-81　字幕滚动效果

操作步骤

01 在Premiere Pro CC工作界面中，新建一个项目文件并创建序列，导入一个素材文件，如图6-82所示。

02 在【项目】面板的素材库中选择导入的素材文件，并将其添加到【时间轴】面板的V1轨道上，如图6-83所示。

图6-82　导入素材文件　　　　　　　　图6-83　添加素材文件

03 单击【字幕】|【新建字幕】|【默认静态字幕】命令，在弹出的【新建字幕】对话框中输入字幕名称，如图6-84所示。

04 单击【确定】按钮，打开【字幕编辑】窗口，选取工具箱中的文字工具 T，在工作区的合适位置输入文字【圣诞快乐】，选择输入的文字，如图6-85所示。

图6-84 输入字幕名称

图6-85 选择文字

05 展开【属性】选项，设置【字体系列】为【长城行楷体】，【字体大小】为75；展开【变换】选项，设置【X位置】为340，【Y位置】为160，如图6-86所示。

06 选中【填充】复选框，设置【填充类型】为【实底】，【颜色】为黄色（RGB参数值分别为255、255、0），如图6-87所示。

图6-86 设置相应的选项

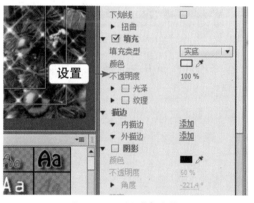

图6-87 设置【颜色】

07 在【字幕编辑】窗口的左上角单击【滚动/游动选项】按钮，如图6-88所示。

08 弹出【滚动/游动选项】对话框，在【字幕类型】选项区中选中【滚动】单选按钮；在【定时（帧）】选项区中选中【开始于屏幕外】复选框，设置【缓入】为3，【缓出】为0，【过卷】为12，如图6-89所示。

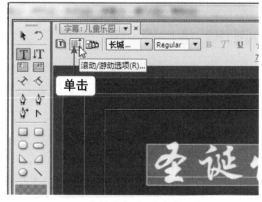

图6-88 单击【滚动/游动选项】按钮

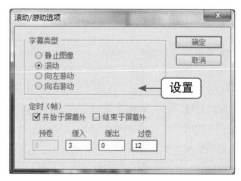

图6-89 设置相应的选项

> 单击【字幕】|【新建字幕】|【默认滚动字幕】命令，即可创建滚动字幕，创建字幕之后，也可以打开【滚动/游动选项】对话框，调整滚动参数设置。

09 单击【确定】按钮应用设置，在工作区中显示字幕效果，如图6-90所示。

10 单击【字幕编辑】窗口右上角的【关闭】按钮，关闭【字幕编辑】窗口，此时可以在【项目】面板中查看创建的字幕，如图6-91所示。

图6-90 显示字幕效果

图6-91 查看创建的字幕

11 在【项目】面板中选择字幕文件，将其添加到【时间轴】面板中的V2轨道上，如图6-92所示。

12 单击【播放-停止切换】按钮，预览视频效果，如图6-93所示。

图6-92 添加字幕文件

图6-93 预览视频效果

Example 实例 **069** **通过路径特效制作童话世界**

素材文件	光盘\素材\第6章\童话世界.jpg
效果文件	光盘\效果\第6章\069 通过路径特效制作童话世界.prproj
视频文件	光盘\视频\第6章\069 通过路径特效制作童话世界.mp4
难易程度	★★★☆☆
学习时间	20分钟
实例要点	路径特效的制作
思路分析	在Premiere Pro CC中，可以使用路径文字工具绘制路径，制作字幕路径特效。本例介绍设置字幕路径特效的操作方法

本实例的最终效果如图6-94所示。

图6-94　字幕路径效果

操作步骤

① 在Premiere Pro CC工作界面中，新建一个项目文件并创建序列，导入一个素材文件，如图6-95所示。

② 在【项目】面板的素材库中选择导入的素材文件，并将其添加到【时间轴】面板的V1轨道上，如图6-96所示。

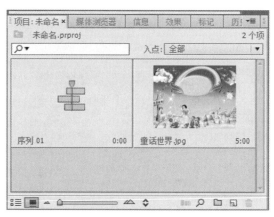

图6-95　导入素材文件

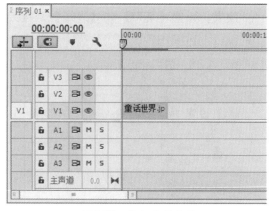

图6-96　添加素材文件

③ 按【Ctrl＋T】组合键，弹出【新建字幕】对话框，输入字幕名称，如图6-97所示。

④ 单击【确定】按钮，打开【字幕编辑】窗口，选取工具箱中的路径文字工具，在工作区的合适位置创建一条路径并调整路径曲线，如图6-98所示。

图6-97 输入字幕名称

图6-98 调整路径曲线

05 按【Esc】键退出路径编辑模式，在路径曲线的开始位置单击鼠标左键，显示闪烁的光标，输入文字【快】，选择输入的文字，如图6-99所示。

06 展开【属性】选项，单击【字体系列】选项右侧的下拉按钮，在弹出的列表框中选择【方正毡笔黑简体】选项，如图6-100所示。

图6-99 选择输入的文字

图6-100 选择【方正毡笔黑简体】选项

07 选中【填充】复选框，设置【填充类型】为【实底】，【颜色】为红色，添加外描边效果，设置【类型】为【边缘】，【大小】为35，【颜色】为白色，如图6-101所示。

08 执行上述操作后，在工作区中显示字幕效果，如图6-102所示。

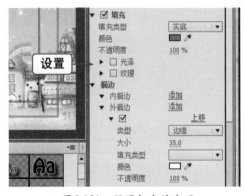

图6-101 设置相应的选项

图6-102 显示字幕效果

09 关闭【字幕编辑】窗口，将创建的字幕文件添加到【时间轴】面板中的V2轨道上，在【时间轴】面板中选择添加的字幕文件，如图6-103所示。

⑩ 切换至【效果控件】面板，单击【位置】、【旋转】以及【不透明度】选项左侧的【切换动画】按钮，设置【不透明度】为0%，如图6-104所示。

图6-103 选择添加的字幕文件

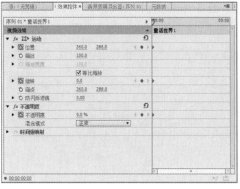

图6-104 设置【不透明度】为0%

⑪ 拖曳时间指示器至00:00:00:08的位置，设置【位置】为（321、310），【旋转】为29°，【不透明度】为100%，如图6-105所示。

⑫ 使用同样的操作方法，添加多个关键帧并进行设置，效果如图6-106所示。

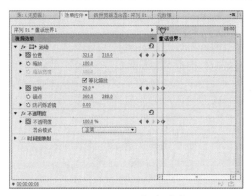

图6-105 设置相应的选项

图6-106 添加多个关键帧并进行设置

⑬ 按【Ctrl+T】组合键创建【童话世界2】字幕文件，创建路径并输入文字【乐】，设置文字样式与效果，如图6-107所示。

⑭ 关闭【字幕编辑】窗口，将创建的字幕文件添加到【时间轴】面板中的V3轨道上，在【时间轴】面板中选择添加的字幕文件，如图6-108所示。

图6-107 设置文字样式与效果

图6-108 选择添加的字幕文件

⑮ 使用同样的操作方法，为【童话世界2】字幕文件添加多个关键帧并进行相应的设置，如图6-109所示。

⑯ 单击【播放-停止切换】按钮，预览视频效果，如图6-110所示。

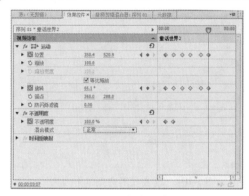
图6-109　添加关键帧并进行设置

图6-110　预览视频效果

Example 实例 070　通过旋转特效制作海边美景

素材文件	光盘 \ 素材 \ 第6章 \ 海边美景.jpg
效果文件	光盘 \ 效果 \ 第6章 \ 070　通过旋转特效制作海边美景.prproj
视频文件	光盘 \ 视频 \ 第6章 \ 070　通过旋转特效制作海边美景.mp4
难易程度	★★☆☆☆
学习时间	15分钟
实例要点	旋转特效的制作
思路分析	在Premiere Pro CC中，设置字幕旋转特效是指字幕在屏幕上旋转的效果。本例介绍设置字幕旋转特效的操作方法

本实例的最终效果如图6-111所示。

图6-111　字幕旋转效果

▶ 操作步骤

① 在Premiere Pro CC工作界面中，新建一个项目文件并创建序列，导入一个素材文件，如图6-112所示。

② 在【项目】面板的素材库中选择导入的素材文件，并将其添加到【时间轴】面板的V1轨道上，如图6-113所示。

图6-112 导入素材文件

图6-113 添加素材文件

03 按【Ctrl+T】组合键，弹出【新建字幕】对话框，输入字幕名称，如图6-114所示。

04 单击【确定】按钮，打开【字幕编辑】窗口，在工作区的合适位置输入文字【海边美景】，选择输入的文字，在【字幕属性】窗口设置【字体系列】为【方正准圆简体】，【字体大小】为100，【X位置】为400，【Y位置】为200，如图6-115所示。

图6-114 输入字幕名称

图6-115 设置相应的选项

05 选中【填充】复选框，设置【填充类型】为【线性渐变】，在【颜色】选项的右侧设置第1个色标为黄色（RGB参数值分别为255、255、0），第2个色标为红色（RGB参数值分别为255、0、0），如图6-116所示。

06 执行上述操作后，在工作区中显示字幕效果，如图6-117所示。

图6-116 设置色标颜色

图6-117 显示字幕效果

07 关闭【字幕编辑】窗口，将创建的字幕文件添加到【时间轴】面板中的V2轨道上，在【时间轴】面板中选择添加的字幕文件，如图6-118所示。

08 切换至【效果控件】面板，单击【位置】、【缩放】、【旋转】以及【不透明度】选项左侧的【切换动画】按钮，设置【位置】为（366.2、304.1），【缩放】为0，【旋转】为0°，【不透明度】为0，如图6-119所示。

图6-118 选择添加的字幕文件

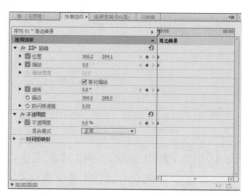

图6-119 添加第1组关键帧并设置

09 拖曳时间指示器至00:00:00:24的位置，设置【位置】为（367.8、239.6），【缩放】为25，【旋转】为180°，【不透明度】为100%，如图6-120所示。

10 拖曳时间指示器至00:00:02:00的位置，设置【缩放】为50，【旋转】为1×0.0°，如图6-121所示。

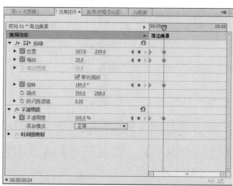

图6-120 添加第2组关键帧并设置

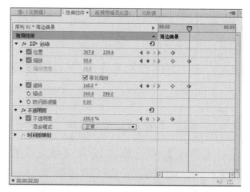

图6-121 添加第3组关键帧并设置

11 使用同样的操作方法，在其他时间位置添加相应的关键帧并设置相应的参数，如图6-122所示。

12 单击【播放-停止切换】按钮，预览视频效果，如图6-123所示。

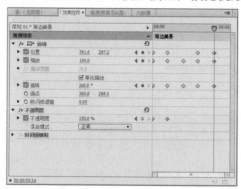

图6-122 添加其他关键帧并设置

图6-123 预览视频效果

通过扭曲特效制作海底世界

素材文件	光盘 \ 素材 \ 第6章 \ 海底世界.jpg
效果文件	光盘 \ 效果 \ 第6章 \ 071 通过扭曲特效制作海底世界.prproj
视频文件	光盘 \ 视频 \ 第6章 \ 071 通过扭曲特效制作海底世界.mp4
难易程度	★★★☆☆
学习时间	15分钟
实例要点	扭曲效果的制作
思路分析	在Premiere Pro CC中，字幕扭曲特效是指运用【弯曲】特效让字幕产生扭曲变形的效果。本例介绍设置字幕扭曲特效的操作方法

本实例的最终效果如图6-124所示。

图6-124　字幕扭曲效果

操作步骤

01 在Premiere Pro CC工作界面中，新建一个项目文件并创建序列，导入一个素材文件，如图6-125所示。

02 在【项目】面板的素材库中选择导入的素材文件，并将其添加到【时间轴】面板的V1轨道上，如图6-126所示。

图6-125　导入素材文件　　　　　　图6-126　添加素材文件

03 按【Ctrl＋T】组合键，弹出【新建字幕】对话框，输入字幕名称，如图6-127所示。

04 单击【确定】按钮，打开【字幕编辑】窗口，在工作区的合适位置输入文字【海底世界】，选择输入的文字，在【字幕属性】窗口设置【X位置】为420，【Y位置】为180，单击【字体系列】选项右侧的下拉按钮，在弹出的列表框中选择【方正水柱简体】选项，如图6-128所示。

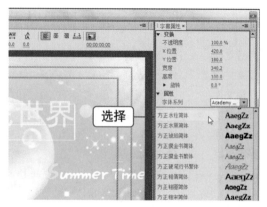

图6-127　输入字幕名称　　　　　　　　　图6-128　选择【方正水柱简体】选项

05 选中【填充】复选框，设置【颜色】为蓝色（RGB参数值分别为0、0、255），添加外描边效果，设置【类型】为【深度】，【大小】为30，【颜色】为白色，如图6-129所示。

06 执行上述操作后，在工作区中显示字幕效果，如图6-130所示。

图6-129　设置相应的选项　　　　　　　　图6-130　显示字幕效果

07 关闭【字幕编辑】窗口，将创建的字幕文件添加到【时间轴】面板中的V2轨道上，在【时间轴】面板中选择添加的字幕文件，如图6-131所示。

08 切换至【效果】面板，展开【视频效果】|【扭曲】选项，双击【弯曲】视频效果，如图6-132所示，即可为字幕文件添加弯曲效果。

图6-131　选择添加的字幕文件　　　　　　图6-132　双击【弯曲】视频效果

09 切换至【效果控件】面板，展开【弯曲】选项，进行相应的设置，如图6-133所示。

⑩ 单击【播放-停止切换】按钮，预览视频效果，如图6-134所示。

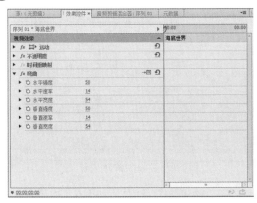

图6-133 进行相应的设置   图6-134 预览视频效果

Example 实例 072 通过发光特效制作绿色春天

素材文件	光盘 \ 素材 \ 第6章 \ 绿色春天.jpg
效果文件	光盘 \ 效果 \ 第6章 \ 072 通过发光特效制作绿色春天.prproj
视频文件	光盘 \ 视频 \ 第6章 \ 072 通过发光特效制作绿色春天.mp4
难易程度	★★★☆☆
学习时间	20分钟
实例要点	发光特效的制作
思路分析	在Premiere Pro CC中，字幕发光特效是指运用【镜头光晕】特效让字幕产生发光的效果。本例介绍设置字幕发光特效的操作方法

本实例的最终效果如图6-135所示。

图6-135 字幕发光效果

操作步骤

① 在Premiere Pro CC工作界面中，新建一个项目文件并创建序列，导入一个素材文件，如图6-136所示。

② 在【项目】面板的素材库中选择导入的素材文件，并将其添加到【时间轴】面板的V1轨道上，如图6-137所示。

图6-136　导入素材文件

图6-137　添加素材文件

03 按【Ctrl＋T】组合键，弹出【新建字幕】对话框，输入字幕名称，如图6-138所示。

04 单击【确定】按钮，打开【字幕编辑】窗口，在工作区的合适位置输入直排文字【海底世界】，选择输入的文字，在【字幕属性】窗口设置【字体系列】为【方正粗圆简体】，【字体大小】为80，【X位置】为176.9，【Y位置】为234.4，如图6-139所示。

图6-138　输入字幕名称

图6-139　设置相应的选项

05 选中【填充】复选框，设置【填充类型】为【实底】，【颜色】为紫色（RGB参数值分别为255、0、255），如图6-140所示。

06 选中【阴影】复选框，设置【距离】为13，【大小】为8，【扩展】为30，如图6-141所示。

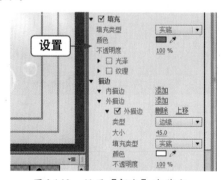

图6-140　设置【颜色】为紫色

图6-141　设置【扩展】为30

07 执行上述操作后，在工作区中显示字幕效果，如图6-142所示。

08 关闭【字幕编辑】窗口，将创建的字幕文件添加到【时间轴】面板中的V2轨道上，在

【时间轴】面板中选择添加的字幕文件，如图6-143所示。

图6-142　显示字幕效果

图6-143　选择添加的字幕文件

09 切换至【效果】面板，展开【视频效果】|【生成】选项，双击【镜头光晕】视频效果，如图6-144所示，即可为字幕文件添加镜头光晕效果。

10 切换至【效果控件】面板，展开【镜头光晕】选项，拖曳时间指示器至00:00:01:00的位置，单击【光晕中心】、【光晕亮度】以及【与原始图像混合】选项左侧的【切换动画】按钮，设置【光晕中心】为（100、100），【光晕亮度】为150%，【与原始图像混合】为0%，如图6-145所示。

图6-144　双击【镜头光晕】视频效果

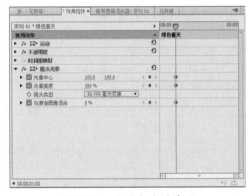

图6-145　设置相应的选项

11 拖曳时间指示器至00:00:02:00的位置，设置【光晕中心】为（100、500），【光晕亮度】为200%，【与原始图像混合】为40%，如图6-146所示。

12 单击【播放-停止切换】按钮，预览视频效果，如图6-147所示。

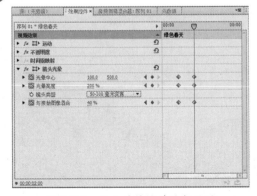

图6-146　添加关键帧并进行设置

图6-147　预览视频效果

第7章
关键帧动画的编辑
与制作

本章重点

- 通过设置运动方向制作生如夏花
- 通过旋转降落效果制作可爱小狗
- 通过字幕漂浮效果制作咖啡物语
- 通过字幕立体旋转效果制作梦想家园
- 通过缩放运动效果制作幸福恋人
- 通过镜头推拉与平移效果制作父亲节快乐
- 通过字幕逐字输出效果制作一生朋友
- 通过画中画效果制作动感女孩

在Premiere Pro CC中，关键帧可以控制视频或音频特效的变化，并形成一个变化的过渡效果。在介绍使用关键帧制作动画效果之前，首先介绍添加关键帧的两种方法。

1. 通过【时间轴】面板添加关键帧

在【时间轴】面板中可以针对应用与素材的任意特效添加关键帧，也可以指定添加关键帧的可见性。在【时间轴】面板中为某个轨道上的素材文件添加关键帧之前，首先需要展开相应的轨道，将鼠标移至V1轨道的【切换轨道输出】按钮 👁 右侧的空白处，如图7-1所示，双击鼠标左键即可展开V1轨道，如图7-2所示。也可以向上滚动鼠标滚轮展开轨道，继续向上滚动滚轮，显示关键帧控制按钮；向下滚动鼠标滚轮，最小化轨道。

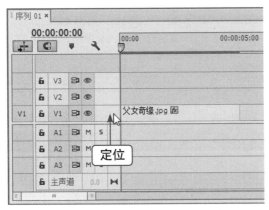

图7-1 将鼠标移至空白处

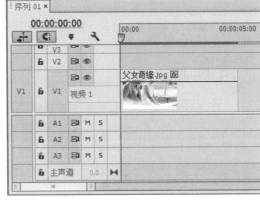

图7-2 展开V1轨道

选择【时间轴】面板中的对应素材，单击素材名称右侧的【不透明度】按钮，在弹出的列表框中选择【运动】|【缩放】选项，如图7-3所示。

将鼠标移至连接线的合适位置，按住【Ctrl】键，当鼠标指针呈白色带＋号的形状，单击鼠标左键，即可添加关键帧，如图7-4所示。

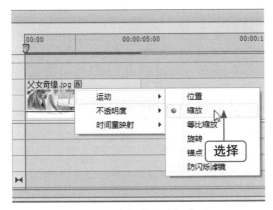

图7-3 选择【缩放】选项

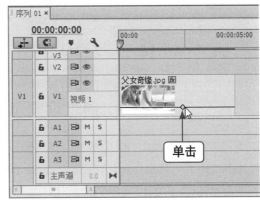

图7-4 添加关键帧

2. 通过【效果控件】面板添加关键帧

在【效果控件】面板中除了可以添加各种视频和音频特效外，还可以通过设置选项参数的方法创建关键帧。选择【时间轴】面板中的素材，并展开【效果控件】面板，单击【旋转】选项左侧的【切换动画】按钮，如图7-5所示。拖曳时间指示器至合适位置，并设置【旋转】选项的参数，即可添加对应选项的关键帧，如图7-6所示。

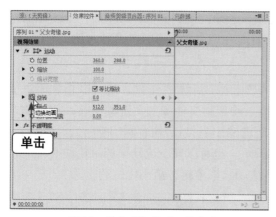

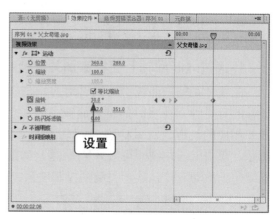

图7-5　单击【切换动画】按钮　　　　　　　　图7-6　添加关键帧

提　示

在【时间轴】面板中也可以指定展开轨道后关键帧的可见性。单击【时间轴显示设置】按钮，在弹出的列表框中选择【显示视频关键帧】选项，如图7-7所示，取消该选项前的对勾符号，即可在时间轴中隐藏关键帧，如图7-8所示。

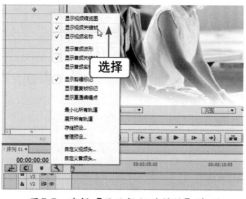

图7-7　选择【显示视频关键帧】选项　　　　　　图7-8　隐藏关键帧

Example 实例 073　通过设置运动方向制作生如夏花

素材文件	光盘＼素材＼第7章＼生如夏花1.jpg、生如夏花2.png
效果文件	光盘＼效果＼第7章＼073 通过设置运动方向制作生如夏花.prproj
视频文件	光盘＼视频＼第7章＼073 通过设置运动方向制作生如夏花.mp4
难易程度	★★☆☆☆
学习时间	10分钟
实例要点	通过【位置】选项设置运动方向
思路分析	在Premiere Pro CC中制作运动效果时，可以根据需要设置运动的方向。本例介绍设置运动方向的操作方法

本实例的最终效果如图7-9所示。

图7-9　设置运动方向效果

操作步骤

01 在Premiere Pro CC工作界面中，新建一个项目文件并创建序列，导入两个素材文件，如图7-10所示。

02 在【项目】面板中选择相应的素材文件，分别将其添加到【时间轴】面板中的V1与V2轨道上，如图7-11所示。

图7-10　导入素材文件　　　　　　　　　图7-11　添加素材文件

03 选择V2轨道上的素材文件，在【效果控件】面板中单击【位置】选项左侧的【切换动画】按钮，设置【位置】为（650、120）、【缩放】为75，如图7-12所示。

04 拖曳时间指示器至00:00:02:00的位置，在【效果控件】面板中设置【位置】为（155、372），如图7-13所示。

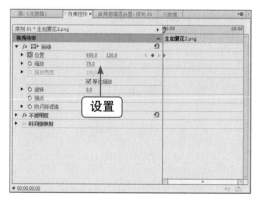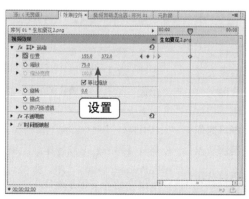

图7-12　添加第1个关键帧　　　　　　　图7-13　添加第2个关键帧

05 拖曳时间指示器至00:00:04:00的位置，在【效果控件】面板中设置【位置】为（600、770），如图7-14所示。

06 单击【播放-停止切换】按钮，预览视频效果，如图7-15所示。

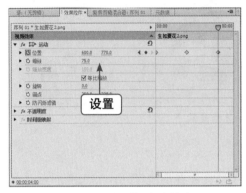

图7-14　添加第3个关键帧

图7-15　预览视频效果

提 示

如果对关键帧的位置不满意，此时可以在【效果控件】面板中选择需要调节的关键帧，如图7-16所示，然后单击鼠标左键将其拖曳至合适位置，如图7-17所示，释放鼠标左键，即可完成移动关键帧位置的操作。

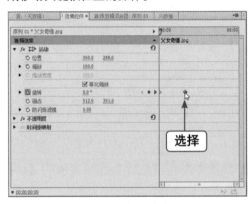

图7-16　选择关键帧

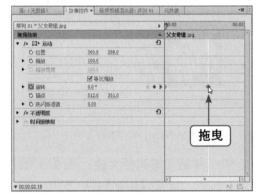

图7-17　调节关键帧

Example 实例 074　通过缩放运动效果制作幸福恋人

素材文件	光盘＼素材＼第7章＼幸福恋人1.jpg、幸福恋人2.png
效果文件	光盘＼效果＼第7章＼074 通过缩放运动效果制作幸福恋人.prproj
视频文件	光盘＼视频＼第7章＼074 通过缩放运动效果制作幸福恋人.mp4
难易程度	★★★☆☆
学习时间	15分钟
实例要点	通过【缩放】选项制作画面缩放运动效果
思路分析	在Premiere Pro CC中，缩放运动效果是指对象以从小到大或从大到小的形式展现。本例介绍设置缩放运动的操作方法

本实例的最终效果如图7-18所示。

图7-18　缩放运动效果

▶ 操作步骤

01 在Premiere Pro CC工作界面中，新建一个项目文件并创建序列，导入两个素材文件，如图7-19所示。

02 在【项目】面板中选择【幸福恋人1.jpg】素材文件，并将其添加到【时间轴】面板中的V1轨道上，如图7-20所示。

图7-19　导入素材文件

图7-20　添加素材文件

03 选择V1轨道上的素材文件，在【效果控件】面板中设置【缩放】为49，如图7-21所示。

04 设置视频缩放效果后，在【节目监视器】面板中可以查看素材画面，如图7-22所示。

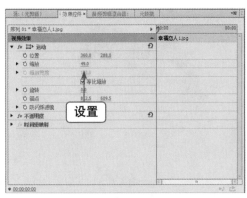

图7-21　设置【缩放】为49

图7-22　查看素材画面

05 在【项目】面板中选择【幸福恋人2.png】素材文件，将其添加到【时间轴】面板中的V2轨道上，如图7-23所示。

06 选择V2轨道上的素材，在【效果控件】面板中，单击【位置】、【缩放】以及【不透明度】选项左侧的【切换动画】按钮，设置【位置】为（360、288），【缩放】为0，【不透明度】为0，如图7-24所示。

图7-23　添加素材文件

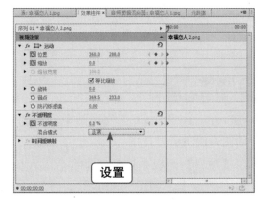

图7-24　添加第1组关键帧

07 拖曳时间指示器至00:00:01:20的位置，设置【缩放】为80，【不透明度】为100%，如图7-25所示。

08 单击【位置】选项右侧的【添加/移除关键帧】按钮，如图7-26所示，添加关键帧。

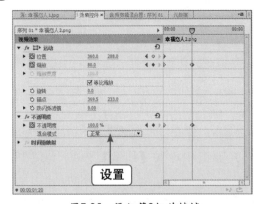

图7-25　添加第2组关键帧

图7-26　单击【添加/移除关键帧】按钮

09 拖曳时间指示器至00:00:04:10的位置，选择【运动】选项，如图7-27所示。

10 执行操作后，在【节目监视器】面板中显示运动控件，如图7-28所示。

图7-27 选择【运动】选项

图7-28 显示运动控件

11 在【节目监视器】面板中，单击运动控件的中心并拖曳，调整素材位置，拖曳素材四周的控制点，调整素材大小，如图7-29所示。

12 切换至【效果】面板，展开【视频效果】|【透视】选项，双击【投影】选项，如图7-30所示，即可为选择的素材添加投影效果。

图7-29 调整素材

图7-30 双击【投影】选项

13 在【效果控件】面板中展开【投影】选项，设置【距离】为10，【柔和度】为15，如图7-31所示。

14 单击【播放-停止切换】按钮，预览视频效果，如图7-32所示。

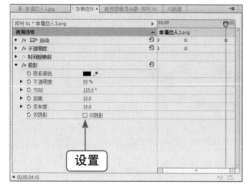

图7-31 设置相应选项

图7-32 预览视频效果

提示

在【效果控件】面板中制作关键帧缩放动画后，还可以通过【时间轴】面板调整关键帧。向上拖曳关键帧，则对应参数将增加，如图7-33所示；反之，向下拖曳关键帧，则对应参数将减少，如图7-34所示，左右拖曳关键帧可调整其位置。

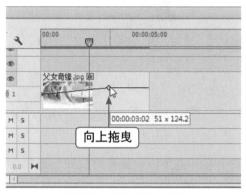

图7-33　向上调节关键帧

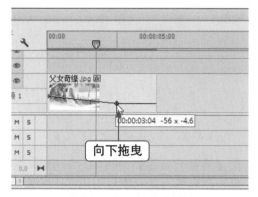

图7-34　向下调节关键帧

Example 实例 075　通过旋转降落效果制作可爱小狗

素材文件	光盘\素材\第7章\小狗.jpg、草莓.png
效果文件	光盘\效果\第7章\075 通过旋转降落效果制作可爱小狗.prproj
视频文件	光盘\视频\第7章\075 通过旋转降落效果制作可爱小狗.mp4
难易程度	★★★☆☆
学习时间	20分钟
实例要点	通过【旋转】选项制作物体旋转效果，通过【位置】选项制作物体降落效果
思路分析	在Premiere Pro CC中，旋转降落效果可以将素材围绕指定的轴进行旋转。本例介绍设置旋转降落效果的操作方法

本实例的最终效果如图7-35所示。

图7-35　旋转降落效果

操作步骤

01 在Premiere Pro CC工作界面中，新建一个项目文件并创建序列，导入两个素材文件，如图7-36所示。

02 在【项目】面板中选择素材文件，分别添加到【时间轴】面板中的V1与V2轨道上，如图7-37所示。

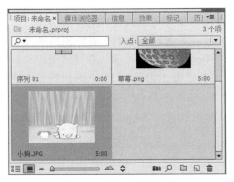

图7-36　导入素材文件

图7-37　添加素材文件

03 选择V2轨道上的素材文件，切换至【效果控件】面板，设置【位置】为（360、-30），【缩放】为9.5；单击【位置】与【旋转】选项左侧的【切换动画】按钮，如图7-38所示。

04 拖曳时间指示器至00:00:00:13的位置，在【效果控件】面板中设置【位置】为（360、50），【旋转】为-180，如图7-39所示。

图7-38　添加第1组关键帧

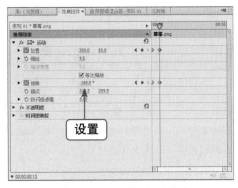

图7-39　添加第2组关键帧

05 使用同样的操作方法，在其他时间位置添加相应的关键帧并设置相应的参数，如图7-40所示。

06 单击【播放-停止切换】按钮，预览视频效果，如图7-41所示。

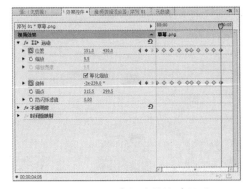

图7-40　添加其他关键帧并设置

图7-41　预览视频效果

提 示

在需要创建多个相同参数的关键帧时，可以使用复制与粘贴关键帧的方法快速添加关键帧。在【效果控件】面板内选择需要复制的关键帧后，单击鼠标右键，在弹出的快捷菜单中选择【复制】选项，如图7-42所示。接下来拖曳时间指示器至合适位置，在【效果控件】面板内单击鼠标右键，在弹出的快捷菜单中，选择【粘贴】选项，如图7-43所示，执行完上述操作后，即可复制一个相同的关键帧。

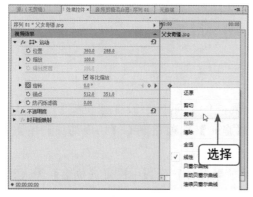
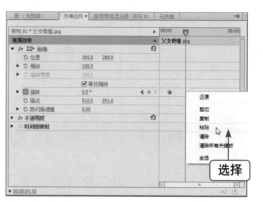

图7-42　选择【复制】选项　　　　图7-43　选择【粘贴】选项

Example 实例 076　通过镜头推拉与平移效果制作父亲节快乐

素材文件	光盘\素材\第7章\父亲节快乐1.jpg、父亲节快乐2.jpg
效果文件	光盘\效果\第7章\076 通过镜头推拉与平移效果制作父亲节快乐.prproj
视频文件	光盘\视频\第7章\076 通过镜头推拉与平移效果制作父亲节快乐.mp4
难易程度	★★★☆☆
学习时间	15分钟
实例要点	通过【缩放】选项制作镜头推拉效果，通过【位置】选项制作镜头平移效果
思路分析	在Premiere Pro CC的视频节目中，制作镜头的推拉与平移可以增加画面的视觉效果。本例介绍制作镜头的推拉与平移效果的操作方法

本实例的最终效果如图7-44所示。

图7-44　镜头推拉与平移效果

202
Premiere Pro CC

 操作步骤

01 在Premiere Pro CC工作界面中，新建一个项目文件并创建序列，导入两个素材文件，如图7-45所示。

02 在【项目】面板中选择【父亲节快乐1.jpg】素材文件，并将其添加到【时间轴】面板中的V1轨道上，如图7-46所示。

图7-45 导入素材文件

图7-46 添加素材文件

03 选择V1轨道上的素材文件，在【效果控件】面板中设置【缩放】为34，如图7-47所示。

04 将【父亲节快乐2.png】素材文件添加到【时间轴】面板中的V2轨道上，如图7-48所示。

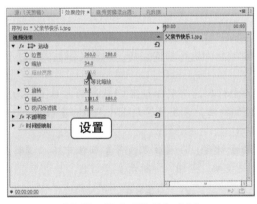

图7-47 设置【缩放】为34

图7-48 添加素材文件

05 选择V2轨道上的素材，在【效果控件】面板中，单击【位置】与【缩放】选项左侧的【切换动画】按钮，设置【位置】为（110、90），【缩放】为10，如图7-49所示。

06 拖曳时间指示器至00:00:02:00的位置，设置【位置】为（600、90），【缩放】为10，如图7-50所示。

07 拖曳时间指示器至00:00:03:10的位置，设置【位置】为（350、160），【缩放】为22，如图7-51所示。

08 单击【播放-停止切换】按钮，预览视频效果，如图7-52所示。

图7-49　添加第1组关键帧

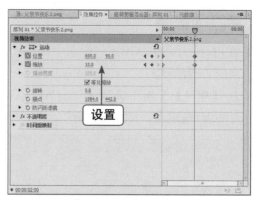

图7-50　添加第2组关键帧

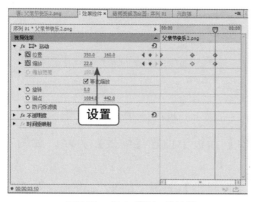

图7-51　添加第3组关键帧

图7-52　预览视频效果

提　示

在创建多个关键帧之后，可以在已添加的关键帧之间进行快速切换。切换关键帧的方法有以下两种。

- 在【时间轴】面板中选择已添加关键帧的素材后，将鼠标移至V1轨道的名称上，向上滚动鼠标滚轮，展开轨道并显示关键帧控制按钮，单击【转到上一关键帧】按钮◀，即可快速切换至上一个关键帧，如图7-53所示。
- 在【时间轴】面板中选择已添加关键帧的素材后，在【效果控件】面板中单击【转到下一关键帧】按钮▶，即可切换至下一个关键帧，如图7-54所示。

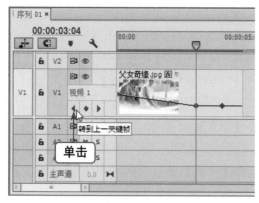

图7-53　切换至上一个关键帧

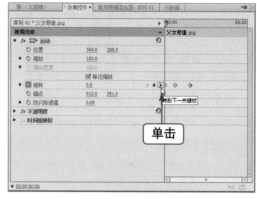

图7-54　切换至下一个关键帧

Example 实例 077 **通过字幕漂浮效果制作咖啡物语**

素材文件	光盘 \ 素材 \ 第7章 \ 咖啡物语.jpg、咖啡物语.prtl
效果文件	光盘 \ 效果 \ 第7章 \ 077 通过字幕漂浮效果制作咖啡物语.prproj
视频文件	光盘 \ 视频 \ 第7章 \ 077 通过字幕漂浮效果制作咖啡物语.mp4
难易程度	★★★☆☆
学习时间	15分钟
实例要点	【波形变形】特效的应用
思路分析	在Premiere Pro CC中，当出现一个背景图像时，通过漂浮的字幕来介绍这个图像，可以使视频内容变得更加丰富。本例介绍设置字幕漂浮效果的操作方法

本实例最终效果如图7-55所示。

图7-55　字幕漂浮效果

操作步骤

01 在Premiere Pro CC工作界面中，新建一个项目文件并创建序列，导入两个素材文件，如图7-56所示。

02 在【项目】面板中选择【咖啡物语.jpg】素材文件，并将其添加到【时间轴】面板中的V1轨道上，如图7-57所示。

图7-56　导入素材文件

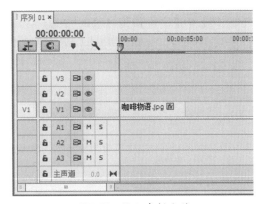

图7-57　添加素材文件

03 选择V1轨道上的素材文件，在【效果控件】面板中设置【缩放】为77，如图7-58所示。

04 将【咖啡物语.prt1】字幕文件添加到【时间轴】面板中的V2轨道上，如图7-59所示。

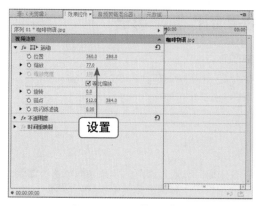

图7-58　设置【缩放】为77

图7-59　添加字幕文件

05 在【时间轴】面板中添加素材后，在【节目监视器】面板中可以查看素材画面，如图7-60所示。

06 选择V2轨道上的素材，切换至【效果】面板，展开【视频效果】|【扭曲】选项，双击【波形变形】选项，如图7-61所示，即可为选择的素材添加波形变形效果。

图7-60　查看素材画面

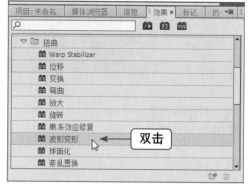

图7-61　双击【波形变形】选项

07 在【效果控件】面板中，单击【位置】与【不透明度】选项左侧的【切换动画】按钮，设置【位置】为（150、250），【不透明度】为20%，如图7-62所示。

08 拖曳时间指示器至00:00:02:00的位置，设置【位置】为（300、300），【不透明度】为60%，如图7-63所示。

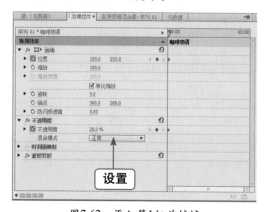

图7-62　添加第1组关键帧

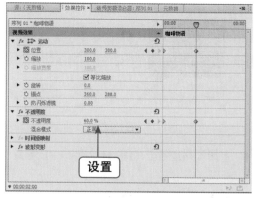

图7-63　添加第2组关键帧

⑨ 拖曳时间指示器至00:00:03:24的位置，设置【位置】为（450、250），【不透明度】
为100%，如图7-64所示。

⑩ 单击【播放-停止切换】按钮，预览视频效果，如图7-65所示。

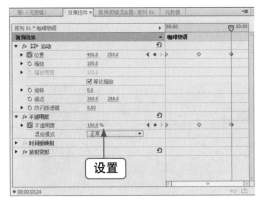
图7-64　添加第3组关键帧

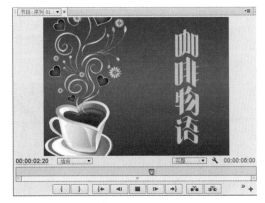
图7-65　预览视频效果

提 示

在对添加的关键帧不满意时可以将其删除，删除关键帧的方法有以下3种。

● 在【效果控件】面板中展开相应的选项，将时间指示器定位到关键帧上，单击【添加/移除关键帧】按钮，如图7-66所示，即可删除关键帧。

● 在【时间轴】面板中选择需要删除的关键帧，单击鼠标右键，在弹出的快捷菜单中选择【删除】选项，如图7-67所示，即可删除关键帧。

● 在【效果控件】面板中单击【旋转】选项左侧的【切换动画】按钮，弹出信息提示框，提示用户是否确认删除现有关键帧，单击【确定】按钮，即可取消为该选项创建的所有关键帧。

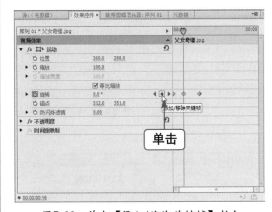
图7-66　单击【添加/移除关键帧】按钮

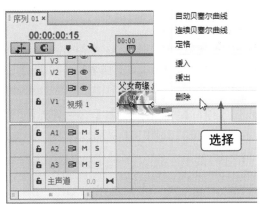
图7-67　选择【删除】选项

Example **实例** **078** **通过字幕逐字输出效果制作一生朋友**

素材文件	光盘 \ 素材 \ 第7章 \ 一生朋友.jpg、一生朋友.prtl
效果文件	光盘 \ 效果 \ 第7章 \ 078 通过字幕逐字输出效果制作一生朋友.prproj

视频文件	光盘\视频\第7章\078 通过字幕逐字输出效果制作一生朋友.mp4
难易程度	★★★★☆
学习时间	25分钟
实例要点	通过【裁剪】特效裁剪部分字幕，配合特效关键帧制作字幕逐字输出效果
思路分析	在Premiere Pro CC中，可以通过【裁剪】特效制作字幕逐字输出效果。本例介绍制作字幕逐字输出效果的操作方法

本实例最终效果如图7-68所示。

图7-68 字幕逐字输出效果

操作步骤

01 在Premiere Pro CC工作界面中，新建一个项目文件并创建序列，导入两个素材文件，如图7-69所示。

02 在【项目】面板中选择【一生朋友.jpg】素材文件，并将其添加到【时间轴】面板中的V1轨道上，如图7-70所示。

图7-69 导入素材文件　　　　　　　图7-70 添加素材文件

03 选择V1轨道上的素材文件，在【效果控件】面板中设置【缩放】为80，如图7-71所示。

04 将【一生朋友.prt1】字幕文件添加到【时间轴】面板中的V2轨道上，按住【Shift】键的同时，选择两个素材文件，单击鼠标右键，在弹出的快捷菜单中选择【速度/持续时间】选项，如图7-72所示。

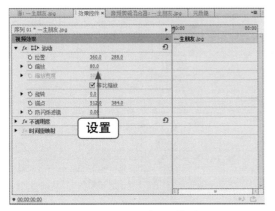

图7-71 设置【缩放】为80　　　　　图7-72 选择【速度/持续时间】选项

05 在弹出的【剪辑速度/持续时间】对话框中设置【持续时间】为00:00:10:00，如图7-73所示。

06 单击【确定】按钮，设置持续时间，在【时间轴】面板中选择V2轨道上的字幕文件，如图7-74所示。

图7-73 设置【持续时间】参数

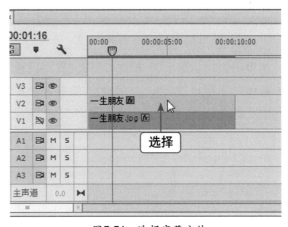

图7-74 选择字幕文件

07 切换至【效果】面板，展开【视频效果】|【变换】选项，双击【裁剪】选项，如图7-75所示，即可为选择的素材添加裁剪效果。

08 在【效果控件】面板中展开【裁剪】选项，拖曳时间指示器至00:00:00:12的位置，单击【右侧】与【底对齐】选项左侧的【切换动画】按钮，设置【右侧】为100%，【底对齐】为81%，如图7-76所示。

09 执行上述操作后，在【节目监视器】可以查看素材画面，如图7-77所示。

10 拖曳时间指示器至00:00:00:13的位置，设置【右侧】为83.5%，【底对齐】为81%，如图7-78所示。

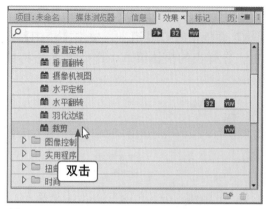

图7-75　双击【裁剪】选项

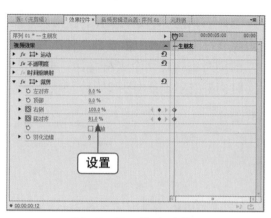

图7-76　添加第1组关键帧

图7-77　查看素材画面

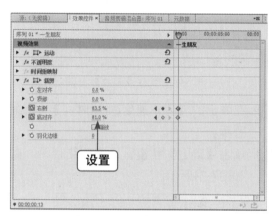

图7-78　添加第2组关键帧

⑪ 拖曳时间指示器至00:00:00:24的位置，设置【右侧】为83.5%，如图7-79所示。

⑫ 拖曳时间指示器至00:00:01:00的位置，设置【右侧】为78.5%，如图7-80所示。

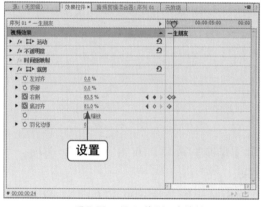

图7-79　添加第3组关键帧

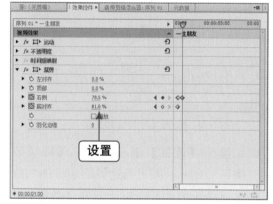

图7-80　添加第4组关键帧

⑬ 拖曳时间指示器至00:00:01:12的位置，设置【右侧】为78.5%，【底对齐】为81%，如图7-81所示。

⑭ 拖曳时间指示器至00:00:01:13的位置，设置【右侧】为71.6%，【底对齐】为81%，如图7-82所示。

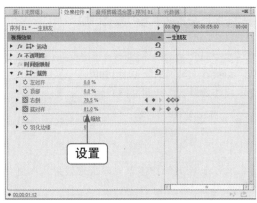
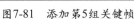

图7-81　添加第5组关键帧

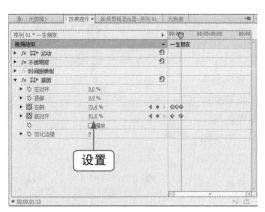

图7-82　添加第6组关键帧

⑮ 拖曳时间指示器至00:00:01:24的位置，设置【右侧】为71.6%，【底对齐】为81%，如图7-83所示。

⑯ 拖曳时间指示器至00:00:02:00的位置，设置【右侧】为71.6%，【底对齐】为0%，如图7-84所示。

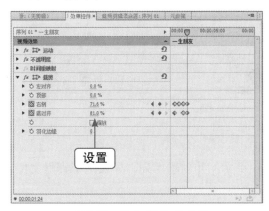

图7-83　添加第7组关键帧

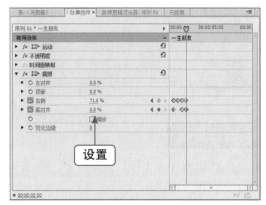

图7-84　添加第8组关键帧

⑰ 使用同样的操作方法，在时间轴上的其他位置添加相应的关键帧，并设置关键帧的参数，如图7-85所示。

⑱ 单击【播放-停止切换】按钮，预览视频效果，如图7-86所示。

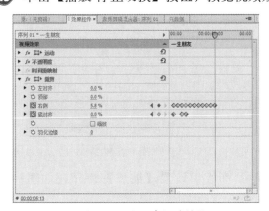

图7-85　添加其他关键帧

图7-86　预览视频效果

素材文件	光盘 \ 素材 \ 第7章 \ 梦想家园.jpg、梦想家园.prtl
效果文件	光盘 \ 效果 \ 第7章 \ 079 通过字幕立体旋转效果制作梦想家园.prproj
视频文件	光盘 \ 视频 \ 第7章 \ 079 通过字幕立体旋转效果制作梦想家园.mp4
难易程度	★★★☆☆
学习时间	15分钟
实例要点	【基本3D】特效的应用
思路分析	在Premiere Pro CC中，可以通过【基本3D】特效制作字幕立体旋转效果。本例介绍制作字幕立体旋转效果的操作方法

本实例最终效果如图7-87所示。

图7-87 字幕立体旋转效果

▶ 操作步骤

01 在Premiere Pro CC工作界面中，新建一个项目文件并创建序列，导入两个素材文件，如图7-88所示。

02 在【项目】面板中选择【梦想家园.jpg】素材文件，并将其添加到【时间轴】面板中的V1轨道上，如图7-89所示。

图7-88 导入素材文件　　　　图7-89 添加素材文件

03 选择V1轨道上的素材文件，在【效果控件】面板中设置【缩放】为65，如图7-90所示。

04 将【梦想家园.prt1】字幕文件添加到【时间轴】面板中的V2轨道上，如图7-91所示。

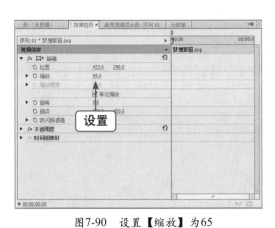

图7-90 设置【缩放】为65

图7-91 添加字幕文件

05 选择V2轨道上的素材，在【效果控件】面板中设置【位置】为（360、210），如图7-92所示。

06 执行上述操作后，在【节目监视器】面板中可以查看素材画面，如图7-93所示。

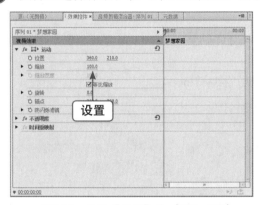

图7-92 设置【位置】为（360、210）

图7-93 查看素材画面

07 切换至【效果】面板，展开【视频效果】|【透视】选项，双击【基本3D】选项，如图7-94所示，即可为选择的素材添加基本3D效果。

08 拖曳时间指示器到时间轴的开始位置，在【效果控件】面板中展开【基本3D】选项，单击【旋转】、【倾斜】以及【与图像的距离】选项左侧的【切换动画】按钮，设置【旋转】为0，【倾斜】为0，【与图像的距离】为300，如图7-95所示。

图7-94 双击【基本3D】选项

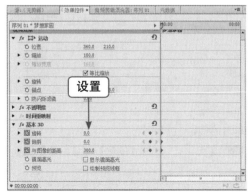

图7-95 添加第1组关键帧

213

09 拖曳时间指示器至00:00:01:00的位置,设置【旋转】为1×0.0,【倾斜】为0,【与图像的距离】为200,如图7-96所示。

10 拖曳时间指示器至00:00:02:00的位置,设置【旋转】为1×0.0,【倾斜】为1×0.0,【与图像的距离】为100,如图7-97所示。

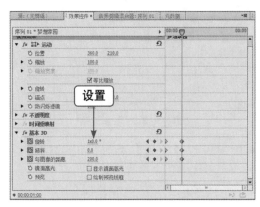

图7-96 添加第2组关键帧

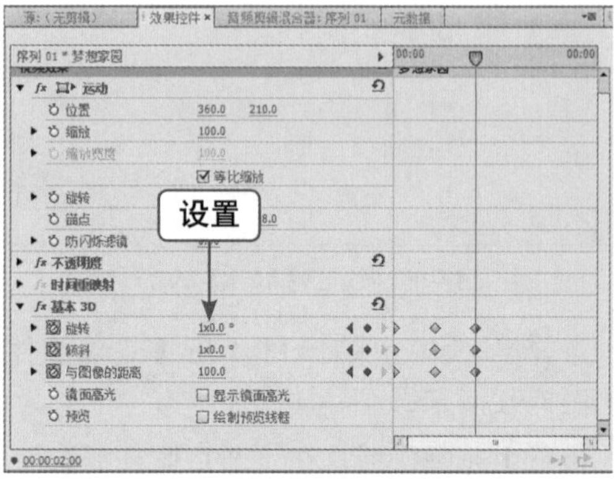

图7-97 添加第3组关键帧

11 拖曳时间指示器至00:00:03:00的位置,设置【旋转】为2×0.0,【倾斜】为2×0.0,【与图像的距离】为0,如图7-98所示。

12 单击【播放-停止切换】按钮,预览视频效果,如图7-99所示。

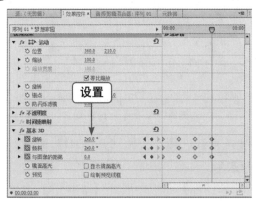

图7-98 添加第4组关键帧

图7-99 预览视频效果

Example 实例 080 通过画中画效果制作动感女孩

素材文件	光盘\素材\第7章\动感.jpg、女孩.jpg
效果文件	光盘\效果\第7章\080 通过画中画效果制作动感女孩.prproj
视频文件	光盘\视频\第7章\080 通过画中画效果制作动感女孩.mp4
难易程度	★★☆☆☆
学习时间	5分钟
实例要点	通过【位置】与【缩放】选项使两个素材画面都出现在镜头中,制作画中画效果
思路分析	画中画可以将普通的平面图像转化为层次分明、全景多变的精彩画面。通过数字化处理,生成景物远近不同、具有强烈视觉冲击力的全景图像,给人一种身在画中的全新视觉享受。本例介绍制作画中画效果的操作方法

本实例最终效果如图7-100所示。

图7-100 画中画效果

操作步骤

01 在Premiere Pro CC工作界面中，新建一个项目文件并创建序列，导入两个素材文件，如图7-101所示。

02 在【项目】面板中选择【动感.jpg】素材文件，并将其添加到【时间轴】面板中的V1轨道上，如图7-102所示。

图7-101 导入素材文件   图7-102 添加素材文件

03 选择V1轨道上的素材文件，在【效果控件】面板中设置【缩放】为105，如图7-103所示。

04 将【女孩.jpg】素材文件添加到【时间轴】面板中的V2轨道上，如图7-104所示。

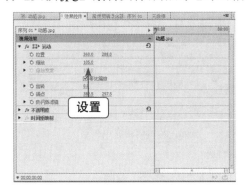

图7-103 设置【缩放】为105   图7-104 添加素材文件

05 选择V2轨道上的素材，在【效果控件】面板中设置【位置】为（140、190），【缩放】为0，如图7-105所示。

06 在【时间轴】面板中，拖曳时间指示器至00:00:09:00的位置，如图7-106所示。

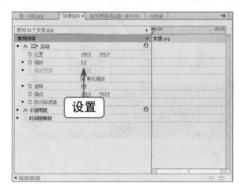

图7-105　设置相应参数　　　　　　　　图7-106　拖曳时间指示器

07 将鼠标移至V2轨道上的素材文件结尾处，单击鼠标左键并向右拖曳，释放鼠标即可调整素材文件的持续时间，如图7-107所示。

08 选择V2轨道上的素材文件，拖曳时间指示器至开始位置，在【效果控件】面板中单击【位置】与【缩放】选项左侧的【切换动画】按钮，如图7-108所示。

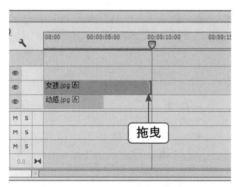

图7-107　调整持续时间　　　　　　　　图7-108　添加第1组关键帧

09 拖曳时间指示器至00:00:03:20的位置，设置【位置】为（575、365），【缩放】为45，如图7-109所示。

10 在【时间轴】面板中，将鼠标移至V1轨道上的素材文件上，按住【Alt】键的同时，单击鼠标左键并向右拖曳，释放鼠标即可复制素材文件，如图7-110所示。

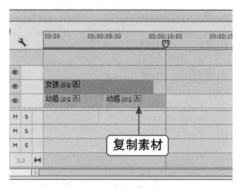

图7-109　添加第2组关键帧　　　　　　　图7-110　复制素材文件

⓫ 在复制的素材文件上，单击鼠标左键并拖曳至V3轨道上的相应位置后释放鼠标，将素材文件移动到V3轨道上，如图7-111所示。

⓬ 选择V3轨道上的素材文件，拖曳时间指示器至00:00:05:00的位置，在【效果控件】面板中单击【位置】与【缩放】选项左侧的【切换动画】按钮，设置【位置】为（360、288），【缩放】为105，如图7-112所示。

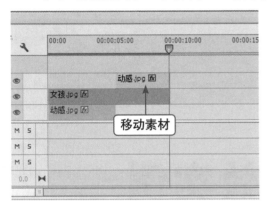

图7-111　移动素材文件

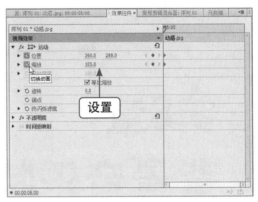

图7-112　添加第1组关键帧

⓭ 拖曳时间指示器至00:00:06:10的位置，设置【位置】为（210、180），【缩放】为50，如图7-113所示。

⓮ 单击【播放-停止切换】按钮，预览视频效果，如图7-114所示。

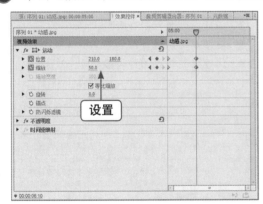

图7-113　添加第2组关键帧

图7-114　预览视频效果

第8章
背景音乐特效实例

本章重点

- 通过音量特效制作温馨生活
- 通过均衡特效制作兄妹情谊
- 通过延迟特效制作纯真童年
- 通过低通特效制作欢庆元旦
- 通过参数均衡特效制作唯美镜头

- 通过降噪特效制作汽车广告
- 通过带通特效制作钻戒广告
- 通过混响特效制作圣诞女孩
- 通过互换声道特效制作生活留影
- 通过反转特效制作婚纱影像

在Premiere Pro CC中，为影片添加优美动听的音乐，可以使制作的影片更上一个台阶。因此，音频的编辑是完成影视节目必不可少的一个重要环节。下面介绍添加音频轨道的方法以及掌握音频剪辑混合器等知识。

Premiere Pro CC在默认情况下将自动创建3个音频轨道和一个主声道，当添加的音频素材过多时，可以选择性地添加1个或多个音频轨道。

单击【序列】|【添加轨道】命令，如图8-1所示，在弹出的【添加轨道】对话框中，设置【视频轨】的添加参数为0，【音频轨】的添加参数为1，如图8-2所示，执行上述操作后，单击【确定】按钮，即可完成音频轨道的添加操作。

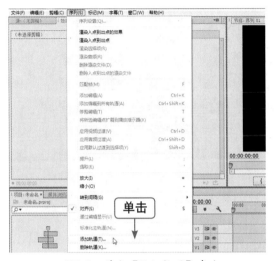
图8-1　单击【添加轨道】命令

图8-2　设置相应的参数

还可以在【时间轴】面板中选择A1轨道，单击鼠标右键，弹出快捷菜单，选择【添加单个轨道】选项，如图8-3所示，即可快速在A3轨道之后添加A4音频轨道，如图8-4所示。

图8-3　选择【添加单个轨道】选项

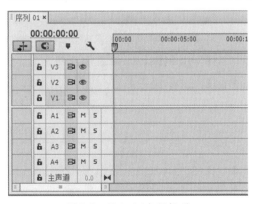
图8-4　添加A4音频轨道

提　示

在如图8-3所示的快捷菜单中，选择【添加轨道】选项，也可以快速弹出【添加轨道】对话框，在对话框中可以对添加的轨道进行详细设置。

创建多个音频轨道并添加音频素材之后，可以根据需要使用音频剪辑混合器处理音频效果。【音频剪辑混合器】面板其实就是一个虚拟的音频合成调音台，它为每一条音轨都提供了一套控制，其功能和结构与传统的调音台十分相似，并且加入了数字音频的许多特征，【音频剪辑混合器】面板如图8-5所示。

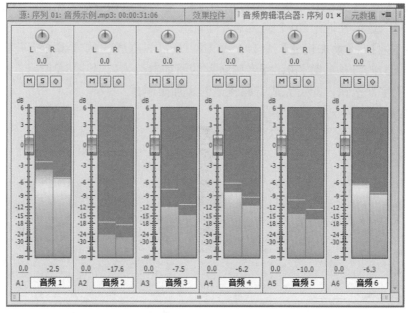

图8-5 【音频剪辑混合器】面板

在【音频剪辑混合器】面板中，各按钮的作用如下。

- 【声道调节】滑轮⊕：可以用来调节只有左、右两个声道的音频素材，当向左拖动滑轮时，左声道音量将提升；反之，向右拖动滑轮时，右声道音量将提升。
- 【轨道控制】按钮组：该类型的按钮包括【静音轨道】按钮M、【独奏轨道】按钮S、【写关键帧】按钮◇等。【静音轨道】按钮与【独奏轨道】按钮的主要作用是使音频或素材在预览时，其指定的轨道完全以静音或独奏的方式进行播放。【写关键帧】按钮用于录制音频。
- 【音量控制器】按钮：分别控制着音频素材播放的音量，以及素材播放的状态。

Example 实例 081　通过音量特效制作温馨生活

素材文件	光盘\素材\第8章\温馨生活.jpg、温馨生活.mp3
效果文件	光盘\效果\第8章\081 通过音量特效制作温馨生活.prproj
视频文件	光盘\视频\第8章\081 通过音量特效制作温馨生活.mp4
难易程度	★★☆☆☆
学习时间	5分钟
实例要点	音量特效的应用
思路分析	在Premiere Pro CC中，导入一段音频素材后，对应的【效果控件】面板中将会显示【音量】选项，可以根据需要调整素材的音量属性

本实例的最终效果如图8-6所示。

图8-6 音量特效

操作步骤

01 在Premiere Pro CC工作界面中，新建一个项目文件并创建序列，导入两个素材文件，如图8-7所示。

02 在【项目】面板中选择【温馨生活.jpg】素材文件，将其添加到【时间轴】面板中的V1轨道上，如图8-8所示。

图8-7 导入素材文件

图8-8 添加素材文件

03 选择V1轨道上的素材文件，切换至【效果控件】面板，设置【缩放】为21，如图8-9所示。

04 在【项目】面板中选择【温馨生活.mp3】素材文件，将其添加到【时间轴】面板中的A1轨道上，如图8-10所示。

图8-9 设置【缩放】为21

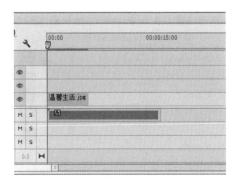

图8-10 添加素材文件

05 将鼠标移至【温馨生活.jpg】素材文件的结尾处，单击鼠标左键并向右拖曳，调整素材文件的持续时间与音频素材的持续时间一致为止，如图8-11所示。

06 选择A1轨道上的素材文件，拖曳时间指示器至00:00:13:00的位置，切换至【效果控件】面板，展开【音量】选项，单击【级别】选项右侧的【添加/移除关键帧】按钮，如图8-12所示。

图8-11　调整素材持续时间　　　　　图8-12　单击【切换动画】按钮

07 拖曳时间指示器至00:00:14:23的位置，设置【级别】为-20.0dB，如图8-13所示。

08 将鼠标移至A1轨道名称上，向上滚动鼠标滚轮，展开轨道并显示音量调整效果，如图8-14所示，单击【播放-停止切换】按钮，试听音量特效。

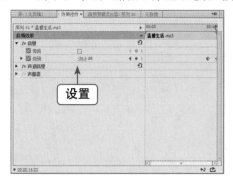

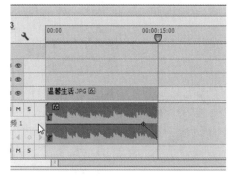

图8-13　设置【级别】为-20.0dB　　图8-14　展开轨道并显示音量调整效果

提　示

当添加的音频轨道过多时，可以根据需要删除部分音频轨道。单击【序列】|【删除轨道】命令，如图8-15所示。弹出【删除轨道】对话框，选中【删除音频轨道】复选框，单击【所有空轨道】右侧的下拉按钮，在弹出的列表框中选择需要删除的音频轨道，如图8-16所示，单击【确定】按钮，即可删除多余的音频轨道。

图8-15　单击【删除轨道】命令　　　图8-16　选择需要删除的音频轨道

也可以在需要删除的音频轨道上单击鼠标右键,在弹出的快捷菜单中选择【删除单个轨道】选项,如图8-17所示,即可删除目标音频轨道,如图8-18所示。

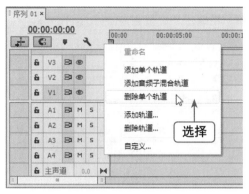

图8-17 选择【删除单个轨道】选项

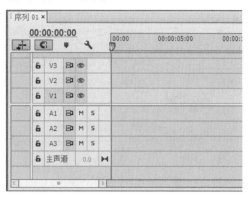

图8-18 删除目标音频轨道

Example 实例 082 通过降噪特效制作汽车广告

素材文件	光盘\素材\第8章\汽车广告.jpg、汽车广告.mp3
效果文件	光盘\效果\第8章\082 通过降噪特效制作汽车广告.prproj
视频文件	光盘\视频\第8章\082 通过降噪特效制作汽车广告.mp4
难易程度	★★☆☆☆
学习时间	5分钟
实例要点	降噪特效的应用
思路分析	在Premiere Pro CC中,可以通过DeNoiser(降噪)特效来降低音频素材中的机器噪声、环境噪声和外音等不应有的杂音

本实例的最终效果如图8-19所示。

图8-19 降噪特效

▶ **操作步骤**

01 在Premiere Pro CC工作界面中,新建一个项目文件并创建序列,导入两个素材文件,如图8-20所示。

02 在【项目】面板中选择【汽车广告.jpg】素材文件,并将其添加到【时间轴】面板中的

V1轨道上，如图8-21所示。

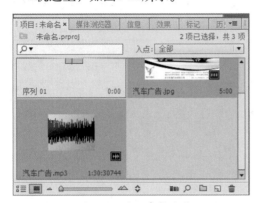

图8-20　导入素材文件

图8-21　添加素材文件

03 选择V1轨道上的素材文件，切换至【效果控件】面板，设置【缩放】为109，如图8-22所示。

04 设置视频缩放效果后，在【节目监视器】面板中可以查看素材画面，如图8-23所示。

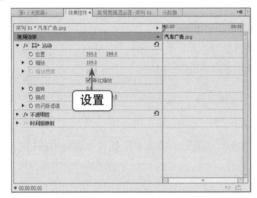

图8-22　设置【缩放】为109

图8-23　查看素材画面

05 将【汽车广告.mp3】素材文件添加到【时间轴】面板中的A1轨道上，在【工具】面板中选取剃刀工具，如图8-24所示。

06 拖曳时间指示器至00:00:05:00的位置，将鼠标移至A1轨道上时间指示器的位置，单击鼠标左键，如图8-25所示。

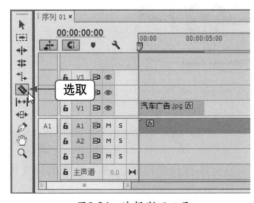

图8-24　选择剃刀工具

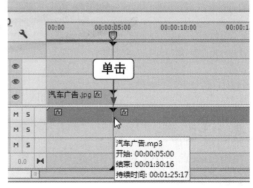

图8-25　单击鼠标左键

⑦ 执行操作后，即可分割相应的素材文件，如图8-26所示。

⑧ 在【工具】面板中选取选择工具，选择A1轨道上第2段音频素材文件，按【Delete】键删除素材文件，如图8-27所示。

图8-26 分割素材文件

图8-27 删除素材文件

⑨ 选择A1轨道上的素材文件，在【效果】面板中展开【音频效果】选项，双击DeNoiser选项，如图8-28所示，即可为选择的素材添加DeNoiser音频效果。

⑩ 在【效果控件】面板中展开DeNoiser选项，单击【自定义设置】选项右侧的【编辑】按钮，如图8-29所示。

图8-28 双击DeNoiser选项

图8-29 单击【编辑】按钮

⑪ 在弹出的【剪辑效果编辑器】对话框中选中Freeze复选框，在Reduction旋转按钮上单击鼠标左键并拖曳，设置Reduction为-20.0dB，运用同样的操作方法，设置Offset为10.0dB，如图8-30所示，单击【关闭】按钮，关闭对话框，单击【播放-停止切换】按钮，试听降噪效果。

图8-30 设置相应参数

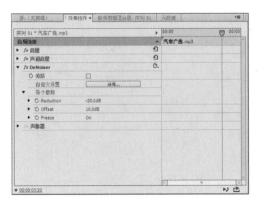

提 示 |||||||||||||||||||||||||||||||||||||||||||||||||||||||||||

可以在【效果控件】面板中展开【各个参数】选项，在Reduction与Offset选项的右侧输入数字，设置降噪参数，如图8-31所示。

图8-31　Reduction的参数选项

Example 实例 **083**　**通过平衡特效制作兄妹情谊**

素材文件	光盘\素材\第8章\兄妹情谊.jpg、兄妹情谊.mp3
效果文件	光盘\效果\第8章\083 通过平衡特效制作兄妹情谊.prproj
视频文件	光盘\视频\第8章\083 通过平衡特效制作兄妹情谊.mp4
难易程度	★★☆☆☆
学习时间	5分钟
实例要点	平衡特效的应用
思路分析	在Premiere Pro CC中，可以通过【平衡】特效对素材的频率进行音量的提升或衰减

本实例的最终效果如图8-32所示。

图8-32　平衡特效

操作步骤

01 在Premiere Pro CC工作界面中，新建一个项目文件并创建序列，导入两个素材文件，如图8-33所示。

02 在【项目】面板中选择【兄妹情谊.jpg】素材文件，并将其添加到【时间轴】面板中的V1轨道上，如图8-34所示。

图8-33 导入素材文件

图8-34 添加素材文件

03 选择V1轨道上的素材文件,切换至【效果控件】面板,设置【缩放】为105,如图8-35 所示。

04 将【兄妹情谊.mp3】素材添加到【时间轴】面板中的A1轨道上,如图8-36所示。

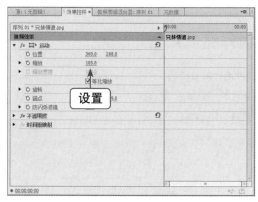

图8-35 设置【缩放】为105

图8-36 添加素材文件

05 拖曳时间指示器至00:00:05:00的位置,使用剃刀工具分割A1轨道上的素材文件,如 图8-37所示。

06 在【工具】面板中选取选择工具,选择A1轨道上第2段音频素材文件,按【Delete】键 删除素材文件,如图8-38所示。

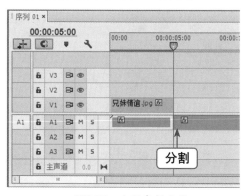

图8-37 分割素材文件

图8-38 删除素材文件

07 选择A1轨道上的素材文件,在【效果】面板中展开【音频效果】选项,双击【平衡】

选项，如图8-39所示，即可为选择的素材添加【平衡】音频效果。

08 在【效果控件】面板中展开【平衡】选项，选中【旁路】复选框，设置【平衡】为 −50，如图8-40所示，单击【播放-停止切换】按钮，试听平衡特效。

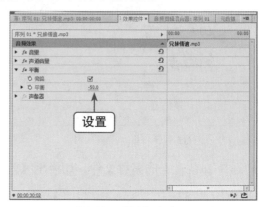

图8-39　双击【平衡】选项　　　　　　　　图8-40　设置相应选项

Example 实例 084　通过带通特效制作钻戒广告

素材文件	光盘 \ 素材 \ 第8章 \ 钻戒广告.jpg、钻戒广告.mp3
效果文件	光盘 \ 效果 \ 第8章 \ 084 通过带通特效制作钻戒广告.prproj
视频文件	光盘 \ 视频 \ 第8章 \ 084 通过带通特效制作钻戒广告.mp4
难易程度	★★☆☆☆
学习时间	5分钟
实例要点	带通特效的应用
思路分析	在Premiere Pro CC中，【带通】特效主要用来过滤特定频率范围之外的一切频率

本实例的最终效果如图8-41所示。

图8-41　带通特效

操作步骤

01 在Premiere Pro CC工作界面中，新建一个项目文件并创建序列，导入两个素材文件，如图8-42所示。

02 在【项目】面板中选择【钻戒广告.jpg】素材文件，并将其添加到【时间轴】面板中的

V1轨道上，如图8-43所示。

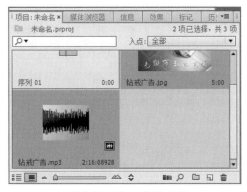

图8-42 导入素材文件

图8-43 添加素材文件

03 选择V1轨道上的素材文件，切换至【效果控件】面板，设置【缩放】为137，如图8-44所示。

04 将【钻戒广告.mp3】素材添加到【时间轴】面板中的A1轨道上，如图8-45所示。

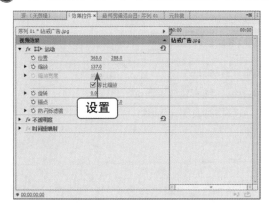

图8-44 设置【缩放】为137

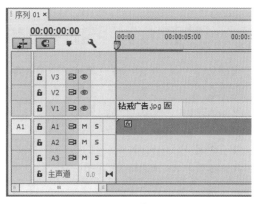

图8-45 添加素材文件

05 拖曳时间指示器至00:00:05:00的位置，使用剃刀工具分割A1轨道上的素材文件，如图8-46所示。

06 在【工具】面板中选取选择工具，选择A1轨道上第2段音频素材文件，按【Delete】键删除素材文件，如图8-47所示。

图8-46 分割素材文件

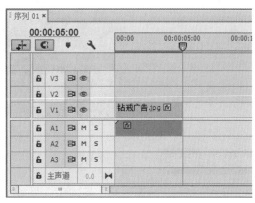

图8-47 删除素材文件

07 选择A1轨道上的素材文件，在【效果】面板中展开【音频效果】选项，双击【带通】选项，如图8-48所示，即可为选择的素材添加【带通】音频效果。

08 在【效果控件】面板中展开【带通】选项，选中【旁路】复选框，设置【中心】为500Hz、Q为10，如图8-49所示，单击【播放-停止切换】按钮，试听带通特效。

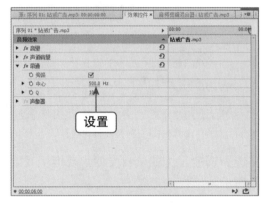

图8-48　双击【带通】选项　　　　图8-49　设置相应选项

Example 实例 085 通过延迟特效制作纯真童年

素材文件	光盘\素材\第8章\纯真童年.jpg、纯真童年.mp3
效果文件	光盘\效果\第8章\085 通过延迟特效制作纯真童年.prproj
视频文件	光盘\视频\第8章\085 通过延迟特效制作纯真童年.mp4
难易程度	★★★☆☆
学习时间	10分钟
实例要点	延迟特效的应用
思路分析	在Premiere Pro CC中，延迟效果可以添加音频剪辑声音的回声，用于在指定的时间延迟之后播放回声

本实例的最终效果如图8-50所示。

图8-50　延迟特效

▶ 操作步骤

01 在Premiere Pro CC工作界面中，新建一个项目文件并创建序列，导入两个素材文件，如图8-51所示。

02 在【项目】面板中选择【纯真童年.jpg】素材文件，并将其添加到【时间轴】面板中的V1轨道上，如图8-52所示。

图8-51 导入素材文件

图8-52 添加素材文件

03 选择V1轨道上的素材文件，切换至【效果控件】面板，设置【缩放】为77，如图8-53所示。

04 将【纯真童年.mp3】素材添加到【时间轴】面板中的A1轨道上，如图8-54所示。

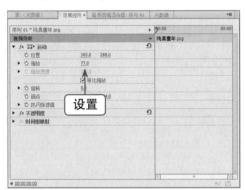

图8-53 设置【缩放】为77

图8-54 添加素材文件

05 拖曳时间指示器至00:00:30:00的位置，如图8-55所示。

06 使用剃刀工具分割A1轨道上的素材文件，如图8-56所示。

图8-55 拖曳时间指示器

图8-56 分割素材文件

07 在【工具】面板中选取选择工具，选择A1轨道上第2段音频素材文件，按【Delete】键删除素材文件，如图8-57所示。

08 将鼠标移至【纯真童年.jpg】素材文件的结尾处，单击鼠标左键并拖曳，调整素材文件的持续时间与音频素材的持续时间一致为止，如图8-58所示。

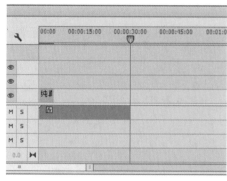

图8-57 删除素材文件

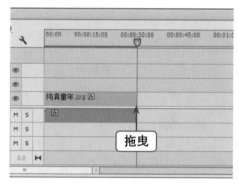

图8-58 调整素材文件的持续时间

09 选择A1轨道上的素材文件，在【效果】面板中展开【音频效果】选项，双击【延迟】选项，如图8-59所示，即可为选择的素材添加【延迟】音频效果。

10 拖曳时间指示器至开始位置，在【效果控件】面板中展开【延迟】选项，单击【旁路】选项左侧的【切换动画】按钮，并选中【旁路】复选框，如图8-60所示。

图8-59 双击【延迟】选项

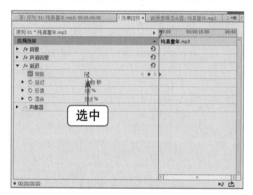

图8-60 选中【旁路】复选框

11 拖曳时间指示器至00:00:06:00的位置，取消选中【旁路】复选框，如图8-61所示。

12 拖曳时间指示器至00:00:15:00的位置，再次选中【旁路】复选框，如图8-62所示。

图8-61 取消选中【旁路】复选框

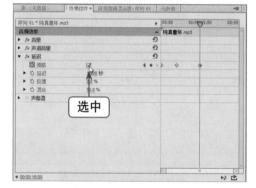

图8-62 选中【旁路】复选框

13 单击【播放-停止切换】按钮，试听延迟特效。

Example 实例 086 通过混响特效制作圣诞女孩

素材文件	光盘\素材\第8章\圣诞女孩.jpg、圣诞女孩.mp3
效果文件	光盘\效果\第8章\086 通过混响特效制作圣诞女孩.prproj
视频文件	光盘\视频\第8章\086 通过混响特效制作圣诞女孩.mp4
难易程度	★★☆☆☆
学习时间	5分钟
实例要点	混响特效的应用
思路分析	在Premiere Pro CC中，【混响】特效可以模拟房间内部的声波传播方式，生出一种室内回声效果，能够体现出宽阔回声的真实效果

本实例的最终效果如图8-63所示。

图8-63 混响特效

操作步骤

01 在Premiere Pro CC工作界面中，新建一个项目文件并创建序列，导入两个素材文件，如图8-64所示。

02 在【项目】面板中选择【圣诞女孩.jpg】素材文件，并将其添加到【时间轴】面板中的V1轨道上，如图8-65所示。

图8-64 导入素材文件

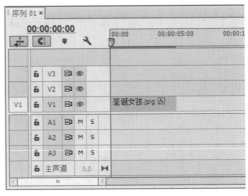

图8-65 添加素材文件

03 选择V1轨道上的素材文件，切换至【效果控件】面板，设置【缩放】为50，如图8-66所示。

04 将【圣诞女孩.mp3】素材添加到【时间轴】面板中的A1轨道上，如图8-67所示。

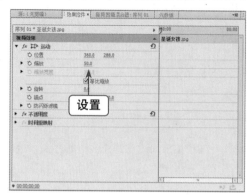 

图8-66 设置【缩放】为50   图8-67 添加素材文件

05 拖曳时间指示器至00:00:15:00的位置，如图8-68所示。

06 使用剃刀工具分割A1轨道上的素材文件，使用选择工具选择A1轨道上第2段音频素材文件，按【Delete】键删除素材文件，如图8-69所示。

图8-68 拖曳时间指示器   图8-69 删除素材文件

07 将鼠标移至【圣诞女孩.jpg】素材文件的结尾处，单击鼠标左键并拖曳，调整素材文件的持续时间与音频素材的持续时间一致为止，如图8-70所示。

08 选择A1轨道上的素材文件，在【效果】面板中展开【音频效果】选项，双击Reverb选项，如图8-71所示，即可为选择的素材添加Reverb音频效果。

图8-70 调整素材文件的持续时间   图8-71 双击Reverb选项

09 拖曳时间指示器至00:00:06:00的位置，在【效果控件】面板中展开Reverb选项，单击【旁路】选项左侧的【切换动画】按钮，并选中【旁路】复选框，如图8-72所示。

10 拖曳时间指示器至00:00:12:00的位置，取消选中【旁路】复选框，如图8-73所示。

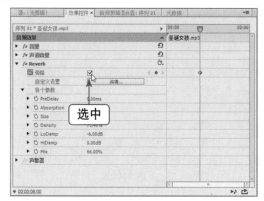

图8-72 选中【旁路】复选框

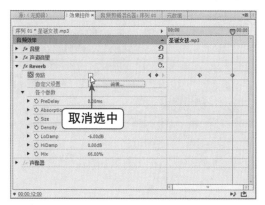

图8-73 取消选中【旁路】复选框

11 单击【播放-停止切换】按钮，试听混响特效。

Example 实例 087 通过低通特效制作欢庆元旦

素材文件	光盘\素材\第8章\欢庆元旦.jpg、欢庆元旦.mp3
效果文件	光盘\效果\第8章\087 通过低通特效制作欢庆元旦.prproj
视频文件	光盘\视频\第8章\087 通过低通特效制作欢庆元旦.mp4
难易程度	★★☆☆☆
学习时间	5分钟
实例要点	低通特效的应用
思路分析	在Premiere Pro CC中，【低通】特效主要用来去除音频素材中的高频部分

本实例的最终效果如图8-74所示。

图8-74 低通特效

操作步骤

01 在Premiere Pro CC工作界面中，新建一个项目文件并创建序列，导入两个素材文件，如图8-75所示。

02 在【项目】面板中选择【欢庆元旦.jpg】素材文件，并将其添加到【时间轴】面板中的 V1轨道上，如图8-76所示。

图8-75 导入素材文件

图8-76 添加素材文件

03 选择V1轨道上的素材文件，切换至【效果控件】面板，设置【缩放】为50，如图8-77所示。

04 将【欢庆元旦.mp3】素材添加到【时间轴】面板中的A1轨道上，如图8-78所示。

图8-77 设置【缩放】为50

图8-78 添加素材文件

05 拖曳时间指示器至00:00:05:00的位置，使用剃刀工具分割A1轨道上的素材文件，使用选择工具选择A1轨道上第2段音频素材文件并删除，如图8-79所示。

06 选择A1轨道上的素材文件，在【效果】面板中展开【音频效果】选项，双击【低通】选项，如图8-80所示，即可为选择的素材添加【低通】音频效果。

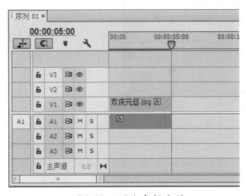

图8-79 删除素材文件

图8-80 双击【低通】选项

07 拖曳时间指示器至开始位置，在【效果控件】面板中展开【低通】选项，单击【屏蔽度】选项左侧的【切换动画】按钮，如图8-81所示，添加一个关键帧。

08 拖曳时间指示器至00:00:03:00的位置，设置【屏蔽度】为300Hz，如图8-82所示。

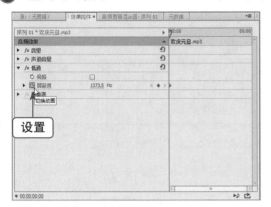

| 图8-81 单击【切换动画】按钮 | 图8-82 设置【屏蔽度】为300Hz |

09 单击【播放-停止切换】按钮，试听低通特效。

Example 实例 088 通过互换声道特效制作生活留影

素材文件	光盘 \ 素材 \ 第8章 \ 生活留影.jpg、生活留影.mp3
效果文件	光盘 \ 效果 \ 第8章 \ 088 通过互换声道特效制作生活留影.prproj
视频文件	光盘 \ 视频 \ 第8章 \ 088 通过互换声道特效制作生活留影.mp4
难易程度	★★☆☆☆
学习时间	5分钟
实例要点	互换声道特效的应用
思路分析	在Premiere Pro CC中，【互换声道】音频特效的主要功能是互换声道效果，切换左右声道信息的位置

本实例的最终效果如图8-83所示。

图8-83 互换声道特效

操作步骤

01 在Premiere Pro CC工作界面中，新建一个项目文件并创建序列，导入两个素材文件，如图8-84所示。

02 在【项目】面板中选择【生活留影.jpg】素材文件，并将其添加到【时间轴】面板中的 V1轨道上，如图8-85所示。

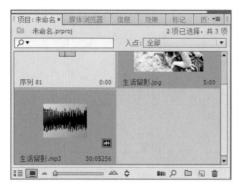

图8-84　导入素材文件

图8-85　添加素材文件

03 选择V1轨道上的素材文件，切换至【效果控件】面板，设置【缩放】为30，如图8-86 所示。

04 将【生活留影.mp3】素材添加到【时间轴】面板中的A1轨道上，如图8-87所示。

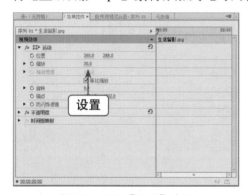

图8-86　设置【缩放】为30

图8-87　添加素材文件

05 拖曳时间指示器至00:00:05:00的位置，使用剃刀工具分割A1轨道上的素材文件，使用 选择工具选择A1轨道上第2段音频素材文件并删除，然后选择A1轨道上的第1段音频素 材文件，如图8-88所示。

06 在【效果】面板中展开【音频效果】选项，双击【互换声道】选项，如图8-89所示， 即可为选择的素材添加【互换声道】音频效果。

图8-88　选择素材文件

图8-89　双击【互换声道】选项

07 拖曳时间指示器至开始位置，在【效果控件】面板中展开【互换声道】选项，单击
【旁路】选项左侧的【切换动画】按钮，添加第1个关键帧，如图8-90所示。

08 在拖曳时间指示器至00:00:03:00的位置，选中【旁路】复选框，添加第2个关键帧，如
图8-91所示。

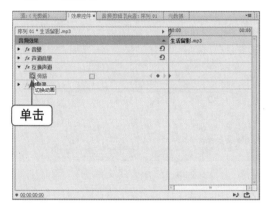

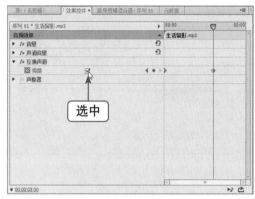

图8-90　添加第1个关键帧　　　　　　　　　图8-91　添加第2个关键帧

09 单击【播放-停止切换】按钮，试听互换声道特效。

Example 实例 089　通过参数均衡特效制作唯美镜头

素材文件	光盘\素材\第8章\唯美镜头.jpg、唯美镜头.mp3
效果文件	光盘\效果\第8章\089 通过参数均衡特效制作唯美镜头.prproj
视频文件	光盘\视频\第8章\089 通过参数均衡特效制作唯美镜头.mp4
难易程度	★★☆☆☆
学习时间	5分钟
实例要点	参数均衡特效的应用
思路分析	在Premiere Pro CC中，【参数均衡】音频特效主要用于精确地调整一个音频文件的音调，使其增强或衰减接近中心频率处的声音

本实例的最终效果如图8-92所示。

图8-92　参数均衡特效

操作步骤

01 在Premiere Pro CC工作界面中，新建一个项目文件并创建序列，导入两个素材文件，

如图8-93所示。

02 在【项目】面板中选择【唯美镜头.jpg】素材文件，并将其添加到【时间轴】面板中的 V1轨道上，如图8-94所示。

图8-93 导入素材文件

图8-94 添加素材文件

03 选择V1轨道上的素材文件，切换至【效果控件】面板，设置【缩放】为80，如图8-95 所示。

04 将【唯美镜头.mp3】素材添加到【时间轴】面板中的A1轨道上，如图8-96所示。

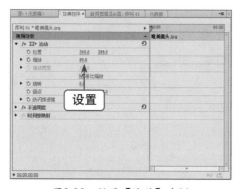

图8-95 设置【缩放】为80

图8-96 添加素材文件

05 拖曳时间指示器至00:00:05:00的位置，使用剃刀工具分割A1轨道上的素材文件，如 图8-97所示。

06 在【工具】面板中选取选择工具，选择A1轨道上第2段音频素材文件，按【Delete】键 删除素材文件，如图8-98所示。

图8-97 分割素材文件

图8-98 删除素材文件

07 选择A1轨道上的素材文件，在【效果】面板中展开【音频效果】选项，双击【参数均衡】选项，如图8-99所示，即可为选择的素材添加【参数均衡】音频效果。

08 在【效果控件】面板中展开【参数均衡】选项，设置【中心】为12000.0Hz，Q为10.1、【提升】为2.4dB，如图8-100所示。

图8-99　双击【参数均衡】选项

图8-100　设置相应选项

09 单击【播放-停止切换】按钮，试听参数均衡特效。

Example 实例 090　通过反转特效制作婚纱影像

素材文件	光盘＼素材＼第8章＼婚纱影像.jpg、婚纱影像.mp3
效果文件	光盘＼效果＼第8章＼090 通过反转特效制作婚纱影像.prproj
视频文件	光盘＼视频＼第8章＼090 通过反转特效制作婚纱影像.mp4
难易程度	★★☆☆☆
学习时间	5分钟
实例要点	反转特效的应用
思路分析	在Premiere Pro CC中，【反转】音频特效能够反转所有声道的相位

本实例的最终效果如图8-101所示。

图8-101　反转特效

操作步骤

01 在Premiere Pro CC工作界面中，新建一个项目文件并创建序列，导入两个素材文件，如图8-102所示。

02 在【项目】面板中选择【婚纱影像.jpg】素材文件，并将其添加到【时间轴】面板中的V1轨道上，如图8-103所示。

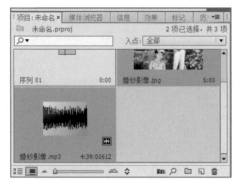

图8-102　导入素材文件

图8-103　添加素材文件

03 选择V1轨道上的素材文件，切换至【效果控件】面板，设置【缩放】为28，如图8-104所示。

04 将【婚纱影像.mp3】素材添加到【时间轴】面板中的A1轨道上，如图8-105所示。

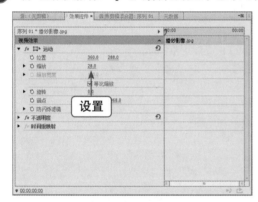

图8-104　设置【缩放】为28

图8-105　添加素材文件

05 拖曳时间指示器至00:00:05:00的位置，使用剃刀工具分割A1轨道上的素材文件，如图8-106所示。

06 在工具箱中选取选择工具，选择A1轨道上第2段音频素材文件，按【Delete】键删除素材文件，选择A1轨道上第1段音频素材文件，如图8-107所示。

图8-106　分割素材文件

图8-107　选择素材文件

07 在【效果】面板中展开【音频效果】选项，双击【反转】选项，如图8-108所示，即可为选择的素材添加【反转】音频效果。

08 在【效果控件】面板中展开【反转】选项，选中【旁路】复选框，如图8-109所示。

图8-108　双击【反转】选项

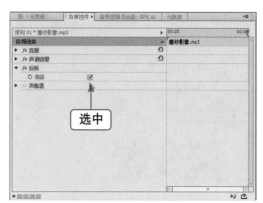

图8-109　选中【旁路】复选框

09 单击【播放-停止切换】按钮，试听反转特效。

第9章
影视输出应用实例

本章重点

- 通过导出编码文件导出罗琪月饼
- 通过导出OMF文件导出音乐电台
- 通过导出MP3文件导出舒缓音乐
- 通过导出EDL文件导出火焰光碟
- 通过导出FLV流媒体文件导出彩虹当空
- 通过导出WAV文件导出电子音乐

在Premiere Pro CC中，当完成一段影视内容的编辑，并且对编辑的效果感到满意时，可以将其输出成各种不同格式的文件。在导出视频文件时，需要对视频的格式、预设、输出名称和位置以及其他选项进行设置，这些操作都在【导出设置】对话框中进行。

在Premiere Pro CC中，切换至【节目监视器】面板，单击【文件】|【导出】|【媒体】命令，可弹出【导出设置】对话框，如图9-1所示。

【导出设置】对话框的左侧为视频预览区域，可以拖曳窗口底部的时间指示器查看导出的影视画面，如图9-2所示。

图9-1 【导出设置】对话框

图9-2 查看导出画面

【导出设置】对话框的右上角为导出设置区域，可以设置导出格式、预设参数、保存位置以及文件名等选项，在【摘要】选项区中，可以查看导出设置与源信息，如图9-3所示。选中【与序列设置匹配】复选框，可以导出与该序列设置完全匹配的文件。

在【导出设置】对话框右下角的选项卡中，可以对滤镜、视频、音频、字幕等选项设置详细的导出参数，如图9-4所示。

图9-3 查看导出设置与源信息

图9-4 设置详细的导出参数

提 示

在Premiere Pro CC中，选择【节目监视器】面板，然后按【Ctrl＋M】组合键，快速弹出【导出设置】对话框，此时导出的源为【节目监视器】面板中显示的序列；选择【时间轴】面板，按【Ctrl＋M】组合键导出媒体，此时导出的源为【时间轴】面板中正在编辑的序列；切换至【项目】面板，选择一个素材文件，按【Ctrl＋M】组合键导出媒体，此时导出的源为【项目】面板中选择的素材文件；切换至【源监视器】面板，显示一个素材，按【Ctrl＋M】组合键导出媒体，此时导出的源为【源监视器】面板中显示的素材。当用户选择其他面板时，无法使用【文件】|【导出】|【媒体】命令。

Example 实例 091　通过导出编码文件导出罗琪月饼

素材文件	光盘 \ 素材 \ 第9章 \ 罗琪月饼.prproj
效果文件	光盘 \ 效果 \ 第9章 \ 091 通过导出编码文件导出罗琪月饼.avi
视频文件	光盘 \ 视频 \ 第9章 \ 091 通过导出编码文件导出罗琪月饼.mp4
难易程度	★★☆☆☆
学习时间	10分钟
实例要点	导出编码文件
思路分析	编码文件就是现在常见的AVI格式的文件，这种格式的文件兼容性好、调用方便以及图像质量好。本例介绍导出编码文件的操作方法

本实例的最终效果如图9-5所示。

图9-5　导出编码文件的效果

▶ **操作步骤**

01 在Premiere Pro CC工作界面中，按【Ctrl＋O】组合键，在弹出的【打开项目】对话框中选择相应的项目文件，如图9-6所示。

02 双击鼠标左键，即可打开项目文件，单击【节目监视器】面板中的【播放-停止切换】按钮，预览项目效果，如图9-7所示。

03 单击【文件】|【导出】|【媒体】命令，如图9-8所示。

04 执行上述操作后，弹出【导出设置】对话框，如图9-9所示。

图9-6　选择相应的项目文件

图9-7　预览项目效果

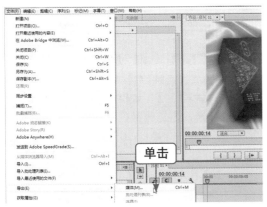

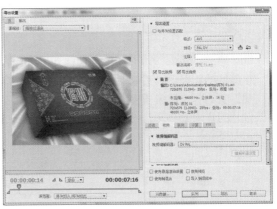

图9-8 单击【媒体】命令　　　　　图9-9 弹出【导出设置】对话框

05 在【导出设置】选项区中，设置【格式】为AVI、【预设】为NTSC DV，如图9-10所示。

06 单击【输出名称】右侧的【序列01.avi】超链接，弹出【另存为】对话框，在其中设置保存位置和文件名，如图9-11所示。

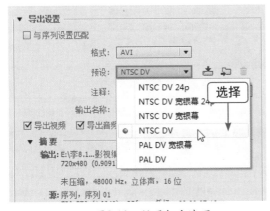

图9-10 设置相应选项　　　　　图9-11 设置保存位置和文件名

07 单击【保存】按钮，返回【导出设置】界面，单击对话框右下角的【导出】按钮，如图9-12所示。

08 执行上述操作后，弹出【编码 序列01】对话框，开始导出编码文件，并显示导出进度，如图9-13所示，导出完成后，即可完成编码文件的导出操作。

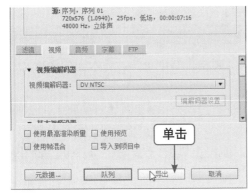
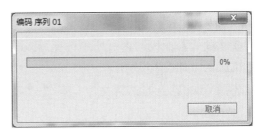

图9-12 单击【导出】按钮　　　　　图9-13 显示导出进度

提示

　　在Premiere Pro CC中，还可以为需要导出的视频添加【高斯模糊】滤镜效果，让画面产生朦胧的效果。设置导出视频的【格式】为AVI之后，切换至【滤镜】选项卡，选中【高斯模糊】复选框，设置【模糊度】为15、【模糊尺寸】为【水平和垂直】，如图9-14所示。在【视频预览区域】中单击【输出】标签，切换至【输出】选项卡，预览输出视频的模糊效果，如图9-15所示。

图9-14　设置相应选项

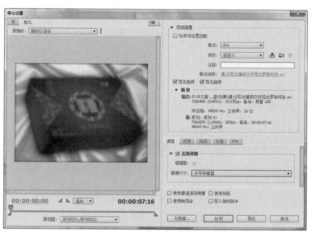

图9-15　预览输出视频的模糊效果

Example 实例 **092** **通过导出EDL文件导出火焰光碟**

素材文件	光盘 \ 素材 \ 第9章 \ 火焰光碟.jpg
效果文件	光盘 \ 效果 \ 第9章 \ 092 通过导出EDL文件导出火焰光碟.edl
视频文件	光盘 \ 视频 \ 第9章 \ 092 通过导出EDL文件导出火焰光碟.mp4
难易程度	★★☆☆☆
学习时间	10分钟
实例要点	导出EDL文件
思路分析	在Premiere Pro CC中，不仅可以将视频导出为编码文件，还可以根据需要将其导出为EDL视频文件。本例介绍导出EDL文件的操作方法

操作步骤

01 在Premiere Pro CC工作界面中，新建一个项目文件并创建序列，导入一个素材文件，如图9-16所示。

02 在【项目】面板的素材库中选择导入的素材文件，并将其添加到【时间轴】面板的V1轨道上，如图9-17所示。

03 选择V1轨道上的素材文件，在【效果控件】面板中设置【缩放】为78.0，如图9-18所示。

04 切换至【节目监视器】面板，单击【文件】|【导出】|EDL命令，如图9-19所示。

图9-16　导入素材文件

图9-17　添加素材文件

图9-18　设置【缩放】为78

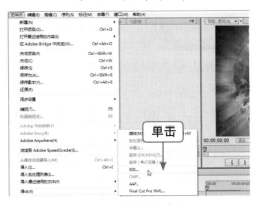

图9-19　单击EDL命令

提 示

在Premiere Pro CC中，EDL是一种广泛应用于视频编辑领域的编辑交换文件，其作用是记录用户对素材的各种编辑操作。这样，便可以在所有支持EDL文件的编辑软件内共享编辑项目，或通过替换素材来实现影视节目的快速编辑与输出。

EDL文件在存储时只保留两轨的初步信息，因此在用到两轨道以上的视频时，两轨道以上的视频信息便会丢失。

05 弹出【EDL输出设置】对话框，单击【确定】按钮，如图9-20所示。

06 弹出【将序列另存为EDL】对话框，在其中设置保存位置和文件名，单击【保存】按钮，如图9-21所示，即可导出EDL文件。

图9-20　单击【确定】按钮

图9-21　设置保存位置和文件名

Example 实例 093 通过导出OMF文件导出音乐电台

素材文件	光盘 \ 素材 \ 第9章 \ 音乐电台.mp3
效果文件	光盘 \ 效果 \ 第9章 \ 093 通过导出OMF文件导出音乐电台.omf
视频文件	光盘 \ 视频 \ 第9章 \ 093 通过导出OMF文件导出音乐电台.mp4
难易程度	★★☆☆☆
学习时间	10分钟
实例要点	导出OMF文件
思路分析	在Premiere Pro CC中,OMF是由Avid推出的一种音频封装格式,能够将关于同一音段的所有重要资料制成同类格式,便于其他软件打开处理。本例介绍导出OMF文件的操作方法

▶ 操作步骤

01 在Premiere Pro CC工作界面中,新建一个项目文件并创建序列,导入一个素材文件,如图9-22所示。

02 在【项目】面板的素材库中选择导入的素材文件,并将其添加到【时间轴】面板的A1轨道上,如图9-23所示。

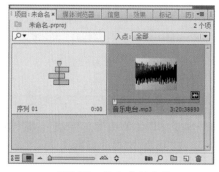

图9-22 导入素材文件

图9-23 添加素材文件

03 单击【文件】|【导出】|OMF命令,弹出【OMF导出设置】对话框,单击【确定】按钮,如图9-24所示。

04 弹出【将序列另存为 OMF】对话框,在其中设置保存位置和文件名,单击【保存】按钮,如图9-25所示。

图9-24 单击【确定】按钮

图9-25 单击【保存】按钮

05 弹出【将媒体文件导出到OMF文件夹】对话框，显示输出进度，如图9-26所示。

06 输出完成后，弹出【OMF导出信息】对话框，显示OMF的输出信息，如图9-27所示，单击【确定】按钮，即可完成OMF文件的导出操作。

图9-26 显示输出进度

图9-27 显示OMF的输出信息

Example 实例 094 通过导出FLV流媒体文件导出彩虹当空

素材文件	光盘 \ 素材 \ 第9章 \ 彩虹当空.jpg
效果文件	光盘 \ 效果 \ 第9章 \ 094 通过导出FLV流媒体文件导出彩虹当空.flv
视频文件	光盘 \ 视频 \ 第9章 \ 094 通过导出FLV流媒体文件导出彩虹当空.mp4
难易程度	★★☆☆☆
学习时间	5分钟
实例要点	导出FLV流媒体文件
思路分析	FLV格式是网络上广泛应用的视频格式，可以将制作的视频导出为FLV流媒体文件，然后将其上传到网络中。本例介绍导出FLV流媒体文件的操作方法

本实例的最终效果如图9-28所示。

图9-28 导出FLV文件的效果

操作步骤

01 在Premiere Pro CC工作界面中，新建一个项目文件并创建序列，导入一个素材文件，如图9-29所示。

02 在【项目】面板的素材库中选择导入的素材文件，并将其添加到【时间轴】面板的V1轨道上，如图9-30所示。

图9-29　导入素材文件

图9-30　添加素材文件

03 单击【文件】|【导出】|【媒体】命令，即可弹出【导出设置】对话框，如图9-31所示。

04 单击【格式】右侧的下三角按钮，弹出列表框，选择FLV选项，如图9-32所示。

图9-31　弹出【导出设置】对话框

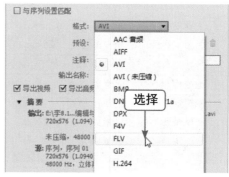

图9-32　选择FLV选项

05 单击【输出名称】右侧的【序列01.flv】超链接，弹出【另存为】对话框，在其中设置
保存位置和文件名，如图9-33所示，单击【保存】按钮。

06 设置完成后，单击【导出】按钮，弹出【编码 序列01】对话框并显示导出进度，如
图9-34所示，稍后即可完成FLV流媒体文件的导出操作。

图9-33　设置保存位置和文件名

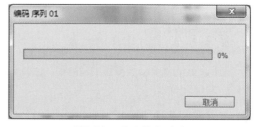

图9-34　显示导出进度

提 示

在导出视频文件时，如果觉得导出视频的范围过大，可以切换至【源】选项卡，单击对话框左上角的【裁剪输出视频】按钮，如图9-35所示，此时视频预览区域中的画面将显示4个控制点，拖曳其中的某个点，即可裁剪输出视频的范围，如图9-36所示，切换至【输出】选项卡，即可预览裁剪效果。

图9-35　单击【裁剪输出视频】按钮

图9-36　裁剪输出视频的范围

Example 实例 095 通过导出MP3文件导出舒缓音乐

素材文件	光盘 \ 素材 \ 第9章 \ 舒缓音乐.mp3
效果文件	光盘 \ 效果 \ 第9章 \ 095 通过导出MP3文件导出舒缓音乐.mp3
视频文件	光盘 \ 视频 \ 第9章 \ 095 通过导出MP3文件导出舒缓音乐.mp4
难易程度	★★☆☆☆
学习时间	5分钟
实例要点	导出MP3文件
思路分析	MP3格式的音频文件凭借高采样率的音质，占用空间少的特性，成为了目前最为流行的一种音乐格式。本例介绍导出MP3音频文件的操作方法

操作步骤

01 在Premiere Pro CC工作界面中，新建一个项目文件并创建序列，导入一个素材文件，如图9-37所示。

02 在【项目】面板的素材库中选择导入的素材文件，并将其添加到【时间轴】面板的A1轨道上，如图9-38所示。

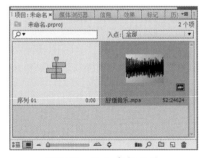

图9-37　导入素材文件

图9-38　添加素材文件

03 单击【文件】|【导出】|【媒体】命令，弹出【导出设置】对话框，单击【格式】右侧的下三角按钮，弹出列表框，选择MP3选项，如图9-39所示。

04 单击【输出名称】右侧的【序列01.mp3】超链接，如图9-40所示。

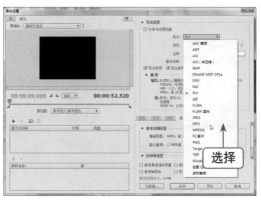

图9-39 选择MP3选项

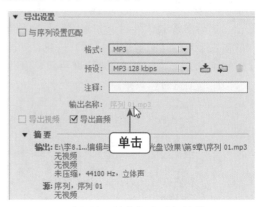

图9-40 单击相应的超链接

提 示

    MP3是一种有损压缩格式，比特率越低失真越多。一般比特率为128kbps的音频即可满足人们的需要。也可以在设置导出格式为MP3之后，设置【预设】为【MP3 256kbps 高质量】，如图9-41所示，即可导出比特率为256 kbps的高质量音频。

    用户也可以在【导出设置】对话框的右下角切换至【音频】选项卡，单击【音频比特率】右侧的下拉按钮，在弹出的列表框中选择320kbps，如图9-42所示，即可输出比特率为320kbps的最高品质音频，其音质较之FLAC和APE无损压缩格式的差不多。

图9-41 设置【预设】选项

图9-42 选择相应选项

05 弹出【另存为】对话框，在其中设置保存位置和文件名，如图9-43所示，单击【保存】按钮。

06 设置完成后，单击【导出】按钮，弹出【编码 序列01】对话框并显示导出进度，如图9-44所示，稍后即可完成MP3音频文件的导出操作。

图9-43 设置保存位置和文件名

图9-44 显示导出进度

Example 实例 096 通过导出WAV文件导出电子音乐

素材文件	光盘 \ 素材 \ 第9章 \ 电子音乐.mpa
效果文件	光盘 \ 效果 \ 第9章 \ 096 通过导出WAV文件导出电子音乐.wav
视频文件	光盘 \ 视频 \ 第9章 \ 096 通过导出WAV文件导出电子音乐.mp4
难易程度	★★☆☆☆
学习时间	5分钟
实例要点	导出WAV音频文件
思路分析	在Premiere Pro CC中，不仅可以将音频文件转换成MP3格式，还可以将其转换为WAV格式的音频文件。本例介绍导出WAV音频文件的操作方法

操作步骤

01 在Premiere Pro CC工作界面中，新建一个项目文件并创建序列，导入一个素材文件，如图9-45所示。

02 在【项目】面板的素材库中选择导入的素材文件，并将其添加到【时间轴】面板的A1轨道上，如图9-46所示。

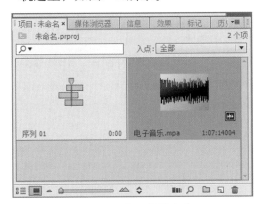

图9-45　导入素材文件

图9-46　添加素材文件

03 单击【文件】|【导出】|【媒体】命令，弹出【导出设置】对话框，如图9-47所示。

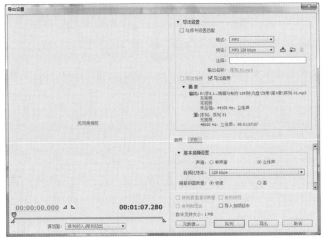

图9-47　弹出【导出设置】对话框

04 单击【格式】右侧的下三角按钮，弹出列表框，选择【波形音频】选项，如图9-48所示。

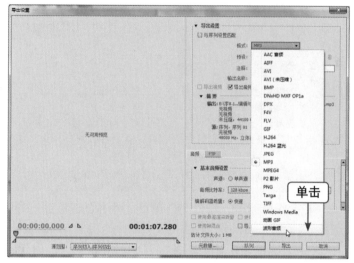

图9-48　选择【波形音频】选项

05 单击【输出名称】右侧的【序列01.wav】超链接，弹出【另存为】对话框，在其中设置保存位置和文件名，如图9-49所示，单击【保存】按钮。

06 设置完成后，单击【导出】按钮，弹出【渲染所需音频文件】对话框，并显示导出进度，如图9-50所示，稍后即可完成WAV音频文件的导出操作。

图9-49　设置保存位置和文件名

图9-50　显示导出进度

第10章
影视编辑综合特效

本章重点

- 制作视频片段倒放特效
- 制作立体电影特效
- 制作视频镜头快播慢播特效
- 制作MTV歌词色彩渐变特效

- 制作宽荧屏电影特效
- 制作户外广告特效
- 制作电视信号不稳的屏幕特效

Example 实例 **097** 制作视频片段倒放特效

素材文件	光盘 \ 素材 \ 第10章 \ 视频倒放效果.avi
效果文件	光盘 \ 效果 \ 第10章 \ 097 制作视频片段倒放特效.prproj
视频文件	光盘 \ 视频 \ 第10章 \ 097 制作视频片段倒放特效.mp4
难易程度	★★☆☆☆
学习时间	5分钟
实例要点	【倒放速度】选项的应用
思路分析	本例介绍制作视频片段倒放特效的操作方法

本实例的最终效果如图10-1所示。

图10-1 视频片段倒放效果

▶ 操作步骤

01 在Premiere Pro CC工作界面中，新建一个项目文件并创建序列，导入一个素材文件，如图10-2所示。

02 在【项目】面板的素材库中选择导入的素材文件，将其添加到【时间轴】面板的V1轨道上，如图10-3所示。

图10-2 导入素材文件

图10-3 添加素材文件

03 选择V1轨道上的素材文件，单击鼠标右键，在弹出的快捷菜单中选择【速度/持续时间】选项，如图10-4所示。

04 在弹出的【剪辑速度/持续时间】对话框中，设置【速度】为300%，选中【倒放速度】复选框，如图10-5所示。

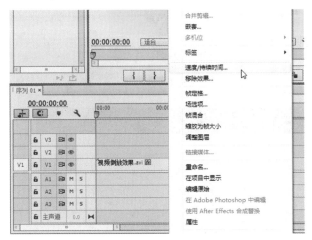

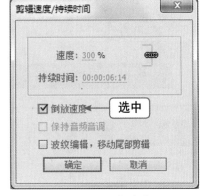

图10-4 选择【速度/持续时间】选项　　　　　　图10-5　设置相应选项

05 单击【确定】按钮，应用倒放速度设置，在【时间轴】面板中显示素材速度已调整，如图10-6所示。

06 单击【播放-停止切换】按钮，预览视频效果，如图10-7所示。

图10-6 显示素材速度已调整　　　　　　　图10-7 预览视频效果

Example 实例 098 制作宽荧屏电影特效

素材文件	光盘\素材\第10章\宽荧屏电影特效.avi
效果文件	光盘\效果\第10章\098 制作宽荧屏电影特效.prproj
视频文件	光盘\视频\第10章\098 制作宽荧屏电影特效.mp4
难易程度	★★☆☆☆
学习时间	5分钟
实例要点	【裁剪】视频效果的应用
思路分析	本例介绍通过【裁剪】视频效果制作宽荧屏电影特效的操作方法

本实例的最终效果如图10-8所示。

图10-8　宽荧屏电影效果

操作步骤

01 在Premiere Pro CC工作界面中，新建一个项目文件并创建序列，导入一个素材文件，如图10-9所示。

02 在【项目】面板的素材库中选择导入的素材文件，并将其添加到【时间轴】面板的V1轨道上，如图10-10所示。

图10-9　导入素材文件

图10-10　添加素材文件

03 添加素材文件到V1轨道上之后，在【节目监视器】面板中可以预览素材画面效果，如图10-11所示。

04 选择V1轨道上的素材文件，切换至【效果】面板，展开【视频效果】|【变换】选项，双击【裁剪】选项，如图10-12所示，即可为选择的素材添加裁剪效果。

图10-11　预览素材画面效果

图10-12　双击【裁剪】选项

05 切换至【效果控件】面板，展开【裁剪】选项，设置【顶部】为15.0%、【底对齐】为15.0%，如图10-13所示。

06 单击【播放-停止切换】按钮，预览视频效果，如图10-14所示。

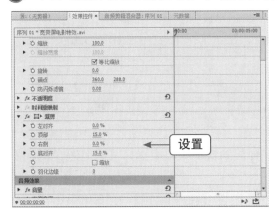

图10-13　设置相应参数

图10-14　预览视频效果

Example 实例 099　制作立体电影特效

素材文件	光盘\素材\第10章\风景特效.avi
效果文件	光盘\效果\第10章\099 制作立体电影特效.prproj
视频文件	光盘\视频\第10章\099 制作立体电影特效.mp4
难易程度	★★★☆☆
学习时间	20分钟
实例要点	【摆入】切换效果的应用
思路分析	本例介绍通过【摆入】视频过渡制作立体电影特效的操作方法

本实例的最终效果如图10-15所示。

图10-15　立体电影效果

操作步骤

01 在Premiere Pro CC工作界面中，新建一个项目文件并创建序列，导入一个素材文件，如图10-16所示。

02 在【项目】面板的素材库中选择导入的素材文件，并将其添加到【时间轴】面板的V1轨道上，如图10-17所示。

图10-16　导入素材文件

图10-17　添加素材文件

03 在V1轨道上的素材文件上单击鼠标右键，在弹出的快捷菜单中选择【速度/持续时间】选项，如图10-18所示。

04 在弹出的【剪辑速度/持续时间】对话框中，设置【持续时间】为00:00:10:00，如图10-19所示，单击【确定】按钮，设置素材的持续时间。

图10-18　选择【速度/持续时间】选项

图10-19　设置【持续时间】

05 在V1轨道上的素材文件上单击鼠标右键，在弹出的快捷菜单中选择【取消链接】选项，如图10-20所示，即可取消视频与音频之间的链接。

06 按住【Alt】键，在V1轨道上的素材文件上单击鼠标左键并拖曳至V2轨道上，如图10-21所示，释放鼠标，将V1轨道上的素材文件复制到V2轨道。

图10-20　选择【取消链接】选项

图10-21　拖曳素材文件

07 选择V2轨道上的素材文件，切换至【效果】面板，展开【视频过渡】|【3D运动】选项，选择【摆入】选项，如图10-22所示。

08 将选择的视频过渡拖曳至V2轨道上的素材文件的开始位置，释放鼠标，添加【摆入】
视频过渡，选择添加的视频过渡，如图10-23所示。

图10-22　选择【摆入】选项

图10-23　选择添加的视频过渡

09 切换至【效果控件】面板，设置【持续时间】为00:00:10:00、【开始】为25、【结
束】为25、【边框宽度】为0.5，如图10-24所示。

10 按住【Alt】键，在V1轨道上的素材文件上单击鼠标左键并拖曳至V3轨道上，如图
10-25所示，释放鼠标，将V1轨道上的素材文件复制到V3轨道。

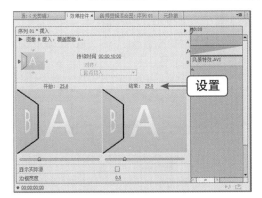

图10-24　设置相应选项

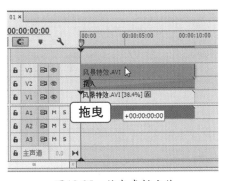

图10-25　拖曳素材文件

11 为V3轨道上的素材文件添加【摆入】视频过渡，选择添加的视频过渡，如图10-26所示。

12 在【效果控件】面板中，设置【持续时间】为00:00:10:00，单击【自东向西】按钮，
如图10-27所示，即可设置摆入的方向。

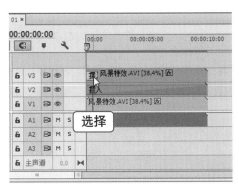

图10-26　选择添加的视频过渡

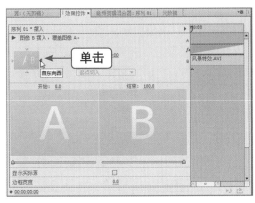

图10-27　单击【自东向西】按钮

⓭ 设置【开始】为25.0，【结束】为25.0，【边框宽度】为0.5，如图10-28所示。

⓮ 按住【Alt】键，在V1轨道上的素材文件上单击鼠标左键并拖曳至V3轨道上方的空白处，如图10-29所示。

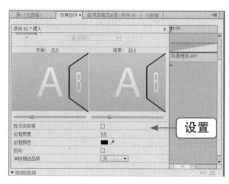

图10-28　设置相应选项

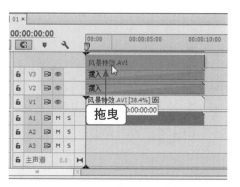

图10-29　拖曳素材文件

⓯ 释放鼠标，创建V4轨道，并将V1轨道上的素材文件复制到V4轨道，为V4轨道上的素材文件添加【摆入】视频过渡，选择添加的视频过渡，如图10-30所示。

⓰ 在【效果控件】面板中，设置【持续时间】为00:00:10:00，单击【自北向南】按钮，设置【开始】为23.5，【结束】为23.5，【边框宽度】为0.5，如图10-31所示。

图10-30　选择添加的视频过渡

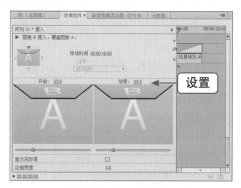

图10-31　设置相应选项

⓱ 将鼠标移至【时间轴】面板的顶部边框处，单击鼠标左键并向上拖曳，调整【时间轴】面板高度，如图10-32所示。

⓲ 按住【Alt】键，在V1轨道上的素材文件上，单击鼠标左键并拖曳至V4轨道上方的空白处，如图10-33所示。

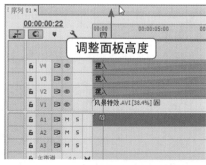

图10-32　调整【时间轴】面板高度

图10-33　拖曳素材文件

⑲ 释放鼠标，即可创建V5轨道，并将V1轨道上的素材文件复制到V5轨道，如图10-34所示。

⑳ 为V5轨道上的素材文件添加【摆入】视频过渡，选择添加的视频过渡，如图10-35所示。

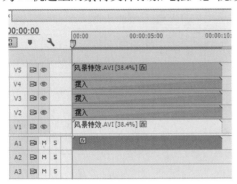

图10-34　复制素材到V5轨道　　　　　图10-35　选择添加的视频过渡

㉑ 在【效果控件】面板中，设置【持续时间】为00:00:10:00，单击【自南向北】按钮，设置【开始】为23.5，【结束】为23.5，【边框宽度】为0.5，如图10-36所示。

㉒ 在【时间轴】面板中选择V1轨道上的素材文件，如图10-37所示。

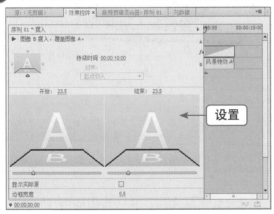

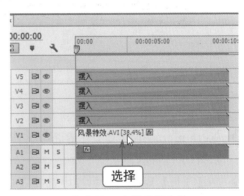

图10-36　设置相应选项　　　　　图10-37　选择素材文件

㉓ 在【效果控件】面板中，设置【位置】为（360.0、288.0），【缩放】为54.0，如图10-38所示。

㉔ 单击【播放-停止切换】按钮，预览视频效果，如图10-39所示。

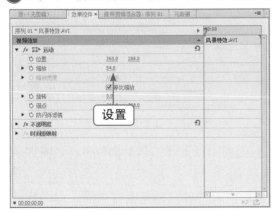

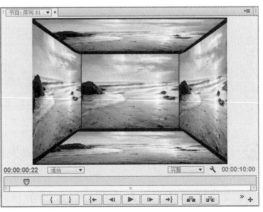

图10-38　设置相应选项　　　　　图10-39　预览视频效果

Example 实例 100 制作户外广告特效

素材文件	光盘\素材\第10章\户外广告.avi、户外广告.jpg
效果文件	光盘\效果\第10章\100 制作户外广告特效.prproj
视频文件	光盘\视频\第10章\100 制作户外广告特效.mp4
难易程度	★★★☆☆
学习时间	20分钟
实例要点	【裁剪】特效与【边角定位】特效的组合应用
思路分析	本例主要通过【裁剪】特效与【边角定位】特效来模仿户外广告播放的效果

本实例的最终效果如图10-40所示。

图10-40　户外广告效果

操作步骤

01 在Premiere Pro CC工作界面中，新建一个项目文件并创建序列，导入两个素材文件，如图10-41所示。

02 在【项目】面板的素材库中选择【户外广告.jpg】素材文件，并将其添加到【时间轴】面板的V1轨道上，如图10-42所示。

图10-41　导入素材文件

图10-42　添加素材文件

03 选择V1轨道上的素材文件，在【效果控件】面板中设置【缩放】为50.0，如图10-43所示。

04 设置视频【缩放】选项后，在【节目监视器】面板中可以预览素材画面，如图10-44所示。

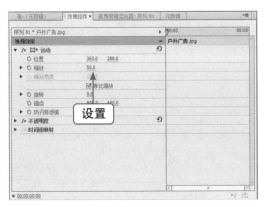

图10-43 设置【缩放】为50.0

图10-44 预览素材画面

05 将【户外广告.avi】素材文件添加到【时间轴】面板的V2轨道上，如图10-45所示。

06 添加素材文件后，在【节目监视器】面板中可以预览素材画面，如图10-46所示。

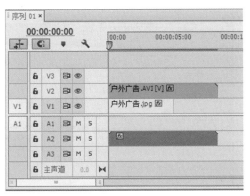

图10-45 添加素材文件

图10-46 预览素材画面

07 将鼠标移至V1轨道上的素材文件结尾处，单击鼠标左键并向右拖曳，调整素材文件的持续时间至与V2轨道上的素材持续时间一致，如图10-47所示。

08 选择V2轨道上的素材文件，如图10-48所示。

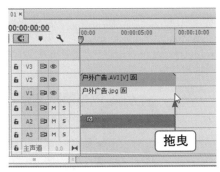

图10-47 调整素材的持续时间

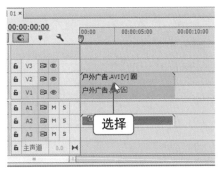

图10-48 选择素材文件

09 切换至【效果】面板，展开【视频效果】|【变换】选项，双击【裁剪】选项，如图10-49所示，即可为选择的素材添加裁剪效果。

10 切换至【效果控件】面板，展开【裁剪】选项，设置【顶部】为14.6%，【底对齐】为14.3%，如图10-50所示。

图10-49　双击【裁剪】选项

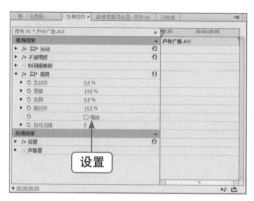
图10-50　设置相应选项

⑪ 设置裁剪效果后，在【节目监视器】面板中显示素材画面的黑边被裁剪，如图10-51所示。

⑫ 在【效果】面板展开【视频效果】|【扭曲】选项，双击【边角定位】选项，如图10-52所示，即可为选择的素材添加边角定位效果。

图10-51　显示黑边被裁剪

图10-52　双击【边角定位】选项

⑬ 在【效果控件】面板中展开【边角定位】选项，设置【左上】为（85.0、70.0），【右上】为（733.0、32.0），【左下】为（54.0、488.0），【右下】为（750.0、457.0），如图10-53所示。

⑭ 设置边角定位效果后，在【节目监视器】面板中显示素材画面的四个角的位置被调整，如图10-54所示。

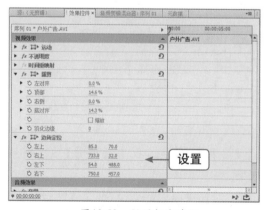
图10-53　设置相应选项

图10-54　显示素材的调整效果

⑮ 在【效果】面板中展开【视频效果】|【透视】选项，选择【斜面Alpha】选项，如图10-55所示。

⑯ 将选择的视频效果拖曳至【效果控件】面板中，如图10-56所示，释放鼠标，即可为选择的素材添加斜面Alpha效果。

图10-55 选择【斜面Alpha】选项

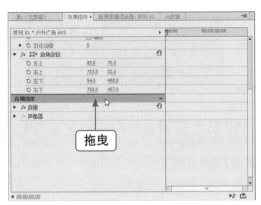

图10-56 拖曳视频效果

⑰ 在【效果控件】面板中展开【斜面Alpha】选项，设置【边缘厚度】为8，如图10-57所示。

⑱ 设置斜面效果后，单击【播放-停止切换】按钮，预览视频效果，如图10-58所示。

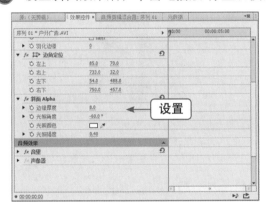

图10-57 设置【边缘厚度】为8

图10-58 预览视频效果

Example 实例 101 制作视频镜头快播慢播特效

素材文件	光盘＼素材＼第10章＼攀岩运动.avi
效果文件	光盘＼效果＼第10章＼101 制作视频镜头快播慢播特效.prproj
视频文件	光盘＼视频＼第10章＼101 制作视频镜头快播慢播特效.mp4
难易程度	★★★☆☆
学习时间	15分钟
实例要点	标记入点与出点以及【速度】参数的设置
思路分析	本例将制作镜头快播慢播效果，先通过标记入点与出点裁剪素材，然后通过设置【速度】参数，制作出快慢播放效果

本实例的最终效果如图10-59所示。

图10-59　视频镜头快播慢播效果

▶ **操作步骤**

01 在Premiere Pro CC工作界面中，新建一个项目文件并创建序列，导入一个素材文件，如图10-60所示。

02 在【项目】面板中双击【攀岩运动.avi】素材文件，在【源监视器】面板中预览素材画面，拖曳时间指示器至00:00:00:00的位置，单击【标记入点】按钮，如图10-61所示。

图10-60　导入素材文件　　　　　　　　图10-61　单击【标记入点】按钮

03 拖曳时间指示器至00:00:03:00的位置，单击【标记出点】按钮，如图10-62所示。

04 在【项目】面板的素材库中，选择【攀岩运动.avi】素材文件，并将其添加到【时间轴】面板的V1轨道上，如图10-63所示。

图10-62　单击【标记出点】按钮　　　　图10-63　添加素材文件

⑤ 在V1轨道上的素材文件上单击鼠标右键，在弹出的快捷菜单中选择【速度/持续时间】选项，如图10-64所示。

⑥ 在弹出的【剪辑速度/持续时间】对话框中，设置【速度】为30%，如图10-65所示。

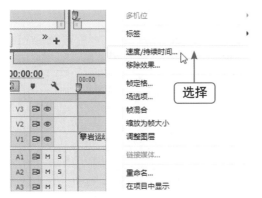

图10-64　选择【速度/持续时间】选项　　　　　图10-65　设置【速度】为30%

⑦ 单击【确定】按钮，应用速度设置，选择V1轨道上的素材文件，如图10-66所示。

⑧ 在【效果控件】面板中展开【运动】选项，设置【缩放】为121，如图10-67所示。

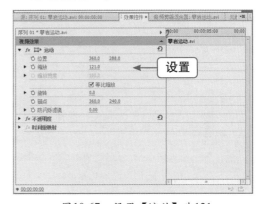

图10-66　选择素材文件　　　　　　　　　　图10-67　设置【缩放】为121

⑨ 在【源监视器】面板中，拖曳时间指示器至00:00:03:01的位置，单击【标记入点】按钮，如图10-68所示。

⑩ 拖曳时间指示器至00:00:07:00的位置，单击【标记出点】按钮，如图10-69所示。

图10-68　单击【标记入点】按钮　　　　　　图10-69　单击【标记出点】按钮

⑪ 在【项目】面板中选择【攀岩运动.avi】素材文件，将其添加到V1轨道上的第1个素材文件的结束位置，在添加的素材文件上单击鼠标右键，在弹出的快捷菜单中选择【速度/持续时间】选项，如图10-70所示。

⑫ 在弹出的【剪辑速度/持续时间】对话框中，设置【速度】为300%，如图10-71所示。

图10-70　选择【速度/持续时间】选项

图10-71　设置【速度】为300%

⑬ 单击【确定】按钮，应用速度设置，选择V1轨道上的第2个素材文件，如图10-72所示。

⑭ 在【效果控件】面板中展开【运动】选项，设置【缩放】为121，如图10-73所示。

图10-72　选择素材文件

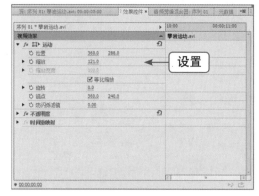

图10-73　设置【缩放】为121

⑮ 在【源监视器】面板中，拖曳时间指示器至00:00:07:01的位置，单击【标记入点】按钮，如图10-74所示。

⑯ 拖曳时间指示器至素材结束的位置，单击【标记出点】按钮，如图10-75所示。

图10-74　单击【标记入点】按钮

图10-75　单击【标记出点】按钮

⑰ 将【项目】面板中的素材文件添加到V1轨道上的第2个素材文件的结束位置，如图10-76所示。

⑱ 选择V1轨道上的第3个素材文件，如图10-77所示。

图10-76　添加素材文件

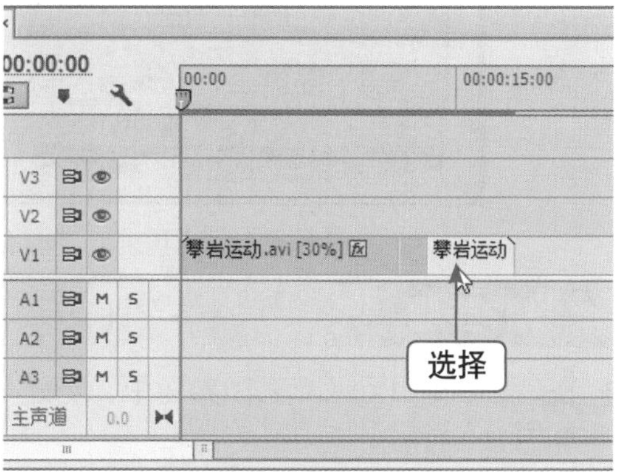

图10-77　选择素材文件

⑲ 在【效果控件】面板中展开【运动】选项，设置【缩放】为121，如图10-78所示。

⑳ 单击【播放-停止切换】按钮，预览视频效果，如图10-79所示。

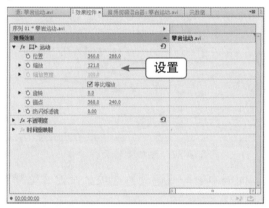

图10-78　设置【缩放】为121

图10-79　预览视频效果

Example 实例 102 制作电视信号不稳的屏幕特效

素材文件	光盘 \ 素材 \ 第10章 \ 电视信号不稳特效.avi、电视信号不稳特效.jpg
效果文件	光盘 \ 效果 \ 第10章 \ 102 制作电视信号不稳的屏幕特效.prproj
视频文件	光盘 \ 视频 \ 第10章 \ 102 制作电视信号不稳的屏幕特效.mp4
难易程度	★★★☆☆
学习时间	20分钟
实例要点	【16点无用信号遮罩】、【杂色】与【垂直定格】特效的应用
思路分析	本例将制作电视信号不稳的屏幕效果，先通过【16点无用信号遮罩】特效制作电视播放效果，然后通过【杂色】与【垂直定格】特效制作出信号不稳效果

本实例的最终效果如图10-80所示。

图10-80　电视信号不稳的屏幕效果

操作步骤

01　在Premiere Pro CC工作界面中，新建一个项目文件并创建序列，导入两个素材文件，如图10-81所示。

02　在【项目】面板的素材库中选择【电视信号不稳特效.jpg】素材文件，并将其添加到【时间轴】面板的V1轨道上，如图10-82所示。

图10-81　导入素材文件　　　　　　　　　图10-82　添加素材文件

03　选择V1轨道上的素材文件，在【效果控件】面板中展开【运动】选项，设置【位置】为（450、330），【缩放】为105，如图10-83所示。

04　设置视频【缩放】选项后，在【节目监视器】面板中可以预览素材画面，如图10-84所示。

图10-83　设置相应选项　　　　　　　　　图10-84　预览素材画面

05　将【电视信号不稳特效.avi】素材文件添加到【时间轴】面板中的V2轨道上，如图10-85所示。

06 将鼠标移至V1轨道上的素材文件结尾处，单击鼠标左键并拖曳，调整素材文件的持续时间与V2轨道上的素材持续时间一致，如图10-86所示。

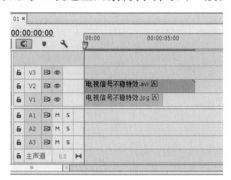

图10-85　添加素材文件

图10-86　调整素材的持续时间

07 选择V2轨道上的素材文件，切换至【效果】面板，展开【视频效果】|【键控】选项，双击【16点无用信号遮罩】选项，如图10-87所示，即可为选择的素材添加16点无用信号遮罩视频效果。

08 切换至【效果控件】面板，设置【缩放】为106，选择【16点无用信号遮罩】选项，如图10-88所示。

图10-87　双击【16,点无用信号遮罩】选项

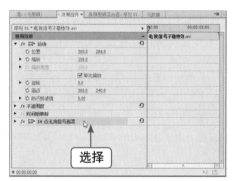

图10-88　选择【16,点无用信号遮罩】选项

09 执行操作后，在【节目监视器】面板中显示16个控制点，拖曳控制点调整画面效果，如图10-89所示。

10 在【效果】面板中展开【视频效果】|【变换】选项，双击【羽化边缘】选项，如图10-90所示，即可为选择的素材添加羽化边缘效果。

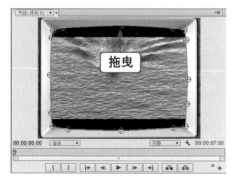

图10-89　调整画面效果

图10-90　双击【羽化边缘】选项

⑪ 在【效果控件】面板中，展开【羽化边缘】选项，设置【数量】为90，如图10-91所示。

⑫ 拖曳时间指示器至00:00:01:05的位置，使用剃刀工具分割V2轨道上的素材文件，如图10-92所示。

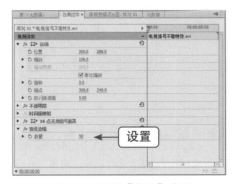

图10-91 设置【数量】为90

图10-92 分割素材文件

⑬ 拖曳时间指示器至00:00:02:07的位置，使用剃刀工具分割V2轨道上的素材文件，使用选择工具选择裁切完成的第2段素材，如图10-93所示。

⑭ 在【效果】面板中展开【视频效果】|【杂色与颗粒】选项，双击【杂色】选项，如图10-94所示，即可为选择的素材添加杂色效果。

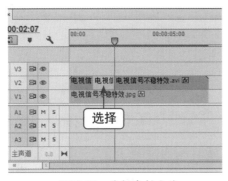

图10-93 选择素材文件

图10-94 双击【杂色】选项

⑮ 在【效果控件】面板中，展开【杂色】选项，设置【杂色数量】为81%，如图10-95所示。

⑯ 为选择的素材添加【垂直定格】效果，在【效果控件】面板中单击【16点无用信号遮罩】选项并向下拖曳，至【垂直定格】选项的下方后释放鼠标，调整渲染顺序，如图10-96所示。

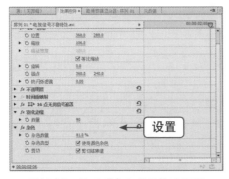

图10-95 设置【杂色数量】为81%

图10-96 拖曳【16点无用信号遮罩】选项

⓱ 按住【Ctrl】键的同时，选择【杂色】与【垂直定格】选项，单击鼠标右键，在弹出的快捷菜单中选择【复制】选项，如图10-97所示。

⓲ 拖曳时间指示器至00:00:03:13的位置，使用剃刀工具分割V2轨道上的素材文件，如图10-98所示。

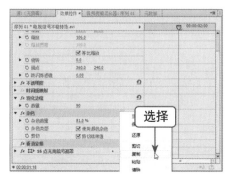

图10-97　选择【复制】选项

图10-98　分割素材文件

⓳ 拖曳时间指示器至00:00:04:21的位置，使用剃刀工具分割V2轨道上的素材文件，如图10-99所示。

⓴ 使用选择工具选择裁切完成的第4段素材文件，在【效果控件】面板中单击鼠标右键，在弹出的快捷菜单中选择【粘贴】选项，如图10-100所示。

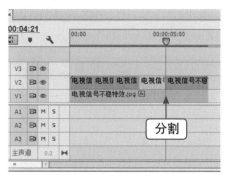

图10-99　分割素材文件

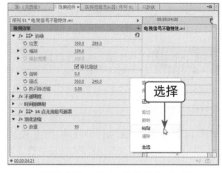

图10-100　选择【粘贴】选项

㉑ 执行操作后，将两个视频效果粘贴到第4段素材分段文件上，拖曳【16点无用信号遮罩】选项至【垂直定格】选项的下方，调整渲染顺序，如图10-101所示。

㉒ 单击【播放-停止切换】按钮，预览视频效果，如图10-102所示。

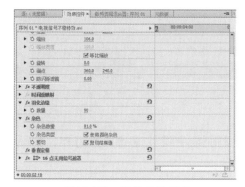

图10-101　调整渲染顺序

图10-102　预览视频效果

素材文件	光盘 \ 素材 \ 第10章 \ 我心永恒.jpg、我心永恒.mp3
效果文件	光盘 \ 效果 \ 第10章 \ 103 制作MTV歌词色彩渐变特效.prproj
视频文件	光盘 \ 视频 \ 第10章 \ 103 制作MTV歌词色彩渐变特效.mp4
难易程度	★★★★☆
学习时间	20分钟
实例要点	【基于当前字幕新建字幕】按钮与【裁剪】特效的应用
思路分析	本例将制作歌词色彩渐变效果,通过【基于当前字幕新建字幕】命令制作彩色字幕,再配合【裁剪】特效制作色彩渐变特效

本实例的最终效果如图10-103所示。

图10-103 MTV歌词色彩渐变效果

操作步骤

01 在Premiere Pro CC工作界面中,新建一个项目文件并创建序列,导入两个素材文件,如图10-104所示。

02 在【项目】面板的素材库中选择【我心永恒.jpg】素材文件,并将其添加到【时间轴】面板的V1轨道上,如图10-105所示。

图10-104 导入素材文件   图10-105 添加素材文件

03 选择V1轨道上的素材文件,在【效果控件】面板中设置【缩放】为48,如图10-106所示。

04 将【我心永恒.mp3】素材文件添加到A1轨道上,如图10-107所示。

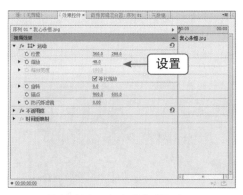

图10-106　设置【缩放】为48

图10-107　添加素材文件

05 将鼠标移至V1轨道上的素材文件结尾处，单击鼠标左键并向右拖曳至合适的位置后释放鼠标，调整素材文件的持续时间，至与A1轨道上的素材持续时间一致，如图10-108所示。

06 按【Ctrl＋T】组合键，弹出【新建字幕】对话框，输入字幕名称，如图10-109所示。

图10-108　调整素材的持续时间

图10-109　输入字幕名称

07 单击【确定】按钮，打开【字幕编辑】窗口，在工作区的合适位置输入文字【每一个寂静夜晚的梦里】，选择输入的文字，设置【字体系列】为【微软雅黑】，【字体大小】为50，【X位置】为400，【Y位置】为490，设置文字样式，如图10-110所示。

08 选中【填充】复选框，设置【填充类型】为【实底】，【颜色】为白色；单击【外描边】选项右侧的【添加】超链接，添加外描边效果，如图10-111所示。

图10-110　设置文字样式

图10-111　添加外描边效果

09 选中【阴影】复选框，添加【阴影】效果，设置【距离】为10，【大小】为15，【扩展】为30，如图10-112所示。

10 执行上述操作后，在工作区中显示字幕效果，如图10-113所示。

图10-112　设置相应选项　　　　　　　　　　图10-113　显示字幕效果

11 单击【字幕编辑】窗口左上角的【基于当前字幕新建字幕】按钮，如图10-114所示。

12 弹出【新建字幕】对话框，输入字幕名称，如图10-115所示。

图10-114　单击相应的按钮　　　　　　　　　　图10-115　输入字幕名称

13 单击【确定】按钮，基于当前字幕新建字幕，单击【实底】选项右侧的下拉按钮，在弹出的列表框中选择【线性渐变】选项，如图10-116所示。

14 显示【线性渐变】选项，双击【颜色】选项右侧的第1个色标，如图10-117所示。

图10-116　选择【线性渐变】选项　　　　　　　图10-117　双击第1个色标

15 在弹出的【拾色器】对话框中，设置颜色为红色（RGB参数值分别为255、0、0），如

图10-118所示。

⑯ 单击【确定】按钮，返回【字幕编辑】窗口，双击【颜色】选项右侧的第2个色标，在弹出的【拾色器】对话框中设置颜色为黄色（RGB参数值分别为255、150、0），如图10-119所示，单击【确定】按钮。

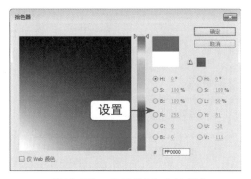

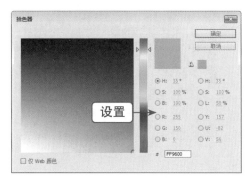

图10-118　设置第1个色标颜色　　　　　　　图10-119　设置第2个色标颜色

⑰ 执行上述操作后，在工作区中显示字幕效果，如图10-120所示。

⑱ 单击【字幕编辑】窗口左上角的【基于当前字幕新建字幕】按钮，弹出【新建字幕】对话框，输入字幕名称，如图10-121所示。

图10-120　显示字幕效果　　　　　　　图10-121　输入字幕名称

⑲ 单击【确定】按钮，基于当前字幕新建字幕，删除原来的文字，输入文字【我都能看见你，触摸你】，如图10-122所示。

⑳ 选择输入的文字，设置【填充类型】为【实底】，【颜色】为白色，如图10-123所示。

图10-122　输入文字　　　　　　　图10-123　设置相应选项

㉑ 执行上述操作后，在工作区中显示字幕效果，如图10-124所示。

㉒ 单击【字幕编辑】窗口左上角的【基于当前字幕新建字幕】按钮，弹出【新建字幕】对话框，输入字幕名称，如图10-125所示。

图10-124　显示字幕效果　　　　　　　图10-125　输入字幕名称

㉓ 单击【确定】按钮，基于当前字幕新建字幕，设置【填充类型】为【线性渐变】，在【颜色】选项的右侧，设置第1个色标的颜色为红色（RGB参数值分别为255、0、0），第2个色标的颜色为黄色（RGB参数值分别为255、150、0），如图10-126所示。

㉔ 执行上述操作后，在工作区中显示字幕效果，如图10-127所示。

图10-126　设置相应选项　　　　　　　图10-127　显示字幕效果

㉕ 关闭【字幕编辑】窗口，在【项目】面板中显示创建的字幕文件，如图10-128所示。

㉖ 拖曳时间指示器至00:00:10:00的位置，如图10-129所示。

图10-128　4个字幕文件　　　　　　　图10-129　拖曳时间指示器

㉗ 将【原句1】字幕文件添加至V2轨道上的时间指示器位置，将【渐变1】字幕文件添加至V3轨道上的时间指示器位置，如图10-130所示。

㉘ 按住【Shift】键的同时，选择两个添加的字幕文件，单击鼠标右键，在弹出的快捷菜单中选择【速度/持续时间】选项，如图10-131所示。

图10-130 添加素材文件

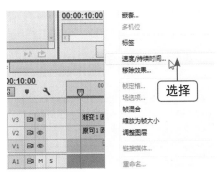

图10-131 选择【速度/持续时间】选项

㉙ 在弹出的【剪辑速度/持续时间】对话框中，设置【持续时间】为00:00:08:00，如图10-132所示，单击【确定】按钮，应用持续时间设置。

㉚ 选择V3轨道上的字幕文件，在【效果】面板中展开【视频效果】|【变换】选项，双击【裁剪】选项，如图10-133所示，为选择的字幕文件添加裁剪效果。

图10-132 设置【持续时间】

图10-133 双击【裁剪】选项

㉛ 拖曳时间指示器至00:00:11:10的位置，在【效果控件】面板中展开【裁剪】选项，单击【右侧】选项左侧的【切换动画】按钮，设置【右侧】为100，添加第1个关键帧，如图10-134所示。

㉜ 拖曳时间指示器至00:00:15:10的位置，设置【右侧】为0，添加第2个关键帧，如图10-135所示。

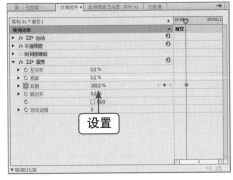

图10-134 添加第1个关键帧

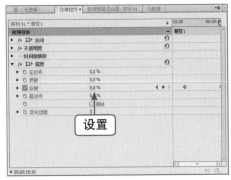

图10-135 添加第2个关键帧

㉝ 将【原句2】字幕文件添加至V2轨道上的时间指示器位置，将【渐变2】字幕文件添加至V3轨道上的时间指示器位置，如图10-136所示。

㉞ 选择【渐变2】字幕文件，添加【裁剪】视频效果，拖曳时间指示器至00:00:15:15的位置，在【效果控件】面板中展开【裁剪】选项，单击【右侧】选项左侧的【切换动画】按钮，设置【右侧】为100.0%，添加第1个关键帧，如图10-137所示。

图10-136 添加素材文件

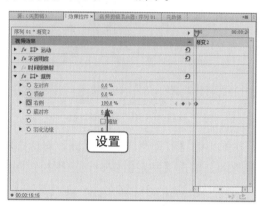

图10-137 添加第1个关键帧

㉟ 拖曳时间指示器至00:00:20:09的位置，设置【右侧】为0，添加第2个关键帧，如图10-138所示。

㊱ 单击【播放-停止切换】按钮，预览视频效果，如图10-139所示。

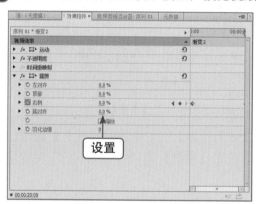

图10-138 添加第2个关键帧

图10-139 预览视频效果

第11章
制作电视栏目片头——
《中国微电影》

本章重点

- 制作节目背景效果
- 制作节目背景音乐
- 制作字幕动画效果
- 导出电视栏目片头

随着社会的不断发展，人们的娱乐生活越来越精彩，各大电视媒体纷纷推出各具特色的电视栏目，以吸引观众的眼球使其受到热情追捧。本章将运用Premiere Pro CC软件制作电视栏目片头——《中国微电影》，帮助读者熟练掌握电视栏目片头的制作方法。

 效果欣赏

本实例介绍制作电视栏目片头宣传——《中国微电影》，效果如图11-1所示。

图11-1 电视栏目片头效果

 制作思路

首先在Premiere Pro CC工作界面中新建项目并创建序列，导入需要的素材，然后将素材分别添加至相应的视频轨道中，使用相应的素材制作节目背景效果，并制作合适的过渡效果，在视频中的适当位置制作美观的标题字幕特效，最后添加背景音乐，输出视频，即可完成电视栏目片头的制作。

1. 制作节目背景效果

素材文件	光盘\素材\第11章\电视栏目.wav、节目片头.jpg、绚丽背景.jpg
视频文件	光盘\视频\第11章\制作节目背景效果.mp4
难易程度	★★★☆☆
学习时间	10分钟
实例要点	【8点无用信号遮罩】视频效果的应用
思路分析	制作电视栏目片头的第一步就是制作形象绚丽、又不影响主体文字的节目背景效果。下面介绍制作节目背景效果的操作方法

操作步骤

01 在Premiere Pro CC工作界面中，新建一个项目文件并创建序列，导入3个素材文件，如图11-2所示。

02 在【项目】面板中选择相应的素材文件，并分别添加到【时间轴】面板中的V1与V2轨道上，选择V2轨道上的素材文件，如图11-3所示。

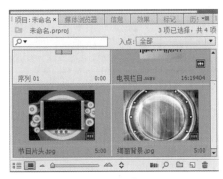

图11-2 导入素材文件　　　　　　　　图11-3 选择素材文件

03 在【效果控件】面板中展开【运动】选项，设置【缩放】为60，如图11-4所示。

04 在【效果】面板中展开【视频效果】|【键控】选项，双击【8点无用信号遮罩】选项，如图11-5所示，即可为选择的素材添加相应的遮罩效果。

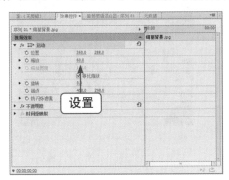

图11-4 设置【缩放】为60　　　　图11-5 双击【8点无用信号遮罩】选项

05 在【效果控件】面板中选择【8点无用信号遮罩】选项，如图11-6所示。

06 执行操作后，在【节目监视器】面板中显示【8点无用信号遮罩】效果的8个控制点，如图11-7所示。

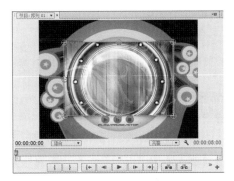

图11-6 选择【8点无用信号遮罩】选项　　　图11-7 显示相应的控制点

07 拖曳相应的控制点调整遮罩效果，如图11-8所示。

08 在【效果】面板中展开【视频过渡】|【溶解】选项，选择【交叉溶解】选项，如图11-9 所示。

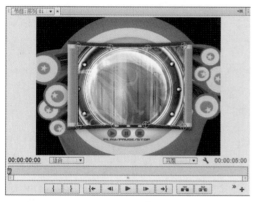

图11-8　调整遮罩效果

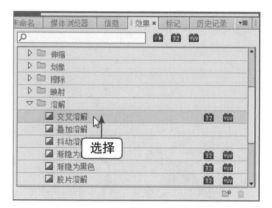

图11-9　选择【交叉溶解】选项

09 将【交叉溶解】视频过渡分别添加到【时间轴】面板中两个素材文件的开始位置，如 图11-10所示。

10 单击【播放-停止切换】按钮，预览视频效果，如图11-11所示。

图11-10　添加视频过渡

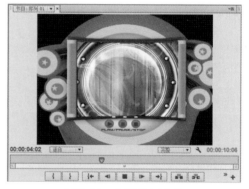

图11-11　预览视频效果

2. 制作字幕动画效果

视频文件	光盘\视频\第11章\制作字幕动画效果.mp4
难易程度	★★★☆☆
学习时间	20分钟
实例要点	【Alpha发光】视频效果配合关键帧的应用
思路分析	在制作节目背景效果后，接下来就可以创建主体字幕并制作字幕动画。下面介绍制作字幕动画效果的操作方法

▶ 操作步骤

01 按【Ctrl+T】组合键，弹出【新建字幕】对话框，输入字幕名称，如图11-12所示。

02 单击【确定】按钮，打开【字幕编辑】窗口，在工作区的合适位置输入文字【中国微电影】，如图11-13所示。

图11-12　输入字幕名称

图11-13　输入文字

03 选择输入的文字，在【字幕属性】窗口设置【字体系列】为【方正大黑简体】，【字体大小】为70，【X位置】为400，【Y位置】为270，如图11-14所示。

04 选中【填充】复选框，设置【填充类型】为【线性渐变】，双击【颜色】选项右侧的第1个色标，如图11-15所示。

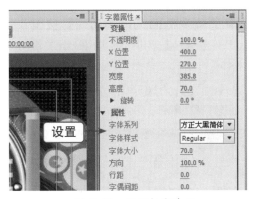

图11-14　设置相应选项

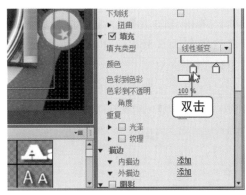

图11-15　双击第1个色标

05 在弹出的【拾色器】对话框中，设置颜色为黄色（RGB参数值分别为255、255、0），效果如图11-16所示。单击【确定】按钮，设置第1个色标颜色。

06 双击【颜色】选项右侧的第2个色标，在弹出的【拾色器】对话框中，设置颜色为橘红色（RGB参数值分别为255、110、0），如图11-17所示。单击【确定】按钮，设置第2个色标颜色。

图11-16　设置第1个色标颜色

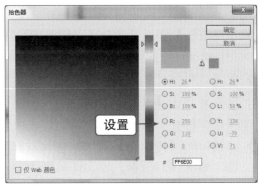

图11-17　设置第2个色标颜色

07 执行上述操作后，在工作区中显示字幕效果，如图11-18所示。

08 关闭【字幕编辑】窗口，拖曳时间指示器至00:00:01:00的位置，将创建的字幕文件添加到V3轨道的时间指示器位置，如图11-19所示。

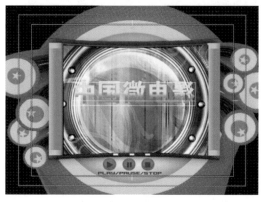

图11-18　显示字幕效果　　　　　　　　　　　　图11-19　添加字幕文件

09 在【时间轴】面板中选择添加的字幕文件，在【效果控件】面板中展开【运动】选项，单击【位置】、【缩放】以及【旋转】选项左侧的【切换动画】按钮，设置【位置】为（360、–200），【缩放】为500，【旋转】为0，添加第1组关键帧，如图11-20所示。

10 拖曳时间指示器至00:00:02:12的位置，设置【位置】为（360、288），【缩放】为100，【旋转】为1×0，添加第2组关键帧，如图11-21所示。

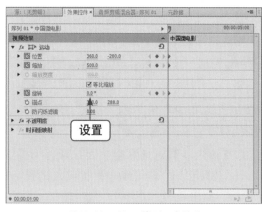

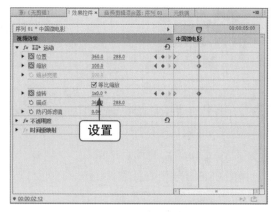

图11-20　添加第1组关键帧　　　　　　　　　　图11-21　添加第2组关键帧

11 在【效果】面板中展开【视频效果】|【风格化】选项，双击【Alpha发光】选项，如图11-22所示，即可为选择的素材添加Alpha发光效果。

12 在【效果控件】面板中展开【Alpha发光】选项，拖曳时间指示器至00:00:03:00的位置，单击【发光】与【亮度】选项左侧的【切换动画】按钮，设置【发光】为0，【亮度】为0，单击【起始颜色】选项右侧的色块，如图11-23所示。

13 在弹出的【拾色器】对话框中，设置颜色为白色，单击【确定】按钮，确认设置颜色，如图11-24所示。

14 拖曳时间指示器至00:00:03:10的位置，设置【发光】为100，【亮度】为255，添加第2

组关键帧, 如图11-25所示。

图11-22　双击【Alpha发光】选项

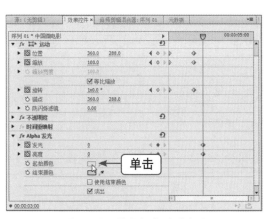

图11-23　单击相应的的色块

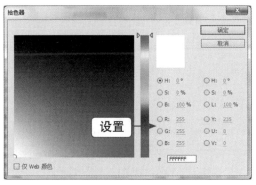

图11-24　设置颜色为白色

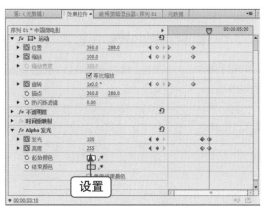

图11-25　添加第2组关键帧

⑮ 拖曳时间指示器至00:00:04:10的位置, 设置【发光】为0, 【亮度】为0, 添加第3组关键帧, 如图11-26所示。

⑯ 在【效果】面板中展开【视频效果】|【透视】选项, 双击【投影】选项, 如图11-27所示, 即可为选择的素材添加投影效果。

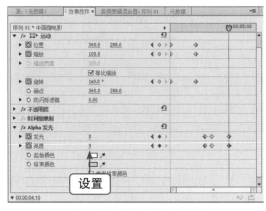

图11-26　添加第3组关键帧

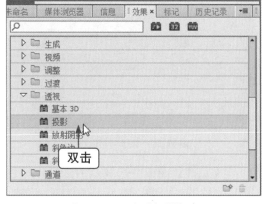

图11-27　双击【投影】选项

⑰ 在【效果控件】面板中展开【投影】选项, 设置【不透明度】为80, 【距离】为10,

【柔和度】为10，如图11-28所示。

⑱ 单击【播放-停止切换】按钮，预览视频效果，如图11-29所示。

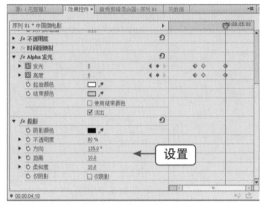

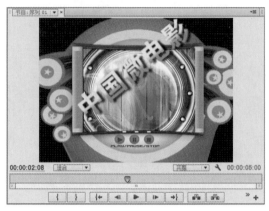

图11-28 设置投影选项　　　　　　　　　　图11-29 预览视频效果

3. 制作节目背景音乐

视频文件	光盘 \ 视频 \ 第11章 \ 制作节目背景音乐.mp4
难易程度	★★☆☆☆
学习时间	5分钟
实例要点	音频素材的添加与裁剪
思路分析	制作节目主体字幕效果之后，接下来就可以制作节目背景音乐。下面介绍制作节目背景音乐的操作方法

▶ 操作步骤

⑴ 将【电视栏目.wav】素材添加到【时间轴】面板中的A1轨道上，如图11-30所示。

⑵ 拖曳时间指示器至00:00:05:00的位置，如图11-31所示。

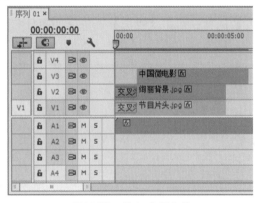

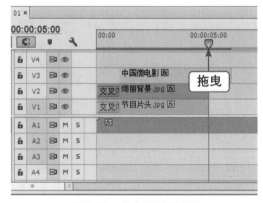

图11-30 添加音频文件　　　　　　　　　图11-31 拖曳时间指示器

⑶ 在【工具】面板中选取剃刀工具，按住【Shift】键的同时，使用剃刀工具单击时间指示器位置，分割所有轨道上的素材文件，如图11-32所示。

⑷ 在【工具】面板中选取选择工具，在【时间轴】面板的合适位置单击鼠标左键并拖曳，如图11-33所示，通过鼠标拖曳的方式，选择相应的素材文件。

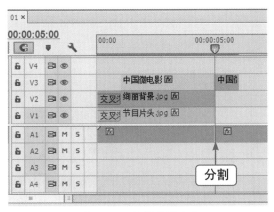

图11-32　分割素材文件

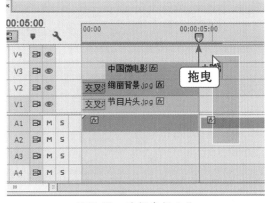

图11-33　选择素材文件

05 按【Delete】键，删除选择的素材文件，如图11-34所示。

06 单击【播放-停止切换】按钮，试听音乐并预览视频画面，如图11-35所示。

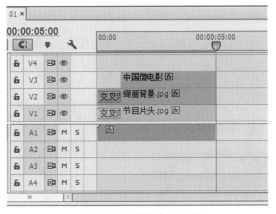

图11-34　删除素材文件

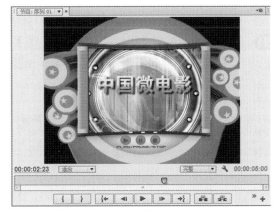

图11-35　预览视频效面

4. 导出电视栏目片头

效果文件	光盘\效果\第11章\制作电视栏目片头——《中国微电影》.prproj
视频文件	光盘\视频\第11章\导出电视栏目片头.mp4
难易程度	★★☆☆☆
学习时间	5分钟
实例要点	通过【导出设置】对话框导出视频
思路分析	经过一系列烦琐的编辑后，便可以将编辑完成的影片输出成视频文件。下面介绍输出电视栏目片头——《中国微电影》视频文件的操作方法

▶ 操作步骤

01 切换至【节目监视器】面板，按【Ctrl＋M】组合键，弹出【导出视频】对话框，单击【格式】选项右侧的下拉按钮，在弹出的列表框中选择MPEG4选项，如图11-36所示。

02 单击【预设】选项右侧的下拉按钮，在弹出的列表框中选择相应的选项，如图11-37所示。

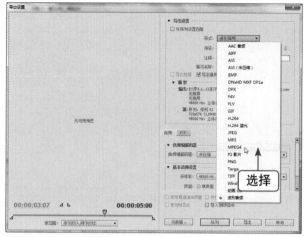

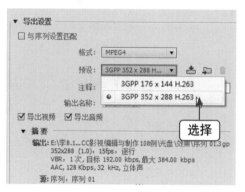

图11-36　选择MPEG4选项 　　　　　　　　　图11-37　选择相应选项

03 单击【输出名称】右侧的【序列01.3gp】超链接，弹出【另存为】对话框，在其中设置视频的保存位置和文件名，如图11-38所示。

04 单击【保存】按钮，返回【导出设置】界面，单击对话框右下角的【导出】按钮，弹出【编码 序列01】对话框，开始导出编码文件，并显示导出进度，如图11-39所示，稍等片刻，即可导出电视栏目片头。

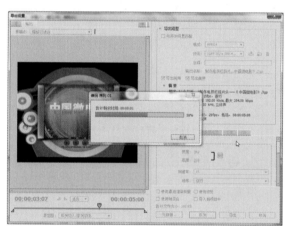

图11-38　设置保存位置和文件名 　　　　　　　图11-39　显示导出进度

第12章
制作游戏宣传预告
——《决战天堂》

本章重点

- 制作游戏预告背景
- 制作宣传文字效果
- 制作游戏宣传内容
- 制作游戏宣传音乐

- 制作主体字幕动画
- 制作宣传内容背景
- 制作内容文字效果
- 导出游戏宣传预告

　　网络游戏是一种越来越流行的电脑娱乐活动，人们能够足不出户与世界各地的玩家一起在美丽的网络世界中探险。本章将运用Premiere Pro CC软件制作游戏宣传预告——《决战天堂》，帮助读者熟练掌握游戏宣传预告视频的制作方法。

🕐 效果欣赏

　　本实例介绍制作游戏宣传预告——《决战天堂》，效果如图12-1所示。

图12-1　游戏宣传预告效果

🕐 制作思路

　　首先在Premiere Pro CC工作界面中新建项目并创建序列，导入需要的素材，然后将素材分别添加至相应的视频轨道中，使用相应的素材制作预告背景效果，使用【字幕编辑】窗口中的形状工具制作特殊的画面效果，使用【嵌套】命令嵌套序列，在视频中的适当位置添加相应的素材并制作动态效果，最后添加背景音乐，输出视频，即可完成游戏宣传预告的制作。

1. 制作游戏预告背景

素材文件	光盘\素材\第12章\游戏背景.mp4、游戏预告.mp3、预告背景.jpg等
视频文件	光盘\视频\第12章\制作游戏预告背景.mp4
难易程度	★★★★☆
学习时间	35分钟
实例要点	【颜色平衡（RGB）】、【8点无用信号遮罩】视频效果的应用
思路分析	在制作游戏宣传预告的第一步，就是制作出能够吸引观众、符合主题的背景效果。添加背景视频，通过颜色平衡调整背景色调；添加游戏画面素材，通过【8点无用信号遮罩】视频效果制作画面覆叠效果。下面介绍制作游戏预告背景的操作方法

▶ 操作步骤

01 在Premiere Pro CC工作界面中，新建一个项目文件并创建序列，导入8个素材文件，如图12-2所示。

02 在【项目】面板中选择【游戏背景.mp4】素材文件，将其添加到【时间轴】面板中的V1轨道上，如图12-3所示。

图12-2　导入素材文件

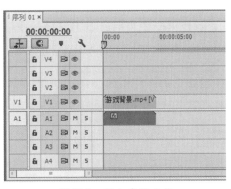

图12-3　添加素材文件

03 选择V1轨道上的素材文件，单击鼠标右键，在弹出的快捷菜单中选择【速度/持续时间】选项，如图12-4所示。

04 在弹出的【剪辑速度/持续时间】对话框中，设置【持续时间】为00:00:06:00，如图12-5所示。

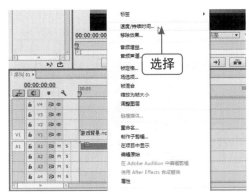

图12-4　选择【速度/持续时间】选项

图12-5　设置【持续时间】

297

05 单击【确定】按钮，应用持续时间设置，单击【播放-停止切换】按钮，在【节目监视器】面板中预览素材效果，如图12-6所示。

06 选择V1轨道上的素材文件，切换至【效果】面板，展开【视频效果】|【图像控制】选项，双击【颜色平衡（RGB）】选项，如图12-7所示，为选择的素材添加颜色平衡效果。

图12-6　预览素材效果　　　　　　　图12-7　双击【颜色平衡（RGB）】选项

07 切换至【效果控件】面板，展开【颜色平衡（RGB）】选项，设置【红色】为200，【绿色】为106，【蓝色】为20，如图12-8所示。

08 设置颜色平衡效果后，单击【播放-停止切换】按钮，预览视频效果，如图12-9所示。

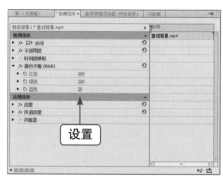

图12-8　设置相应选项　　　　　　　　图12-9　预览视频效果

09 在【项目】面板中选择【变形金刚.jpg】素材文件，将其添加到【时间轴】面板中的V2轨道上，如图12-10所示。

10 在【变形金刚.jpg】素材文件的结束位置单击鼠标左键并拖曳，调整素材文件的持续时间，与V1轨道上的素材持续时间一致，如图12-11所示。

图12-10　添加素材文件　　　　　　　图12-11　调整素材持续时间

⑪ 在【时间轴】面板中，选择V2轨道上的【变形金刚.jpg】素材文件，切换至【效果控件】面板，展开【运动】选项，设置【位置】为（551.8、288），【缩放】为92.5，如图12-12所示。

⑫ 在【效果】面板中展开【视频效果】|【键控】选项，双击【8点无用信号遮罩】选项，如图12-13所示，为选择的素材添加相应的遮罩效果。

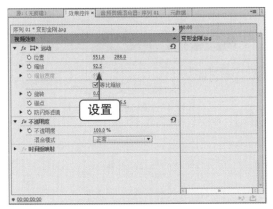

图12-12　设置相应选项

图12-13　双击【8点无用信号遮罩】选项

⑬ 在【效果控件】面板中选择【8点无用信号遮罩】选项，如图12-14所示。

⑭ 在【节目监视器】面板中显示【8点无用信号遮罩】效果的8个控制点，拖曳相应的控制点调整遮罩效果，如图12-15所示。

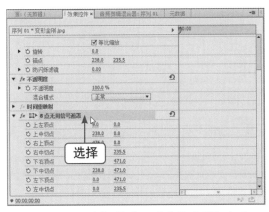

图12-14　选择【8点无用信号遮罩】选项

图12-15　调整遮罩效果

⑮ 在【效果控件】面板中展开【不透明度】选项，设置【不透明度】为54.0%，单击【混合模式】选项右侧的下拉按钮，在弹出的列表框中选择【柔光】选项，如图12-16所示。

⑯ 设置不透明度效果之后，单击【播放-停止切换】按钮，预览视频效果，如图12-17所示。

⑰ 按住【Shift】键的同时，选择【变形金刚.jpg】与【游戏背景.mp4】素材文件，单击鼠标右键，在弹出的快捷菜单中选择【嵌套】选项，如图12-18所示。

⑱ 弹出【嵌套序列名称】对话框，在【名称】右侧的文本框中输入嵌套序列名称，如图12-19所示。

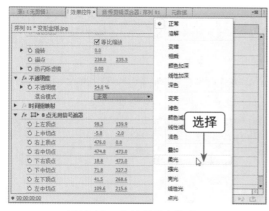

图12-16　选择【柔光】选项

图12-17　预览视频效果

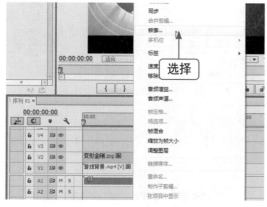

图12-18　选择【嵌套】选项

图12-19　输入嵌套序列名称

⑲ 单击【确定】按钮，嵌套序列，如图12-20所示。

⑳ 按【Ctrl+T】组合键，弹出【新建字幕】对话框，输入字幕名称，如图12-21所示。

图12-20　嵌套序列

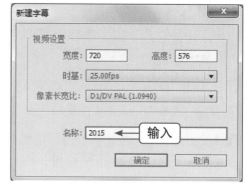

图12-21　输入字幕名称

㉑ 单击【确定】按钮，打开【字幕编辑】窗口，在工作区的合适位置输入文字2015，选择输入的文字，设置【字体系列】为Times New Roman，【字体大小】为60，【倾斜】为15，【X位置】为210，【Y位置】为260，设置文字样式，如图12-22所示。

㉒ 设置【填充类型】为【实底】，【颜色】为黄色（RGB参数值分别为255、255、0）；单击【外描边】选项右侧的【添加】超链接，如图12-23所示。

图12-22　设置文字样式

图12-23　单击【添加】超链接

㉓ 添加外描边效果，保持默认设置；选中【阴影】复选框，添加【阴影】效果，如图12-24所示。

㉔ 执行上述操作后，在工作区中显示字幕效果，如图12-25所示。

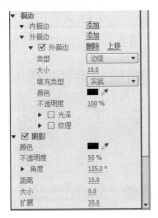

图12-24　添加【阴影】效果

图12-25　显示字幕效果

㉕ 关闭【字幕编辑】窗口，将创建的字幕文件添加到【时间轴】面板中的V2轨道上，如图12-26所示。

㉖ 在2015字幕素材的结束位置单击鼠标左键并拖曳，调整字幕文件的持续时间，与V1轨道上的素材持续时间一致，如图12-27所示。

图12-26　添加字幕文件

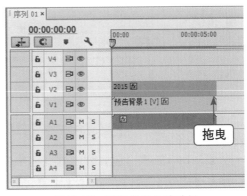

图12-27　调整字幕持续时间

301

㉗ 在【效果】面板中展开【视频过渡】|【3D运动】选项，选择【旋转】选项，如图12-28所示。

㉘ 将选择的视频过渡添加到【时间轴】面板中的2015素材文件的开始位置，选择添加的视频过渡，如图12-29所示。

图12-28　选择【旋转】选项

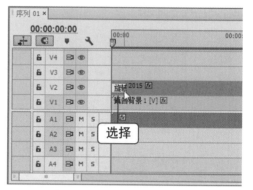

图12-29　选择添加的视频过渡

㉙ 在【效果控件】面板中，设置【持续时间】为00:00:00:15，如图12-30所示。

㉚ 设置视频过渡后，单击【播放-停止切换】按钮，预览视频效果，如图12-31所示。

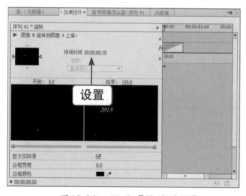

图12-30　设置【持续时间】

图12-31　预览视频效果

2. 制作主体字幕动画

视频文件	光盘\视频\第12章\制作主体字幕动画.mp4
难易程度	★★★☆☆
学习时间	30分钟
实例要点	【基于当前字幕新建字幕】命令与【Alpha发光】视频效果的应用
思路分析	在制作游戏背景效果后，接下来就可以创建主体字幕动画。通过【基于当前字幕新建字幕】命令制作与原字幕相同的新字幕，然后制作字幕发光特效。下面介绍制作主体字幕动画效果的操作方法

▶ 操作步骤

① 按【Ctrl＋T】组合键，弹出【新建字幕】对话框，输入字幕名称，如图12-32所示。

② 单击【确定】按钮，打开【字幕编辑】窗口，在工作区的合适位置输入文字【决战天堂】，选择输入的文字，设置【字体系列】为【叶根友行书繁】，【字体大小】为

70，【X位置】为470，【Y位置】为243，设置文字样式，如图12-33所示。

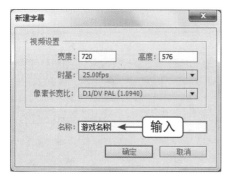

图12-32　输入字幕名称

图12-33　设置文字样式

03 设置【填充类型】为【实底】，【颜色】为黄色（RGB参数值分别为255、255、0）；单击【外描边】选项右侧的【添加】超链接，如图12-34所示。

04 添加外描边效果，保持默认设置；选中【阴影】复选框，添加【阴影】效果，如图12-35所示。

图12-34　单击【添加】超链接

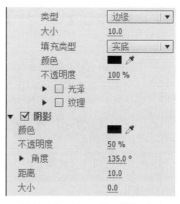

图12-35　添加【阴影】效果

05 执行上述操作后，在工作区中显示字幕效果，如图12-36所示。

06 将鼠标移到【字幕编辑】窗口左上角，单击【基于当前字幕新建字幕】按钮，如图12-37所示。

图12-36　显示字幕效果

图12-37　单击【基于当前字幕新建字幕】按钮

07 弹出【新建字幕】对话框，输入字幕名称，如图12-38所示。

08 单击【确定】按钮，基于当前字幕新建字幕，在工作区中显示字幕效果与原字幕的效果相同，如图12-39所示。

图12-38　输入字幕名称　　　　　　　图12-39　基于当前字幕新建字幕

09 关闭【字幕编辑】窗口，拖曳时间指示器至00:00:00:15的位置，将创建的【游戏名称】字幕文件添加到V3轨道上的时间指示器位置，调整【游戏名称】字幕文件的持续时间，与V1轨道上的素材持续时间一致，如图12-40所示。

10 在【效果】面板中展开【视频过渡】|【滑动】选项，选择【推】视频过渡，如图12-41所示。

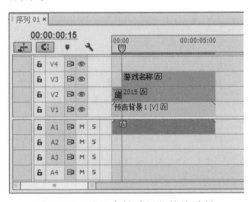

图12-40　添加素材并调整持续时间　　　　图12-41　选择【推】视频过渡

11 将选择的视频过渡添加到【游戏名称】字幕文件的开始位置，如图12-42所示。

12 选择添加的视频过渡，在【效果控件】面板中单击【自东向西】按钮，如图12-43所示。

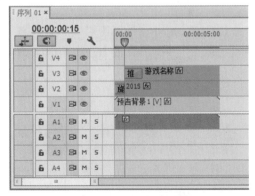

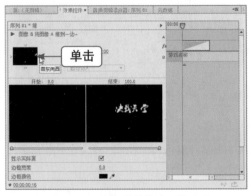

图12-42　添加视频过渡　　　　　　　图12-43　单击【自东向西】按钮

⑬ 设置视频过渡后，单击【播放-停止切换】按钮，预览视频效果，如图12-44所示。

⑭ 拖曳时间指示器至00:00:01:15的位置，将创建的【游戏名称-效果】字幕文件添加到V4
轨道上的时间指示器位置，调整【游戏名称-效果】字幕文件的持续时间，与V1轨道上
的素材持续时间一致，如图12-45所示。

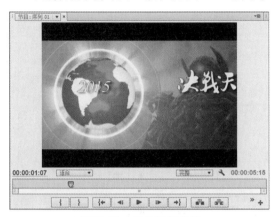

图12-44　预览视频效果

图12-45　添加素材并调整持续时间

⑮ 选择【时间轴】面板中的【游戏名称-效果】字幕文件，在【效果】面板中展开【视频
效果】|【风格化】选项，双击【Alpha发光】选项，如图12-46所示，即可为选择的素
材添加Alpha发光效果。

⑯ 在【效果控件】面板中展开【Alpha发光】选项，设置【发光】为25，【亮度】为
255，单击【起始颜色】选项右侧的色块，如图12-47所示。

图12-46　双击【Alpha发光】选项

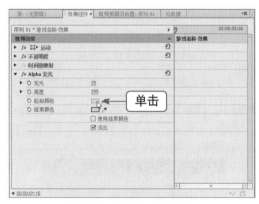

图12-47　单击相应的色块

⑰ 在弹出的【拾色器】对话框中，设置颜色为红色（RGB参数值分别为255、0、0），如
图12-48所示。

⑱ 单击【确定】按钮，应用颜色设置。在【效果控件】面板中双击【裁剪】选项，添加
裁剪视频效果；在【效果控件】面板中展开【裁剪】选项，单击【左对齐】与【右
侧】选项左侧的【切换动画】按钮，设置【羽化边缘】为20，选择【裁剪】选项，如
图12-49所示。

⑲ 在【节目监视器】面板中显示裁剪控制框，拖曳相应的控制点，调整裁剪范围，如
图12-50所示。

⑳ 拖曳时间指示器至00:00:05:00的位置，在裁剪控制框的内部单击鼠标左键并拖曳，调整裁剪位置，如图12-51所示。

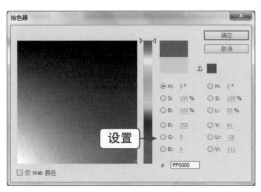

图12-48　设置颜色为红色

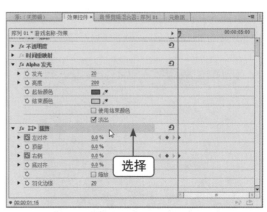

图12-49　选择【裁剪】选项

图12-50　调整裁剪范围

图12-51　调整裁剪位置

㉑ 设置裁剪效果后，单击【播放-停止切换】按钮，预览视频效果，如图12-52所示。

㉒ 按住【Shift】键的同时，选择【游戏名称】与【游戏名称-效果】素材文件，单击鼠标右键，在弹出的快捷菜单中选择【嵌套】选项，如图12-53所示。

图12-52　预览视频效果

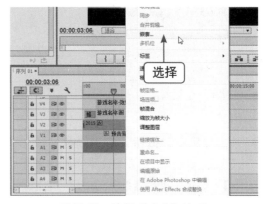

图12-53　选择【嵌套】选项

㉓ 弹出【嵌套序列名称】对话框，在【名称】右侧的文本框中输入嵌套序列名称，如图12-54所示。

24 单击【确定】按钮，嵌套序列，如图12-55所示。

图12-54　输入嵌套序列名称

图12-55　嵌套序列

3. 制作宣传文字效果

视频文件	光盘\视频\第12章\制作宣传文字效果.mp4
难易程度	★★★☆☆
学习时间	35分钟
实例要点	形状工具、【Alpha发光】以及【裁剪】视频效果配合关键帧的应用
思路分析	在制作主体字幕动画后，接下来就可以制作宣传文字效果，突出预告的主题。通过形状工具绘制形状并制作发光效果，通过裁剪工具制作字幕输出效果。下面介绍制作宣传文字效果的操作方法

操作步骤

01 按【Ctrl＋T】组合键，弹出【新建字幕】对话框，输入字幕名称，如图12-56所示。

02 单击【确定】按钮，打开【字幕编辑】窗口，选取工具箱中的直线工具，如图12-57所示。

图12-56　输入字幕名称

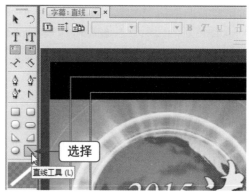

图12-57　选取直线工具

03 按住【Shift】键的同时，在工作区中的合适位置单击鼠标左键并拖曳，创建一条直线，如图12-58所示。

04 设置【X位置】为396，【Y位置】为288，【线宽】为3；选中【填充】复选框，设置【填充类型】为【实底】，【颜色】为白色，设置直线样式，如图12-59所示。

图12-58 创建一条直线　　　　　　　　　图12-59 设置直线样式

05 按【Ctrl+T】组合键，弹出【新建字幕】对话框，输入字幕名称，如图12-60所示。

06 单击【确定】按钮，打开【字幕编辑】窗口，选取工具箱中的矩形工具■，按住【Shift】键的同时，在工作区中的合适位置单击鼠标左键并拖曳，创建一个矩形，如图12-61所示。

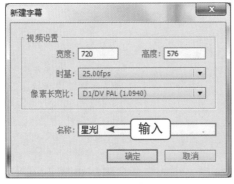

图12-60 输入字幕名称

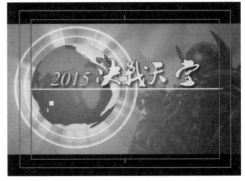

图12-61 创建一个矩形

07 设置【X位置】为80，【Y位置】为288，【宽度】为5，【高度】为5，【旋转】为45，调整矩形位置至直线的最左端；选中【填充】复选框，设置【填充类型】为【实底】，【颜色】为白色，设置矩形样式，如图12-62所示。

08 关闭【字幕编辑】窗口，拖曳时间指示器至00:00:01:15的位置，将【直线】字幕文件添加到V4轨道上的时间指示器位置，调整素材文件的持续时间，与V1轨道上的素材持续时间一致，如图12-63所示。

图12-62 设置矩形样式

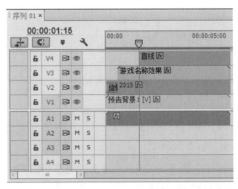

图12-63 添加素材并调整持续时间

09 将【星光】字幕文件拖曳到【星光】素材文件上方的时间指示器位置，如图12-64所示。

10 释放鼠标创建V5轨道并添加字幕文件，调整素材文件的持续时间，与V1轨道上的素材持续时间一致，如图12-65所示。

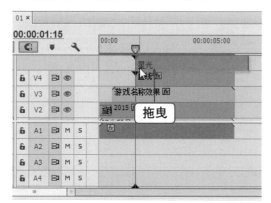

图12-64　拖曳字幕文件　　　　　　　　图12-65　添加素材并调整持续时间

11 选择【直线】字幕文件，添加【裁剪】视频效果，在【效果控件】面板中展开【裁剪】选项，单击【右侧】选项左侧的【切换动画】按钮，设置【右侧】为90，添加第1个关键帧，如图12-66所示。

12 拖曳时间指示器至00:00:05:00的位置，设置【右侧】为10，添加第2个关键帧，如图12-67所示。

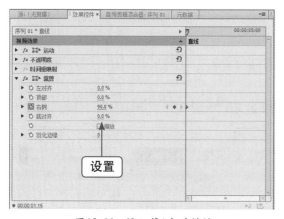
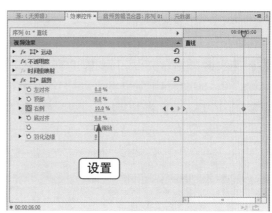

图12-66　添加第1个关键帧　　　　　　　图12-67　添加第2个关键帧

13 选择【星光】字幕文件，添加【Alpha发光】视频效果，在【效果控件】面板中展开【Alpha发光】选项，设置【发光】为15，如图12-68所示。

14 拖曳时间指示器至00:00:01:15的位置，在【效果控件】面板中展开【运动】与【不透明度】选项，单击【位置】与【不透明度】选项左侧的【切换动画】按钮，设置【位置】为（360、288），【不透明度】为0，添加第1组关键帧，如图12-69所示。

15 拖曳时间指示器至00:00:02:00的位置，设置【不透明度】为100，添加第2组关键帧，如图12-70所示。

16 拖曳时间指示器至00:00:04:15的位置，单击【不透明度】选项右侧的【添加/移除关键帧】按钮，添加第3组关键帧，如图12-71所示。

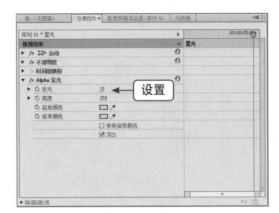

图12-68　设置【发光】为15

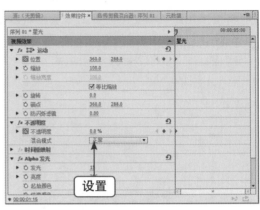

图12-69　添加第1组关键帧

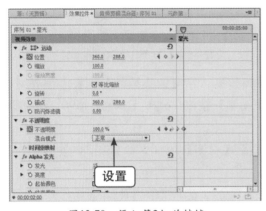

图12-70　添加第2组关键帧

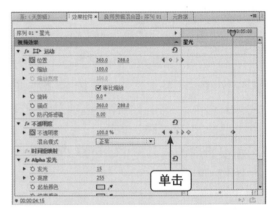

图12-71　添加第3组关键帧

🅐 拖曳时间指示器至00:00:05:00的位置，设置【位置】为（934、288），【不透明度】为0，添加第4组关键帧，如图12-72所示。

🅑 按住【Shift】键的同时，选择【直线】与【星光】素材文件，单击鼠标右键，在弹出的快捷菜单中选择【嵌套】选项，如图12-73所示。

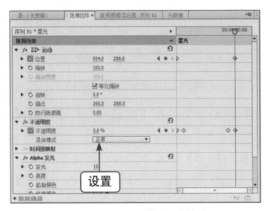

图12-72　添加第4组关键帧

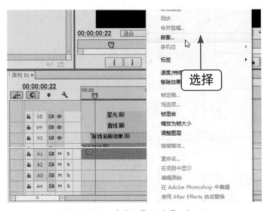

图12-73　选择【嵌套】选项

🅒 弹出【嵌套序列名称】对话框，在【名称】右侧的文本框中输入嵌套序列名称，如图12-74所示，单击【确定】按钮嵌套序列。

🅓 按【Ctrl＋T】组合键，弹出【新建字幕】对话框，输入字幕名称，如图12-75所示。

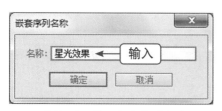

图12-74　输入嵌套序列名称　　　　　　　图12-75　输入字幕名称

㉑ 单击【确定】按钮，打开【字幕编辑】窗口，在工作区的合适位置输入相应文字，选择输入的文字，设置【字体系列】为【黑体】，【字体大小】为21，【行距】为20，【X位置】为520，【Y位置】为381，设置文字样式，如图12-76所示。

㉒ 选中【填充】复选框，设置【填充类型】为【实底】，【颜色】为白色；选中【阴影】复选框，如图12-77所示。

图12-76　设置文字样式　　　　　　　　图12-77　选中【阴影】复选框

㉓ 执行上述操作后，在工作区中显示字幕效果，如图12-78所示。

㉔ 关闭【字幕编辑】窗口，拖曳时间指示器至00:00:01:15的位置，将【游戏宣传】字幕文件添加到V5轨道上的时间指示器位置，调整素材文件的持续时间，与V1轨道上的素材持续时间一致，如图12-79所示。

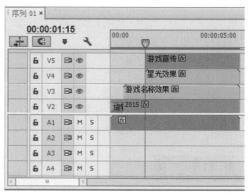

图12-78　显示字幕效果　　　　　　　　图12-79　添加素材并调整持续时间

㉕ 选择【游戏宣传】字幕文件，添加【裁剪】视频效果，在【效果控件】面板中展开【裁剪】选项，如图12-80所示。

㉖ 单击【底对齐】选项左侧的【切换动画】按钮，设置【底对齐】为44，添加第1个关键帧，如图12-81所示。

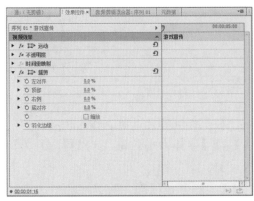
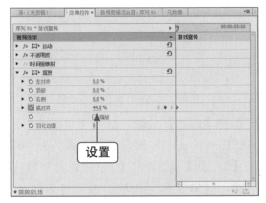

图12-80　展开【裁剪】选项　　　　图12-81　添加第1个关键帧并设置

㉗ 拖曳时间指示器至00:00:05:00的位置，设置【底对齐】为24，添加第2个关键帧，如图12-82所示。

㉘ 设置视频效果后，单击【播放-停止切换】按钮，预览视频效果，如图12-83所示。

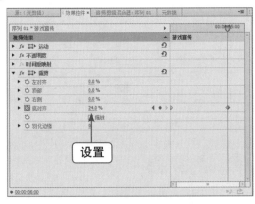

图12-82　添加第2个关键帧并设置　　　　图12-83　预览视频效果

4. 制作宣传内容背景

视频文件	光盘＼视频＼第12章＼制作宣传内容背景.mp4
难易程度	★★★☆☆
学习时间	20分钟
实例要点	【弯曲】效果与嵌套序列的应用
思路分析	在制作宣传文字效果后，接下来就可以制作游戏宣传内容的背景。重复添加嵌套序列到时间轴上，并通过【弯曲】效果制作动态背景效果。下面介绍制作宣传内容背景的操作方法

▶ 操作步骤

① 将【预告背景.jpg】素材文件添加到V1轨道上的【预告背景1】嵌套素材后面，选择添

加的素材文件，如图12-84所示。

02 单击鼠标右键，在弹出的快捷菜单中选择【速度/持续时间】选项，如图12-85所示。

图12-84 选择添加的素材文件

图12-85 选择【速度/持续时间】选项

03 在弹出的【剪辑速度/持续时间】对话框中，设置【持续时间】为00:00:10:00，如图12-86所示，单击【确定】按钮，应用持续时间设置。

04 为选择的素材添加【弯曲】效果，在【效果控件】面板中展开【弯曲】选项，设置【水平强度】为37，【水平速率】为14，【水平宽度】为80，【垂直强度】为20，【垂直速率】为14，【垂直宽度】为80，设置弯曲效果，如图12-87所示。

图12-86 设置【持续时间】

图12-87 设置弯曲效果

05 在【项目】面板中选择【星光效果】嵌套序列，将其添加到V2轨道上的2015素材文件后面，如图12-88所示。

06 在【时间轴】面板中双击【星光效果】嵌套序列，打开嵌套序列，如图12-89所示。

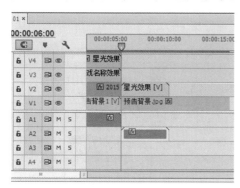
图12-88 添加嵌套序列

图12-89 打开嵌套序列

07 选择面板中的两个素材文件，单击鼠标右键，在弹出的快捷菜单中选择【速度/持续时间】选项，如图12-90所示。

08 在弹出的【剪辑速度/持续时间】对话框中设置【持续时间】为00:00:10:00，如图12-91所示。

图12-90　选择【速度/持续时间】选项　　　　图12-91　设置【持续时间】

09 单击【确定】按钮，应用【持续时间】设置，单击【时间轴】面板左上角的【序列01】标签，如图12-92所示。

10 切换至【序列01】序列，在【星光效果】嵌套序列的结尾处单击鼠标左键并拖曳，调整嵌套序列的持续时间，与V1轨道上的素材持续时间一致，如图12-93所示。

图12-92　单击【序列01】标签　　　　图12-93　调整嵌套序列的持续时间

11 选择【星光效果】嵌套序列，在【效果控件】面板中设置【位置】为（70、280），【旋转】为-90，如图12-94所示。

12 拖曳时间指示器至00:00:09:00的位置，在【项目】面板中选择【星光效果】嵌套序列，将其添加到V3轨道上的时间指示器位置，如图12-95所示。

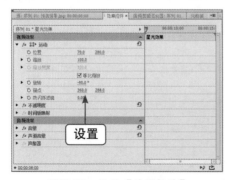

图12-94　设置【效果控件】　　　　图12-95　添加嵌套序列

⑬ 选择V3轨道上的【星光效果】嵌套序列，在【效果控件】面板中设置【位置】为（650、280），【旋转】为90，如图12-96所示。

⑭ 在【时间轴】面板中选择相应的素材文件，单击鼠标右键，在弹出的快捷菜单中选择【嵌套】选项，如图12-97所示。

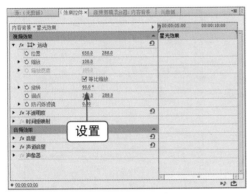

图12-96　设置【效果控件】

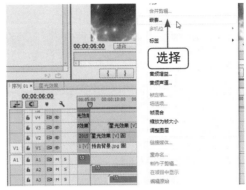

图12-97　选择【嵌套】选项

⑮ 弹出【嵌套序列名称】对话框，在【名称】右侧的文本框中输入嵌套序列名称，如图12-98所示，单击【确定】按钮嵌套序列。

⑯ 单击【播放-停止切换】按钮，预览视频效果，如图12-99所示。

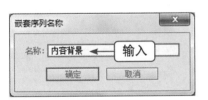

图12-98　输入嵌套序列名称

图12-99　预览视频效果

5. 制作游戏宣传内容

视频文件	光盘 \ 视频 \ 第12章 \ 制作游戏宣传内容.mp4
难易程度	★★★★☆
学习时间	40分钟
实例要点	嵌套序列配合关键帧的应用
思路分析	在制作游戏宣传效果后，接下来就可以制作游戏宣传内容，向用户宣传本游戏最吸引人的内容。将多个素材嵌套为一个序列，再添加关键帧制作动态效果。下面介绍制作游戏宣传内容的操作方法

▶ 操作步骤

① 按【Ctrl＋T】组合键，弹出【新建字幕】对话框，输入字幕名称，如图12-100所示。

02 单击【确定】按钮，打开【字幕编辑】窗口，选取垂直文字工具，在工作区的合适位置输入相应文字，选择输入的文字，设置【字体系列】为【黑体】，【字体大小】为30，【字偶间距】为8，【X位置】为55，【Y位置】为288，设置文字样式，如图12-101所示。

图12-100 输入字幕名称

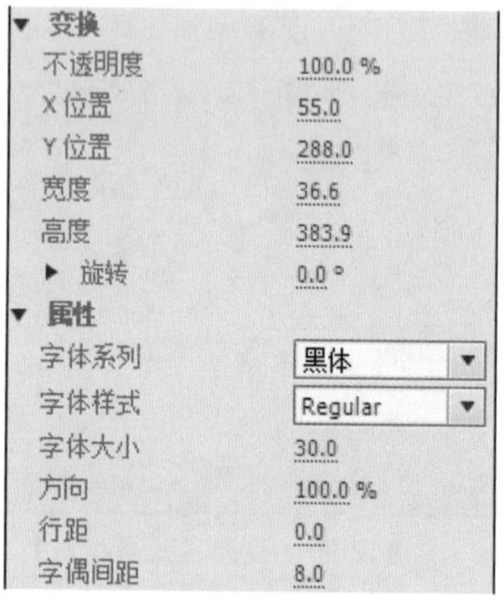

图12-101 设置文字样式

03 设置【填充类型】为【实底】，【颜色】为黄色（RGB参数值分别为255、255、0），设置填充效果，如图12-102所示。

04 执行上述操作后，在工作区中显示字幕效果，如图12-103所示。

图12-102 设置填充效果

图12-103 显示字幕效果

05 单击【基于当前字幕新建字幕】按钮，在弹出的【新建字幕】对话框中输入字幕名称，如图12-104所示。

06 单击【确定】按钮，基于当前字幕新建字幕，删除原来的文字，输入相应的文字，选择输入的文字，设置【字体系列】为【黑体】，【字体大小】为30，【字偶间距】为8，【X位置】为735，【Y位置】为288，设置文字样式，如图12-105所示。

07 执行上述操作后，在工作区中显示字幕效果，如图12-106所示。

08 关闭【字幕编辑】窗口，将【宣传内容1】字幕文件添加到V2轨道上的2015素材文件后面，调整素材文件的持续时间，与V1轨道上的素材持续时间一致，如图12-107所示。

图12-104 输入字幕名称

图12-105 设置文字样式

图12-106 显示字幕效果

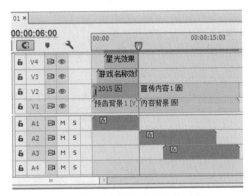

图12-107 调整素材的持续时间

09 将【未来机甲.jpg】素材文件添加到V3轨道上的【游戏名称-效果】嵌套序列后面,调整素材文件的持续时间,与V1轨道上的素材持续时间一致,如图12-108所示。

10 选择添加的素材文件,在【效果控件】面板展开【运动】选项,设置【位置】为(200、175),【缩放】为25,如图12-109所示。

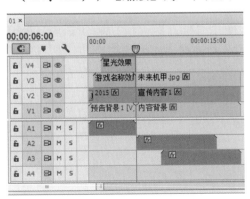

图12-108 调整素材的持续时间

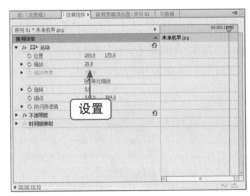

图12-109 设置相应选项

11 将【史前魔兽.jpg】素材文件添加到V4轨道上的【星光效果】嵌套序列后面,调整素材文件的持续时间,与V1轨道上的素材持续时间一致,如图12-110所示。

12 选择添加的素材文件,在【效果控件】面板展开【运动】选项,设置【位置】为(200、400),【缩放】为32,如图12-111所示。

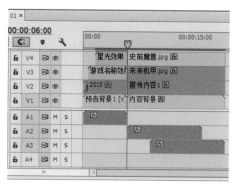

图12-110　调整素材的持续时间

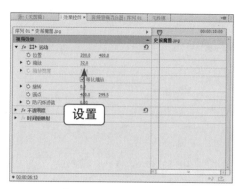

图12-111　设置相应选项

⑬　在【时间轴】面板中选择添加的3个素材文件，单击鼠标右键，在弹出的快捷菜单中选择【嵌套】选项，如图12-112所示。

⑭　弹出【嵌套序列名称】对话框，在【名称】右侧的文本框中输入嵌套序列名称，如图12-113所示，单击【确定】按钮嵌套序列。

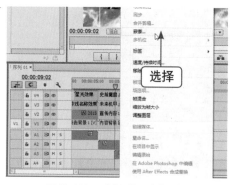

图12-112　选择【嵌套】选项

图12-113　输入嵌套序列名称

⑮　在【时间轴】面板中选择【预告内容1】嵌套序列，拖曳时间指示器至00:00:06:00的位置，如图12-114所示。

⑯　在【效果控件】面板中展开【运动】选项，单击【位置】选项左侧的【切换动画】按钮，设置【位置】为（360、760），添加第1个关键帧，如图12-115所示。

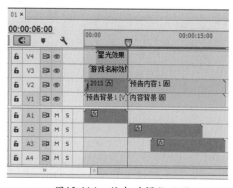

图12-114　拖曳时间指示器

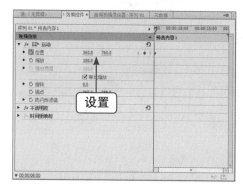

图12-115　添加第1个关键帧

⑰　拖曳时间指示器至00:00:09:00的位置，设置【位置】为（360、288），添加第2个关键帧，如图12-116所示。

⓲ 将【宣传内容2】字幕文件添加到V3轨道上的时间指示器位置，调整素材文件的持续时间，与V1轨道上的素材持续时间一致，如图12-117所示。

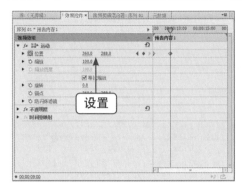

图12-116 添加第2个关键帧

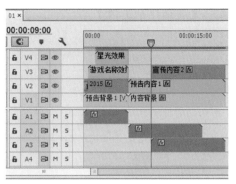

图12-117 调整素材的持续时间

⓳ 将【火爆枪战.jpg】素材文件添加到V4轨道上的时间指示器位置，调整素材文件的持续时间，与V1轨道上的素材持续时间一致，如图12-118所示。

⓴ 选择添加的素材文件，在【效果控件】面板展开【运动】选项，设置【位置】为（520、175），【缩放】为32，如图12-119所示。

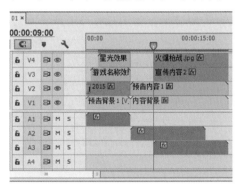

图12-118 调整素材的持续时间

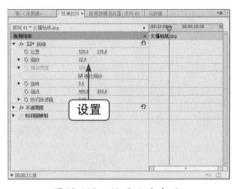

图12-119 设置运动选项

㉑ 将【绚丽魔法.jpg】素材文件添加到V5轨道上的时间指示器位置，调整素材文件的持续时间，与V1轨道上的素材持续时间一致，如图12-120所示。

㉒ 选择添加的素材文件，在【效果控件】面板展开【运动】选项，设置【位置】为（520、400），【缩放】为32，如图12-121所示。

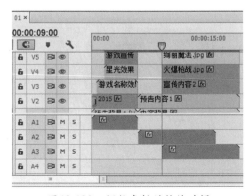

图12-120 调整素材的持续时间

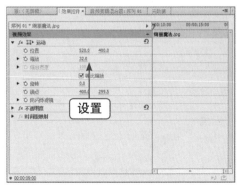

图12-121 设置运动选项

㉓ 在【时间轴】面板中选择添加的3个素材文件，单击鼠标右键，在弹出的快捷菜单中选择【嵌套】选项，如图12-122所示。

㉔ 弹出【嵌套序列名称】对话框，在【名称】右侧的文本框中输入嵌套序列名称，如图12-123所示，单击【确定】按钮嵌套序列。

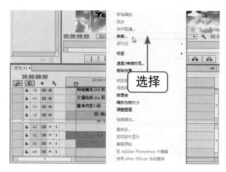

图12-122　选择【嵌套】选项　　　　图12-123　输入嵌套序列名称

㉕ 在【时间轴】面板中选择【预告内容2】嵌套素材，拖曳时间指示器至00:00:09:00的位置，如图12-124所示。

㉖ 在【效果控件】面板中展开【运动】选项，单击【位置】选项左侧的【切换动画】按钮，设置【位置】为（360、-200），添加第1个关键帧，如图12-125所示。

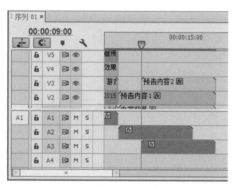
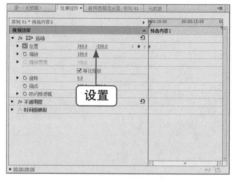

图12-124　拖曳时间指示器　　　　图12-125　添加第1个关键帧

㉗ 拖曳时间指示器至00:00:12:00的位置，设置【位置】为（360、288），添加第2个关键帧，如图12-126所示。

㉘ 单击【播放-停止切换】按钮，预览视频效果，如图12-127所示。

图12-126　添加第2个关键帧　　　　图12-127　调整素材的持续时间

6. 制作内容文字效果

视频文件	光盘\视频\第12章\制作宣传内容文字.mp4
难易程度	★★★☆☆
学习时间	30分钟
实例要点	渐变填充效果与关键帧的应用
思路分析	在制作游戏宣传内容后，可以为宣传内容制作富有吸引力的文字效果。制作渐变填充字幕并添加关键帧制作输出效果。下面介绍制作宣传内容文字的操作方法

操作步骤

01 按【Ctrl＋T】组合键，弹出【新建字幕】对话框，输入字幕名称，如图12-128所示。

02 单击【确定】按钮，打开【字幕编辑】窗口，选取垂直文字工具，在工作区的合适位置输入文字【汇聚一堂】，选择输入的文字，设置【字体系列】为【汉仪中宋简】、【字体大小】为35，【倾斜】为20，【X位置】为395，【Y位置】为185，设置文字样式，如图12-129所示。

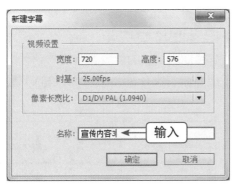

图12-128　输入字幕名称

图12-129　设置文字样式

03 选中【填充】复选框，设置【填充类型】为【线性渐变】，第1个色标颜色为橘黄色（RGB参数值分别为255、126、0），第2个色标颜色为黄色（RGB参数值分别为255、255、0），【角度】为320，设置填充样式，如图12-130所示。

04 执行上述操作后，在工作区中显示字幕效果，如图12-131所示。

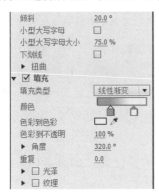

图12-130　设置填充样式

图12-131　显示字幕效果

05 单击【基于当前字幕新建字幕】按钮，在弹出的【新建字幕】对话框中输入字幕名称，如图12-132所示。

06 单击【确定】按钮，基于当前字幕新建字幕，删除原来的文字，输入相应的文字，选择输入的文字，设置【X位置】为395.3，【Y位置】为395.5，设置文字样式，如图12-133所示。

图12-132　输入字幕名称

图12-133　设置文字样式

07 执行上述操作后，在工作区中显示字幕效果，如图12-134所示。

08 关闭【字幕编辑】窗口，拖曳时间指示器至00:00:12:00的位置，将【宣传内容3】字幕文件添加到V4轨道上的时间指示器位置，调整素材文件的持续时间，与V1轨道上的素材持续时间一致，如图12-135所示。

图12-134　显示字幕效果

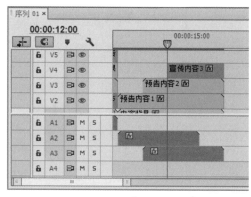

图12-135　调整素材的持续时间

09 选择添加的字幕文件，在【效果控件】面板中展开【运动】选项，单击【位置】选项左侧的【切换动画】按钮，设置【位置】为（360、20），添加第1个关键帧，如图12-136所示。

10 拖曳时间指示器至00:00:12:12的位置，设置【位置】为（360、288），添加第2个关键帧，如图12-137所示。

11 将【宣传内容4】字幕文件添加到V5轨道上的时间指示器位置，调整素材文件的持续时间，与V1轨道上的素材持续时间一致，如图12-138所示。

12 选择添加的字幕文件，在【效果控件】面板中展开【运动】选项，单击【位置】选项左侧的【切换动画】按钮，设置【位置】为（360、540），添加第1个关键帧，如图12-139所示。

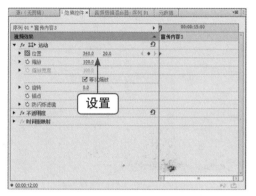

图12-136　添加第1个关键帧

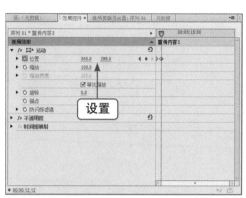

图12-137　添加第2个关键帧

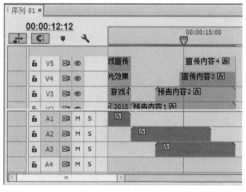

图12-138　调整素材的持续时间

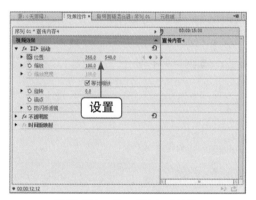

图12-139　添加第1个关键帧

⑬　拖曳时间指示器至00:00:12:24的位置，设置【位置】为（360、288），添加第2个关键帧，如图12-140所示。

⑭　拖曳时间指示器至00:00:15:00的位置，选取剃刀工具，按住【Shift】键的同时，使用剃刀工具单击时间指示器位置，分割所有轨道上的素材文件，如图12-141所示。

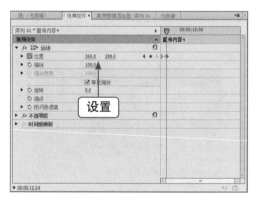

图12-140　添加第2个关键帧

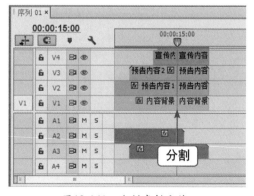

图12-141　分割素材文件

⑮　使用选择工具选择不需要的素材文件，按【Delete】键删除选择的素材，如图12-142所示。

⑯ 在【时间轴】面板中选择相应的素材文件，单击鼠标右键，在弹出的快捷菜单中选择
【嵌套】选项，如图12-143所示。

图12-142　删除选择的素材

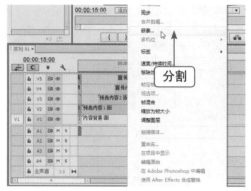

图12-143　选择【嵌套】选项

⑰ 弹出【嵌套序列名称】对话框，在【名称】右侧的文本框中输入嵌套序列名称，在如
图12-144所示。

⑱ 单击【确定】按钮嵌套序列，选择【宣传内容】嵌套序列，如图12-145所示。

图12-144　输入嵌套序列名称

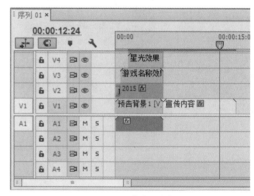

图12-145　选择嵌套序列

⑲ 为选择的嵌套序列添加【裁剪】视频效果，在【效果控件】面板中展开【裁剪】选
项，设置【顶部】为12、【底对齐】为12，如图12-146所示。

⑳ 设置裁剪效果后，单击【播放-停止切换】按钮，预览视频效果，如图12-147所示。

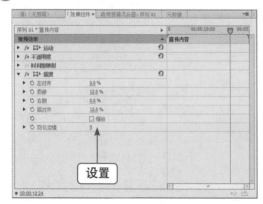

图12-146　设置相应选项

图12-147　预览视频效果

7. 制作游戏宣传音乐

视频文件	光盘\视频\第12章\制作游戏宣传音乐.mp4
难易程度	★★☆☆☆
学习时间	5分钟
实例要点	音频素材的添加与裁剪
思路分析	在制作游戏宣传内容后，接下来就可以创建制作游戏宣传音乐。下面介绍制作游戏宣传音乐的操作方法

操作步骤

01 将【游戏预告.mp3】素材添加到【时间轴】面板中的A1轨道上，如图12-148所示。

02 拖曳时间指示器至00:00:15:00的位置，选取剃刀工具，将鼠标移至A1轨道上的时间指示器位置，单击鼠标左键分割相应的素材文件，如图12-149所示。

图12-148 添加音频文件　　　　图12-149 分割素材文件

03 使用选择工具选择不需要的素材，按【Delete】键删除选择的素材，如图12-150所示。

04 单击【播放-停止切换】按钮，试听音乐并预览视频效果，如图12-151所示。

图12-150 删除选择的素材　　　　图12-151 预览视频效果

8. 导出游戏宣传预告

效果文件	光盘\效果\第12章\制作游戏宣传预告——《决战天堂》.prproj
视频文件	光盘\视频\第12章\导出游戏宣传预告.mp4

难易程度	★★☆☆☆
学习时间	5分钟
实例要点	导出AVI视频文件的操作
思路分析	制作游戏宣传预告的画面、文字以及音乐效果之后，用户便可以将编辑完成的影片导出成视频文件了。下面向读者介绍导出游戏宣传预告——《决战天堂》视频文件的操作方法

▶ 操作步骤

01 切换至【节目监视器】面板，按【Ctrl+M】组合键，弹出【导出视频】对话框，单击【格式】选项右侧的下拉按钮，在弹出的列表框中选择AVI选项，如图12-152所示。

02 单击【预设】选项右侧的下拉按钮，在弹出的列表框中选择相应的选项，如图12-153所示。

图12-152　选择AVI选项

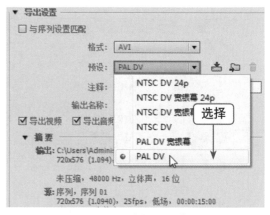

图12-153　选择相应选项

03 单击【输出名称】右侧的【序列01.avi】超链接，弹出【另存为】对话框，在其中设置保存位置和文件名，如图12-154所示。

04 单击【保存】按钮，返回【导出设置】界面，单击对话框右下角的【导出】按钮，弹出【编码 序列01】对话框，开始导出编码文件，并显示导出进度，如图12-155所示，稍后即可导出游戏宣传预告。

图12-154　设置保存位置和文件名

图12-155　显示导出进度

第13章
制作商业汽车广告
——《奥克兰汽车》

本章重点

- 制作汽车广告背景
- 制作广告音乐效果
- 制作广告文字效果
- 导出商业汽车广告

汽车是现代人们重要的出行工具，优秀的汽车广告不仅是对汽车产品自信的展现，更能体现出企业永远追求完美的精神信条。本章将运用Premiere Pro CC软件制作商业汽车广告——《奥克兰汽车》，帮助读者熟练掌握商业汽车广告的制作方法。

效果欣赏

　　本实例介绍制作商业汽车广告——《奥克兰汽车》，效果如图13-1所示。

图13-1　商业汽车广告效果

制作思路

　　首先在Premiere Pro CC工作界面中新建项目并创建序列，导入需要的素材，然后将素材分别添加至相应的视频轨道中，选择相应的素材文件，创建嵌套序列并制作动态效果；在视频中的适当位置制作美观的标题字幕特效，通过关键帧制作文字动态特效；在画面中的适当位置添加汽车商标与联系地址等信息，最后添加背景音乐，输出视频，即可完成商业汽车广告的制作。

1. 制作汽车广告背景

素材文件	光盘＼素材＼第13章＼奥克兰汽车.jpg、奥克兰标志.png、车内环境1.jpg等
视频文件	光盘＼视频＼第13章＼制作汽车广告背景.mp4
难易程度	★★★☆☆
学习时间	20分钟
实例要点	将多个素材进行嵌套序列的操作
思路分析	制作商业汽车的第一步，就是制作吸引人的汽车画面背景效果。下面介绍制作汽车广告背景的操作方法

操作步骤

01 在Premiere Pro CC工作界面中，新建一个项目文件并创建序列，导入7个素材文件，如图13-2所示。

02 在【项目】面板中选择【奥克兰汽车.jpg】素材文件，将其添加到【时间轴】面板中的V1轨道上，如图13-3所示。

图13-2 导入素材文件

图13-3 添加素材文件

03 选择添加的素材文件，单击鼠标右键，在弹出的快捷菜单中选择【速度/持续时间】选项，如图13-4所示。

04 在弹出的【剪辑速度/持续时间】对话框中，设置【持续时间】为00:00:10:00，如图13-5所示，单击【确定】按钮，设置素材持续时间。

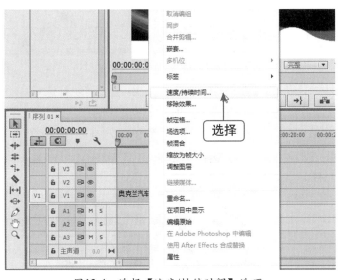

图13-4 选择【速度/持续时间】选项

图13-5 设置【持续时间】

05 在【效果控件】面板中展开【运动】选项，设置【缩放】为92.5，如图13-6所示。

06 在【项目】面板中选择【车内环境1.jpg】素材文件，将其添加到【时间轴】面板中的V2轨道上，调整素材文件的持续时间，与V1轨道上的素材持续时间一致，如图13-7所示。

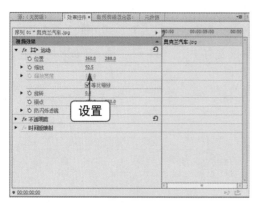 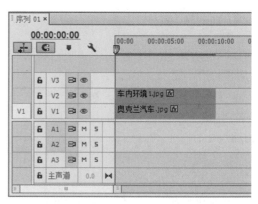

图13-6 设置【缩放】为92.5　　　　　　图13-7 调整素材的持续时间

07 选择【车内环境1.jpg】素材文件，切换至【效果控件】面板，展开【运动】选项，设置【位置】为（50、539），【缩放】为15，如图13-8所示。

08 在【项目】面板中选择【车内环境2.jpg】素材文件，将其添加到【时间轴】面板中的V3轨道上，调整素材文件的持续时间，与V1轨道上的素材持续时间一致，如图13-9所示。

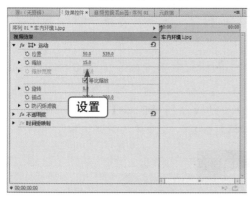 

图13-8 设置相应选项　　　　　　图13-9 调整素材的持续时间

09 选择【车内环境2.jpg】素材文件，切换至【效果控件】面板，展开【运动】选项，设置【位置】为（140、539），【缩放】为15，如图13-10所示。

10 在【项目】面板中选择【车内环境3.jpg】素材文件，将其拖曳到V3轨道上方的空白处，释放鼠标，创建V4轨道并添加素材文件，调整素材文件的持续时间，与V1轨道上的素材持续时间一致，如图13-11所示。

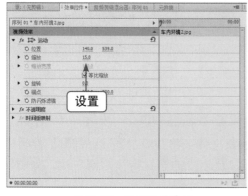 

图13-10 设置运动选项　　　　　　图13-11 调整素材的持续时间

⑪ 选择【车内环境3.jpg】素材文件，切换至【效果控件】面板，展开【运动】选项，设置【位置】为（230、539），【缩放】为15，如图13-12所示。

⑫ 在【项目】面板中选择【车内环境4.jpg】素材文件，将其拖曳到V4轨道上方的空白处，释放鼠标，创建V5轨道并添加素材文件，调整素材文件的持续时间，至V1轨道上的素材持续时间一致，如图13-13所示。

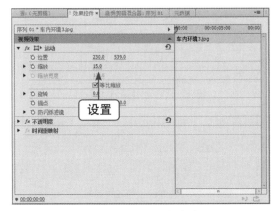

图13-12　设置相应选项　　　　　　　图13-13　调整素材的持续时间

⑬ 选择【车内环境4.jpg】素材文件，切换至【效果控件】面板，展开【运动】选项，设置【位置】为（320、539），【缩放】为15，如图13-14所示。

⑭ 选择添加的4个素材文件，单击鼠标右键，在弹出的快捷菜单中选择【嵌套】选项，如图13-15所示。

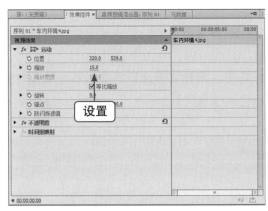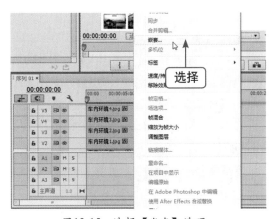

图13-14　设置相应选项　　　　　　　图13-15　选择【嵌套】选项

⑮ 弹出【嵌套序列名称】对话框，在【名称】右侧的文本框中输入嵌套序列名称，如图13-16所示。

⑯ 单击【确定】按钮，嵌套序列，在【时间轴】面板中选择【车内环境】嵌套序列，如图13-17所示。

⑰ 在【效果控件】面板中展开【运动】选项，单击【位置】选项左侧的【切换动画】按钮，设置【位置】为（-1、288），添加第1个关键帧，如图13-18所示。

⑱ 拖曳时间指示器至00:00:02:00的位置，设置【位置】为（360、288），添加第2个关键帧，如图13-19所示。

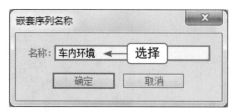

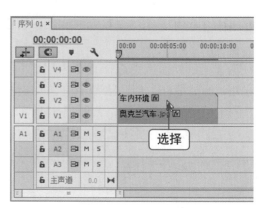

图13-16 输入嵌套序列名称　　　　图13-17 选择嵌套序列

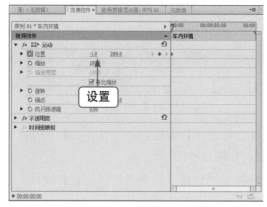

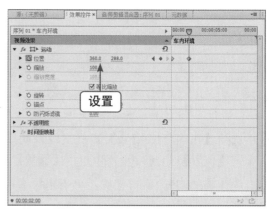

图13-18 添加第1个关键帧　　　　图13-19 添加第2个关键帧

⑲ 选择【奥克兰标志.png】素材文件，将其拖曳到V3轨道上的时间指示器的位置，调整素材文件的持续时间，与V1轨道上的素材持续时间一致，如图13-20所示。

⑳ 选择添加的素材文件，切换至【效果控件】面板，展开【运动】选项，单击【位置】和【缩放】选项左侧的【切换动画】按钮，设置【位置】为（475、520），【缩放】为0，添加第1个关键帧，如图13-21所示。

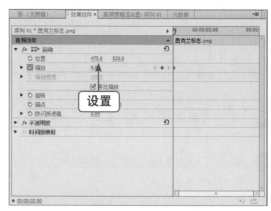

图13-20 调整素材的持续时间　　　　图13-21 添加第1个关键帧

㉑ 拖曳时间指示器至00:00:03:00的位置，设置【缩放】为94，添加第2个关键帧，如图13-22所示。

㉒ 选择3个轨道上的素材文件，单击鼠标右键，在弹出的快捷菜单中选择【嵌套】选项，如图13-23所示。

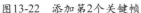

图13-22 添加第2个关键帧

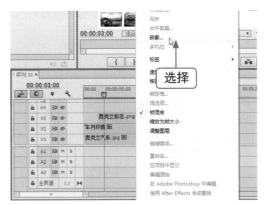

图13-23 选择【嵌套】选项

㉓ 弹出【嵌套序列名称】对话框，在【名称】右侧的文本框中输入嵌套序列名称，如图13-24所示。

㉔ 单击【确定】按钮，嵌套序列，单击【播放-停止切换】按钮，预览视频效果，如图13-25所示。

图13-24 输入嵌套序列名称

图13-25 预览视频效果

2. 制作广告文字效果

视频文件	光盘\视频\第13章\制作广告文字效果.mp4
难易程度	★★★★★
学习时间	30分钟
实例要点	【叠加溶解】视频过渡与特效关键帧的应用
思路分析	在制作汽车广告背景后，接下来就可以制作动态广告文字效果。下面介绍制作广告文字效果的操作方法

▶ 操作步骤

① 按【Ctrl＋T】组合键，弹出【新建字幕】对话框，在【名称】选项右侧的文本框中输入字幕名称，如图13-26所示。

02 单击【确定】按钮，打开【字幕编辑】窗口，在工作区的合适位置输入文字【时尚高雅】，选择输入的文字，设置【字体系列】为【方正小标宋简体】，【字体大小】为43，【X位置】为500，【Y位置】为100，设置文字样式，如图13-27所示。

图13-26　输入字幕名称　　　　　　　　　图13-27　设置文字样式

03 设置【填充类型】为【实底】，【颜色】为红色（RGB参数值分别为255、0、0）；单击【外描边】选项右侧的【添加】超链接，如图13-28所示。

04 添加外描边效果，设置【颜色】为白色；选中【阴影】复选框，添加【阴影】效果，如图13-29所示。

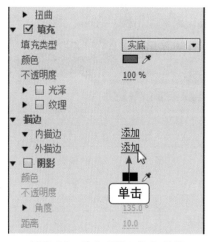

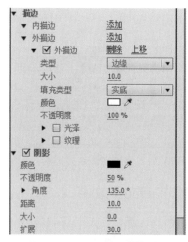

图13-28　单击【添加】超链接　　　　　　图13-29　添加【阴影】效果

05 执行上述操作后，在工作区中显示字幕效果，如图13-30所示。

06 单击【基于当前字幕新建字幕】按钮，弹出【新建字幕】对话框，输入字幕名称，如图13-31所示。

07 单击【确定】按钮，基于当前字幕新建字幕，删除原来的文字，输入相应的文字，如图13-32所示。

08 单击【基于当前字幕新建字幕】按钮，弹出【新建字幕】对话框，输入字幕名称，如图13-33所示。

图13-30 显示字幕效果

图13-31 输入字幕名称

图13-32 输入相应的文字

图13-33 输入字幕名称

09 单击【确定】按钮，基于当前字幕新建字幕，删除原来的文字，输入相应的文字，选择输入的文字，设置【X位置】为600，【Y位置】为160，如图13-34所示。

10 执行上述操作后，在工作区中显示字幕效果，如图13-35所示。

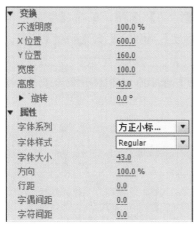

图13-34 设置相应选项

图13-35 显示字幕效果

11 单击【基于当前字幕新建字幕】按钮，弹出【新建字幕】对话框，输入字幕名称，如图13-36所示。

12 单击【确定】按钮，基于当前字幕新建字幕，删除原来的文字，输入相应的文字，如图13-37所示。

图13-36　输入字幕名称

图13-37　输入相应的文字

⑬　关闭【字幕编辑】窗口，在【时间轴】面板中，拖曳时间指示器至00:00:03:00的位置，如图13-38所示。

⑭　将【广告词1】字幕文件添加到V2轨道上的时间指示器位置，如图13-39所示。

图13-38　拖曳时间指示器

图13-39　添加字幕文件

⑮　选择添加的字幕文件，在【效果控件】面板展开【运动】选项，单击【缩放】与【不透明度】选项左侧的【切换动画】按钮，设置【缩放】为0，【不透明度】为0，添加第1组关键帧，如图13-40所示。

⑯　拖曳时间指示器至00:00:04:00的位置，设置【缩放】为100，【不透明度】为100，添加第2组关键帧，如图13-41所示。

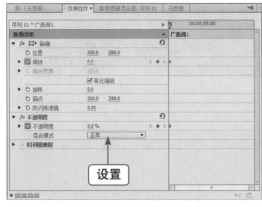

图13-40　添加第1组关键帧

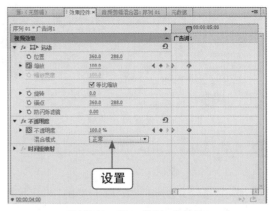

图13-41　添加第2组关键帧

⑰ 选择【运动】选项，单击鼠标右键，在弹出的快捷菜单中选择【复制】选项，如图13-42所示。

⑱ 拖曳时间指示器至00:00:03:00的位置，将【广告词3】字幕文件添加到V3轨道上的时间指示器位置，如图13-43所示。

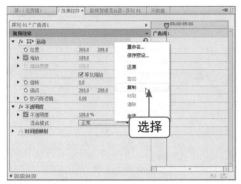

图13-42 选择【复制】选项　　　　图13-43 添加字幕文件

⑲ 选择添加的字幕文件，在【效果控件】面板中单击鼠标右键，在弹出的快捷菜单中选择【粘贴】选项，如图13-44所示。

⑳ 执行操作后，将【运动】视频效果粘贴到选择的字幕文件上，如图13-45所示。

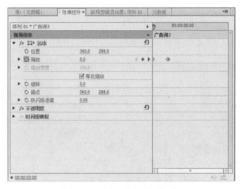

图13-44 选择【粘贴】选项　　　　图13-45 粘贴视频效果

㉑ 拖曳时间指示器至00:00:05:00的位置，调整【广告词1】字幕文件的持续时间，至时间指示器的位置结束，如图13-46所示。

㉒ 将【叠加溶解】视频过渡添加到【广告词1】字幕文件的结束位置，如图13-47所示。

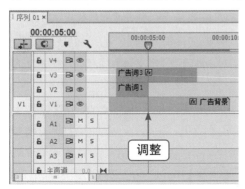
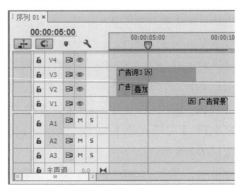

图13-46 设置持续时间　　　　图13-47 添加视频过渡

㉓ 拖曳时间指示器至00:00:04:00的位置，将【广告词2】字幕文件添加到V4轨道上的时间指示器位置，调整素材文件的持续时间，与V1轨道上的素材持续时间一致，如图13-48所示。

㉔ 选择添加的字幕文件，在【效果控件】面板展开【运动】选项，单击【位置】选项左侧的【切换动画】按钮，设置【位置】为（720、288），添加第1个关键帧，如图13-49所示。

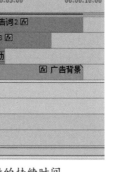
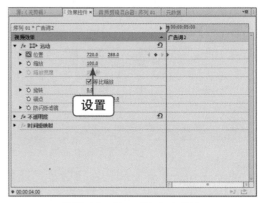

图13-48　调整素材的持续时间　　　　图13-49　添加第1个关键帧

㉕ 拖曳时间指示器至00:00:05:00的位置，设置【位置】为（360、288），添加第2个关键帧，如图13-50所示。

㉖ 拖曳时间指示器至00:00:06:00的位置，调整【广告词3】字幕文件的持续时间，至时间指示器的位置结束，如图13-51所示。

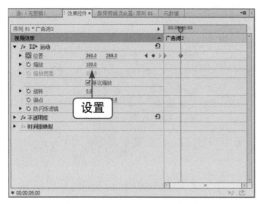
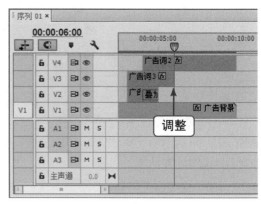

图13-50　添加第2个关键帧　　　　图13-51　调整素材的持续时间

㉗ 将【叠加溶解】视频过渡添加到【广告词3】字幕文件的结束位置，如图13-52所示。

㉘ 拖曳时间指示器至00:00:05:00的位置，将【广告词4】字幕文件添加到V5轨道上的时间指示器位置，如图13-53所示。

㉙ 选择添加的字幕文件，在【效果控件】面板展开【运动】选项，单击【位置】选项左侧的【切换动画】按钮，设置【位置】为（620、288），添加第1个关键帧，如图13-54所示。

㉚ 拖曳时间指示器至00:00:06:00的位置，设置【位置】为（360、288），添加第2个关键帧，如图13-55所示。

图13-52 添加视频过渡

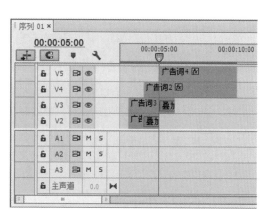

图13-53 添加字幕文件

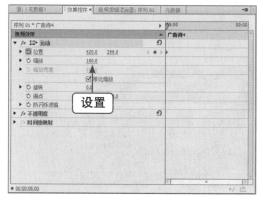

图13-54 添加第1个关键帧

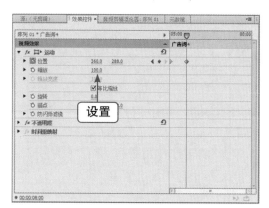

图13-55 添加第2个关键帧

31 选择添加的4个字幕文件，单击鼠标右键，在弹出的快捷菜单中选择【嵌套】选项，如图13-56所示。

32 弹出【嵌套序列名称】对话框，在【名称】右侧的文本框中输入嵌套序列名称，如图13-57所示，单击【确定】按钮，嵌套序列。

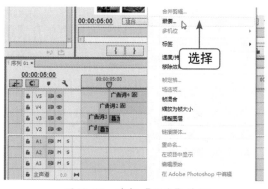

图13-56 选择【嵌套】选项

图13-57 输入嵌套序列名称

33 按【Ctrl＋T】组合键，弹出【新建字幕】对话框，输入字幕名称，如图13-58所示。

34 单击【确定】按钮，打开【字幕编辑】窗口，在工作区的合适位置输入相应文字，选择输入的文字，设置【字体系列】为【黑体】，【字体大小】为10，【行距】为4，【X位置】为675，【Y位置】为540，设置文字样式，如图13-59所示。

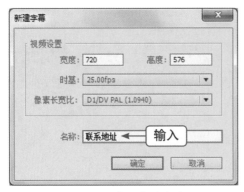

图13-58　输入字幕名称

图13-59　设置文字样式

35 选中【填充】复选框，设置【填充类型】为【实底】，【颜色】为黑色，设置填充样式，如图13-60所示。

36 执行上述操作后，在工作区中显示字幕效果，如图13-61所示。

图13-60　设置填充样式

图13-61　显示字幕效果

37 关闭【字幕编辑】窗口，拖曳时间指示器至00:00:06:00的位置，将【联系地址】字幕文件添加到V3轨道上的时间指示器位置，调整素材文件的持续时间，与V1轨道上的素材持续时间一致，如图13-62所示。

38 选择添加的字幕文件，添加【裁剪】视频效果，在【效果控件】面板中展开【裁剪】选项，单击【底对齐】选项左侧的【切换动画】按钮，设置【底对齐】为12.7%，添加第1个关键帧，如图13-63所示。

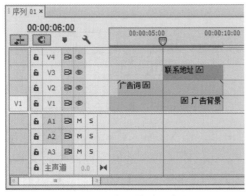

图13-62　调整素材的持续时间

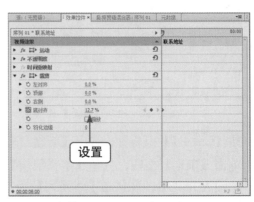

图13-63　添加第1个关键帧

㊴ 拖曳时间指示器至00:00:08:00的位置，设置【底对齐】为0，添加第2个关键帧，如图13-64所示。

㊵ 单击【播放-停止切换】按钮，预览视频效果，如图13-65所示。

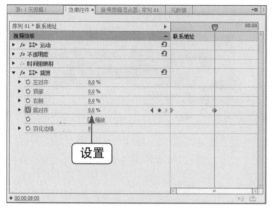

图13-64 添加第2个关键帧

图13-65 预览视频效果

3. 制作广告音乐效果

视频文件	光盘\视频\第13章\制作广告音乐效果.mp4
难易程度	★★☆☆☆
学习时间	5分钟
实例要点	音频素材的添加与裁剪
思路分析	在制作广告文字效果后，接下来就可以创建制作广告音乐。下面介绍制作广告音乐效果的操作方法

▶ 操作步骤

① 将【背景音乐.wav】素材添加到【时间轴】面板中的A1轨道上，如图13-66所示。

② 拖曳时间指示器至00:00:10:00的位置，选取剃刀工具，将鼠标移至A1轨道上的时间指示器位置，单击鼠标左键分割相应的素材文件，如图13-67所示。

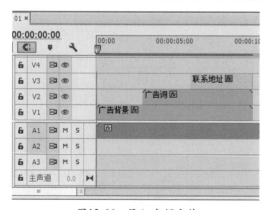

图13-66 添加音频文件

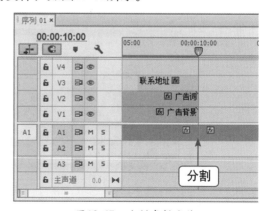

图13-67 分割素材文件

③ 使用选择工具选择不需要的素材，按【Delete】键删除选择的素材文件，如图13-68所示。

04 单击【播放-停止切换】按钮,试听音乐并预览视频效果,如图13-69所示。

图13-68 删除素材文件

图13-69 预览视频效果

4. 导出商业汽车广告

效果文件	光盘\效果\第13章\制作商业汽车广告——《奥克兰汽车》.prproj
视频文件	光盘\视频\第13章\导出商业汽车广告.mp4
难易程度	★★☆☆☆
学习时间	5分钟
实例要点	导出AVI视频文件的操作
思路分析	制作完商业汽车广告的画面、文字与音频效果后,便可以将编辑完成的影片导出成视频文件了。下面介绍导出商业汽车广告——《奥克兰汽车》视频文件的操作方法

▶ 操作步骤

01 切换至【节目监视器】面板,按【Ctrl+M】组合键,弹出【导出视频】对话框,单击【格式】选项右侧的下拉按钮,在弹出的列表框中选择AVI选项,如图13-70所示。

图13-70 选择AVI选项

02 单击【预设】选项右侧的下拉按钮，在弹出的列表框中选择相应的选项，如图13-71所示。

03 单击【输出名称】右侧的【序列01.avi】超链接，弹出【另存为】对话框，在其中设置视频文件的保存位置和文件名，如图13-72所示。

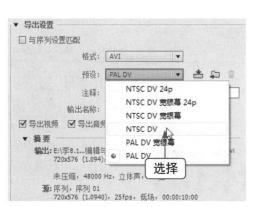

图13-71 选择相应选项

图13-72 设置保存位置和文件名

04 单击【保存】按钮，返回【导出设置】界面，单击对话框右下角的【导出】按钮，弹出【编码 序列01】对话框，开始导出编码文件，并显示导出进度，如图13-73所示，稍后即可导出商业汽车广告。

图13-73 显示导出进度

中文版
Premiere Pro CC
影视编辑全实例

第14章
制作儿童生活相册
——《快乐童年》

本章重点

- 制作相册片头效果
- 制作相册片尾效果
- 导出儿童生活相册
- 制作相册主体效果
- 制作相册音乐效果

童年的回忆对每个人来说都是非常有纪念价值的，是一生难忘的记忆。本章将运用Premiere Pro CC软件制作儿童生活相册——《快乐童年》，帮助读者熟练掌握儿童生活相册的制作方法。

效果欣赏

本实例介绍制作儿童生活相册——《快乐童年》，效果如图14-1所示。

图14-1　儿童生活相册效果

制作思路

首先在Premiere Pro CC工作界面中新建项目并创建序列，导入需要的素材，然后将素材分别添加至相应的视频轨道中，使用相应的素材制作相册片头效果，制作美观的字幕并创建关键帧，通过锚点调整字幕运动路径；添加相片素材至相应的视频轨道中，添加合适的视频过渡并制作相片运动效果，制作出精美的动感相册效果，最后制作相册片尾，添加背景音乐，输出视频，即可完成儿童生活相册的制作。

1. 制作相册片头效果

素材文件	光盘＼素材＼第14章＼相册片头.wmv、儿童相框.png、儿童相片1.jpg等
视频文件	光盘＼视频＼第14章＼制作相册片头效果.mp4
难易程度	★★★★☆
学习时间	35分钟
实例要点	关键帧配合运动路径的应用
思路分析	制作儿童生活相册的第一步就是制作出能够突出相册主题，形象绚丽的相册片头效果。下面介绍制作相册片头效果的操作方法

操作步骤

01 在Premiere Pro CC工作界面中，新建一个项目文件并创建序列，导入9个素材文件，如图14-2所示。

02 在【项目】面板中选择【相册片头.wmv】素材文件，将其添加到【时间轴】面板中的V1轨道上，如图14-3所示。

图14-2 导入素材文件

图14-3 添加素材文件

03 选择V1轨道上的素材文件，切换至【效果控件】面板，展开【运动】选项，设置【缩放】为120，如图14-4所示。

04 按【Ctrl+T】组合键，弹出【新建字幕】对话框，输入字幕名称，如图14-5所示。

图14-4 设置【缩放】为120

图14-5 输入字幕名称

05 单击【确定】按钮，打开【字幕编辑】窗口，在工作区的合适位置输入文字【快乐】，选择输入的文字，设置【字体系列】为【华康海报体】，【字体大小】为70，【X位置】为270，【Y位置】为230，设置文字样式，如图14-6所示。

06 选择文字【快】，设置【填充类型】为【实底】，【颜色】为红色（RGB参数值分别为255、0、0），单击【外描边】选项右侧的【添加】超链接，添加外描边效果，如图14-7所示。

07 选择文字【乐】，设置【填充类型】为【实底】，【颜色】为黄色（RGB参数值分别为255、255、0），单击【外描边】选项右侧的【添加】超链接，添加外描边效果，如图14-8所示。

08 执行上述操作后，在工作区中显示字幕效果，如图14-9所示。

图14-6　设置文字样式

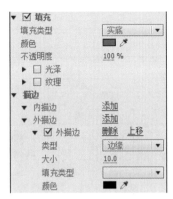

图14-7　添加外描边效果

图14-8　添加外描边效果

图14-9　显示字幕效果

09 单击【基于当前字幕新建字幕】按钮，弹出【新建字幕】对话框，输入字幕名称，如图14-10所示。

10 单击【确定】按钮，基于当前字幕新建字幕，删除原来的文字，输入文字【童年】，选择输入的文字，设置【X位置】为450，如图14-11所示。

图14-10　输入字幕名称

图14-11　设置【X位置】为450

11 选择文字【童】，设置【填充类型】为【实底】，【颜色】为绿色（RGB参数值分别为0、255、0），选择文字【年】，设置【填充类型】为【实底】，【颜色】为紫色（RGB参数值分别为255、0、255），在工作区中显示字幕效果，如图14-12所示。

12 关闭【字幕编辑】窗口，将【快乐童年1】字幕文件添加到V2轨道上，调整素材文件的持续时间，与V1轨道上的素材持续时间一致，如图14-13所示。

图14-12 显示字幕效果

图14-13 调整素材的持续时间

⑬ 选择添加的字幕文件,在【效果控件】面板展开【运动】选项,单击【位置】选项左侧的【切换动画】按钮,设置【位置】为(0、288),添加第1个关键帧,如图14-14所示。

⑭ 拖曳时间指示器至00:00:01:00的位置,设置【位置】为(160、288),添加第2个关键帧,如图14-15所示。

图14-14 添加第1个关键帧

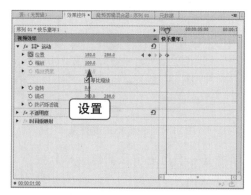

图14-15 添加第2个关键帧

⑮ 拖曳时间指示器至00:00:02:00的位置,设置【位置】为(280、288),添加第3个关键帧,如图14-16所示。

⑯ 拖曳时间指示器至00:00:03:00的位置,设置【位置】为(360、288),添加第4个关键帧,选择【运动】选项,如图14-17所示。

图14-16 添加第3个关键帧

图14-17 添加第4个关键帧

⑰ 在【节目监视器】面板显示素材的运动路径,如图14-18所示。

⑱ 按住【Ctrl】键的同时,拖曳路径上的锚点,调整路径形状,如图14-19所示。

图14-18　显示运动路径　　　　图14-19　调整路径形状

⑲ 将【快乐童年2】字幕文件添加到V3轨道上，调整素材文件的持续时间，与V1轨道上的素材持续时间一致，如图14-20所示。

⑳ 选择添加的字幕文件，拖曳时间指示器至00:00:00:00的位置，在【效果控件】面板中展开【运动】选项，单击【位置】选项左侧的【切换动画】按钮，设置【位置】为（750、288），添加第1个关键帧，如图14-21所示。

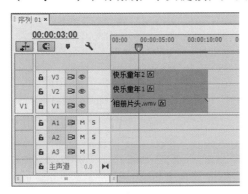
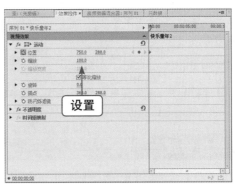

图14-20　调整素材的持续时间　　　　图14-21　添加第1个关键帧

㉑ 拖曳时间指示器至00:00:01:00的位置，设置【位置】为（580、288），拖曳时间指示器至00:00:02:00的位置，设置【位置】为（440、288），拖曳时间指示器至00:00:03:00的位置，设置【位置】为（360、288），添加多个关键帧，如图14-22所示。

㉒ 选择【运动】选项，在【节目监视器】面板显示素材的运动路径，拖曳路径上的锚点，调整路径形状，如图14-23所示。

图14-22　添加多个关键帧　　　　图14-23　调整路径形状

349

Premiere Pro CC

㉓ 拖曳时间指示器至00:00:05:00的位置，调整3个轨道上素材文件的持续时间，至时间指示器的位置结束，如图14-24所示。

㉔ 单击【播放-停止切换】按钮，在【节目监视器】面板中预览视频效果，如图14-25所示。

图14-24　调整素材的持续时间　　　　　图14-25　预览视频效果

2. 制作相册主体效果

视频文件	光盘\视频\第14章\制作相册主体效果.mp4
难易程度	★★★☆☆
学习时间	25分钟
实例要点	多种视频过渡效果配合关键帧的应用
思路分析	在制作相册片头后，接下来就可以制作儿童生活相册的主体效果。在儿童相片之间添加各种视频过渡，并为相片添加旋转、缩放与位移等特效。下面介绍制作相册主体效果的操作方法

 操作步骤

① 在【项目】面板中选择5张儿童相片素材文件，将其添加到V1轨道上的【相册片头.wmv】素材文件后面，如图14-26所示。

② 将【儿童相框.png】素材文件添加到V2轨道上的【快乐童年1】字幕文件后面，调整素材文件的持续时间，与V1轨道上的素材持续时间一致，如图14-27所示。

图14-26　添加素材文件　　　　　　图14-27　调整素材的持续时间

③ 选择【儿童相框.png】素材文件，在【效果控件】面板展开【运动】选项，设置【缩放】为120，如图14-28所示。

④ 将【交叉溶解】视频过渡分别添加到【相册片头.wmv】、【快乐童年1】、【快乐童

年2】素材文件的结束位置，如图14-29所示。

图14-28 设置【缩放】为120

图14-29 添加视频过渡

05 分别将【伸展】、【旋转离开】、【筋斗过渡】与【星形划像】视频过渡添加到V1轨道上的5张相片素材之间，如图14-30所示。

06 选择【儿童相片1.jpg】素材文件，拖曳时间指示器至00:00:05:00的位置，在【效果控件】面板中展开【运动】选项，单击【缩放】与【旋转】选项左侧的【切换动画】按钮，添加第1组关键帧，如图14-31所示。

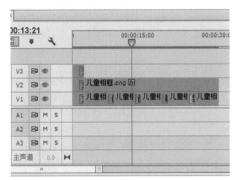
图14-30 添加视频过渡

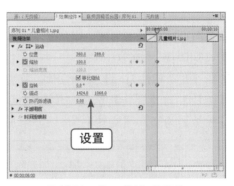
图14-31 添加第1组关键帧

07 拖曳时间指示器至00:00:09:00的位置，设置【缩放】为27，【旋转】为342，添加第2组关键帧，如图14-32所示。

08 选择【儿童相片2.jpg】素材文件，拖曳时间指示器至00:00:10:14的位置，在【效果控件】面板中展开【运动】选项，单击【位置】与【缩放】选项左侧的【切换动画】按钮，设置【位置】为（360、288），【缩放】为33，添加第1组关键帧，如图14-33所示。

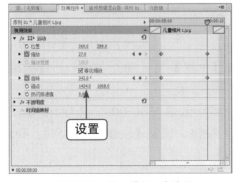
图14-32 添加第2组关键帧

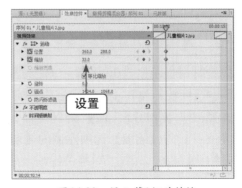
图14-33 添加第1组关键帧

09 拖曳时间指示器至00:00:14:00的位置，设置【位置】为（396、146），【缩放】为86，添加第2组关键帧，如图14-34所示。

10 选择【儿童相片3.jpg】素材文件，拖曳时间指示器至00:00:15:14的位置，在【效果控件】面板展开【运动】选项，单击【位置】与【缩放】选项左侧的【切换动画】按钮，设置【位置】为（328、454），【缩放】为50，添加第1组关键帧，如图14-35所示。

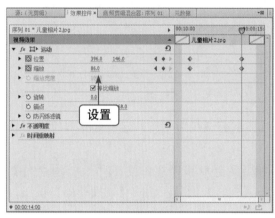
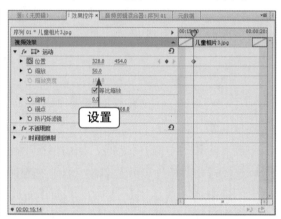

图14-34　添加第2组关键帧　　　　　　　　　图14-35　添加第1组关键帧

11 拖曳时间指示器至00:00:19:00的位置，设置【位置】为（482、402），添加第2组关键帧，如图14-36所示。

12 选择【儿童相片4.jpg】素材文件，拖曳时间指示器至00:00:20:14的位置，单击【位置】、【缩放】与【旋转】选项左侧的【切换动画】按钮，设置【位置】为（360、288），【缩放】为35，【旋转】为-17，添加第1组关键帧，如图14-37所示。

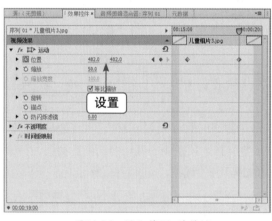
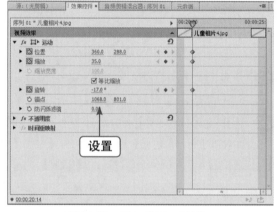

图14-36　添加第2组关键帧　　　　　　　　　图14-37　添加第1组关键帧

13 拖曳时间指示器至00:00:24:00的位置，设置【位置】为（504、416），【缩放】为58、【旋转】为0，添加第2组关键帧，如图14-38所示。

14 选择【儿童相片5.jpg】素材文件，拖曳时间指示器至00:00:25:14的位置，单击【位置】与【缩放】选项左侧的【切换动画】按钮，设置【位置】为（529、405），【缩放】为69，添加第1组关键帧，如图14-39所示。

15 拖曳时间指示器至00:00:29:00的位置，设置【位置】为（379、290），【缩放】为

36，添加第2组关键帧，如图14-40所示。

⑯ 单击【播放-停止切换】按钮，在【节目监视器】面板中预览视频效果，如图14-41所示。

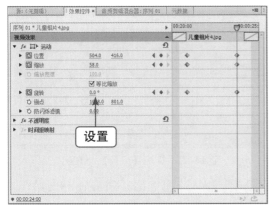

图14-38　添加第2组关键帧

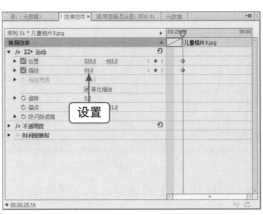

图14-39　添加第1组关键帧

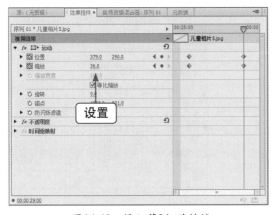

图14-40　添加第2组关键帧

图14-41　预览视频效果

3. 制作相册片尾效果

视频文件	光盘＼视频＼第14章＼制作相册片尾效果.mp4
难易程度	★★★☆☆
学习时间	20分钟
实例要点	字幕配合关键帧的应用
思路分析	在制作相册主体效果后，接下来就可以制作与相册片头对应的相册片尾效果。添加与片头视频同类型的片尾视频素材，并制作与片头文字相呼应的动态字幕效果。下面介绍制作相册片尾效果的操作方法

▶ 操作步骤

① 将【相册片尾.wmv】素材文件添加到V1轨道上的【儿童相片5.jpg】素材文件后面，如图14-42所示。

② 选择添加的素材文件，切换至【效果控件】面板，展开【运动】选项，设置【缩放】为120，如图14-43所示。

图14-42　添加素材文件

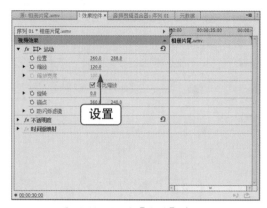

图14-43　设置【缩放】为120

03 按【Ctrl＋T】组合键，弹出【新建字幕】对话框，输入字幕名称，如图14-44所示。

04 单击【确定】按钮，打开【字幕编辑】窗口，在工作区的合适位置输入相应文字，选择输入的文字，设置【旋转】为345，【字体系列】为【华康海报体】，【字体大小】为75，【X位置】为290，【Y位置】为200，设置文字样式，如图14-45所示。

图14-44　输入字幕名称

图14-45　设置文字样式

05 设置【填充类型】为【实底】，【颜色】为黄色（RGB参数值分别为255、255、0），单击【外描边】选项右侧的【添加】超链接，如图14-46所示。

06 添加外描边效果，设置【大小】为25，【颜色】为红色（RGB参数值分别为255、0、0）；选中【阴影】复选框，设置【距离】为10，【大小】为20，【扩展】为30，设置阴影样式，如图14-47所示。

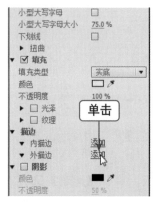

图14-46　单击【添加】按钮

图14-47　设置阴影样式

07 执行上述操作后，在工作区中显示字幕效果，如图14-48所示。

08 关闭【字幕编辑】窗口，拖曳时间指示器至00:00:34:10的位置，将【幸福成长】字幕文件添加到V2轨道上的时间指示器位置，调整素材文件的持续时间，与V1轨道上的素材持续时间一致，如图14-49所示。

图14-48 显示字幕效果

图14-49 调整素材的持续时间

09 选择添加的字幕文件，在【效果控件】面板中展开【运动】与【不透明度】选项，单击【缩放】与【不透明度】选项左侧的【切换动画】按钮，设置【缩放】为0，【不透明度】为0，添加第1组关键帧，如图14-50所示。

10 拖曳时间指示器至00:00:38:00的位置，设置【缩放】为100，【不透明度】为100，添加第2组关键帧，如图14-51所示。

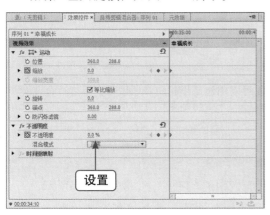

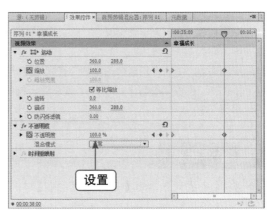

图14-50 添加第1组关键帧

图14-51 添加第2组关键帧

11 在【时间轴】面板中拖曳时间指示器至00:00:32:00的位置，如图14-52所示。

12 在【时间轴】面板中调整【儿童相框.png】素材文件的持续时间，至时间指示器的位置结束，如图14-53所示。

13 在【效果】面板中选择【交叉溶解】视频过渡，分别将其添加到【儿童相框.png】与【幸福成长】素材文件的结束位置，以及【相册片尾.wmv】素材文件的开始与结束位置，如图14-54所示。

14 单击【播放-停止切换】按钮，在【节目监视器】面板中预览视频效果，如图14-55所示。

图14-52　拖曳时间指示器

图14-53　调整素材的持续时间

图14-54　添加视频过渡

图14-55　预览视频效果

4. 制作相册音乐效果

视频文件	光盘 \ 视频 \ 第14章 \ 制作相册音乐效果.mp4
难易程度	★★☆☆☆
学习时间	5分钟
实例要点	音频素材的添加与音频过渡的应用
思路分析	在制作相册片尾效果后，接下来就可以创建制作相册音乐效果。添加适合儿童相册主题的音乐素材，并且在音乐素材的开始与结束位置添加音频过渡。下面介绍制作相册音乐效果的操作方法

▶ 操作步骤

01 将【儿童音乐.mpa】素材添加到【时间轴】面板中的A1轨道上，如图14-56所示。

02 在【效果】面板中展开【音频过渡】|【交叉淡化】选项，选择【指数淡化】选项，如图14-57所示。

图14-56　添加音频文件

图14-57　选择【指数淡化】选项

03 将选择的音频过渡添加到【儿童音乐.mpa】的开始位置，如图14-58所示。

04 将选择的音频过渡添加到【儿童音乐.mpa】的结束位置，调整【幸福成长】与【相册片尾.wmv】素材文件的持续时间，与A1轨道上的素材持续时间一致，如图14-59所示。

图14-58　添加音频过渡

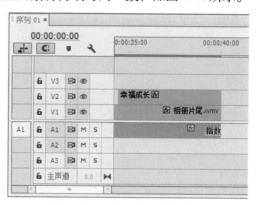

图14-59　调整素材的持续时间

05 单击【播放-停止切换】按钮，试听音乐并预览视频效果。

5. 导出儿童生活相册

效果文件	光盘＼效果＼第14章＼制作儿童生活相册——《快乐童年》.prproj
视频文件	光盘＼视频＼第14章＼导出儿童生活相册.mp4
难易程度	★★☆☆☆
学习时间	5分钟
实例要点	导出AVI视频文件的操作
思路分析	制作出相册片头、主体、片尾效果后，便可以将编辑完成的影片导出成视频文件了。下面介绍导出儿童生活相册——《快乐童年》视频文件的操作方法

操作步骤

01 切换至【节目监视器】面板，按【Ctrl＋M】组合键，弹出【导出视频】对话框，单击【格式】选项右侧的下拉按钮，在弹出的列表框中选择AVI选项，如图14-60所示。

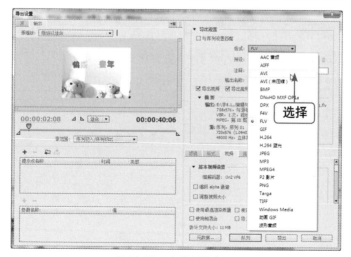

图14-60　选择AVI选项

02 单击【预设】选项右侧的下拉按钮，在弹出的列表框中选择相应的选项，如图14-61所示。

03 单击【输出名称】右侧的【序列01.avi】超链接，弹出【另存为】对话框，在其中设置视频文件的保存位置和文件名，如图14-62所示。

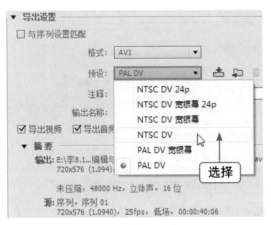

图14-61　选择相应选项

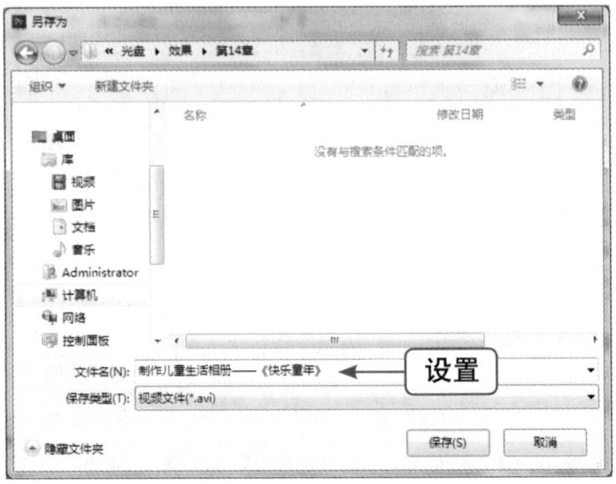

图14-62　设置保存位置和文件名

04 单击【保存】按钮，返回【导出设置】界面，单击对话框右下角的【导出】按钮，弹出【编码 序列01】对话框，开始导出编码文件，并显示导出进度，如图14-63所示，稍后即可导出儿童生活相册。

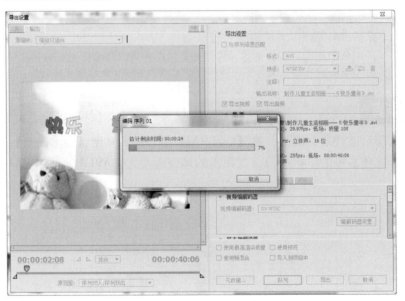

图14-63　显示导出进度

第15章
制作婚纱纪念相册
——《天长地久》

本章重点

- 制作相册片头效果
- 制作相册片尾效果
- 导出婚纱纪念相册
- 制作相册主体效果
- 制作相册音乐效果

本章将运用Premiere Pro CC软件制作婚纱纪念相册——《天长地久》，帮助读者熟练掌握婚纱纪念相册的制作方法。

效果欣赏

本实例介绍制作婚纱纪念相册——《天长地久》，效果如图15-1所示。

图15-1 婚纱纪念相册效果

制作思路

首先在Premiere Pro CC工作界面中新建项目并创建序列，导入需要的素材，然后将素材分别添加至相应的视频轨道上，使用相应的素材制作相册片头效果；添加相片素材至相应的视频轨道上，添加合适的视频过渡并制作相片运动效果，制作出精美的动感相册效果，最后制作相册片尾，添加背景音乐，输出视频，即可完成婚纱纪念相册的制作。

1. 制作相册片头效果

素材文件	光盘\素材\第15章\婚纱片头.mp4、婚纱边框.png、婚纱纪念1.jpg等
视频文件	光盘\视频\第15章\制作相册片头效果.mp4
难易程度	★★☆☆☆
学习时间	5分钟
实例要点	mp4视频素材的添加
思路分析	制作婚纱纪念相册的第一步就是制作婚庆主题的相册片头效果。下面介绍制作相册片头效果的操作方法

操作步骤

01 在Premiere Pro CC工作界面中，新建一个项目文件并创建序列，导入11个素材文件，如图15-2所示。

02 在【项目】面板中选择【婚纱片头.mp4】素材文件，将其添加到【时间轴】面板中的V1轨道上，如图15-3所示。

图15-2 导入素材文件

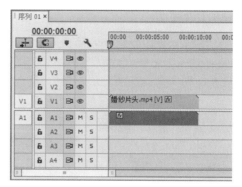

图15-3 添加素材文件

03 单击【播放-停止切换】按钮，在【节目监视器】面板中预览素材效果。

2. 制作相册主体效果

视频文件	光盘＼视频＼第15章＼制作相册主体效果.mp4
难易程度	★★★★☆
学习时间	30分钟
实例要点	多种视频过渡配合关键帧的应用
思路分析	在制作相册片头效果后，接下来就可以制作相册主体效果。可以通过添加相片素材并制作位移、缩放与旋转等特效，在相片之间添加各种视频过渡。下面介绍制作相册主体效果的操作方法

操作步骤

01 切换至【项目】面板，单击面板左下角的【列表视图】按钮，切换至列表视图，按住【Shift】键，先后单击【婚纱纪念1.jpg】素材文件与【婚纱纪念6.jpg】素材文件，选择6张相片素材，如图15-4所示。

02 将选择的素材文件拖曳至V1轨道上的【婚纱片头.mp4】素材后面，如图15-5所示。

图15-4 选择相片素材

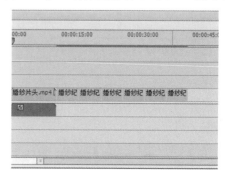

图15-5 添加相片素材

03 拖曳时间指示器至00:00:10:11的位置，将【艺术文字.png】素材文件添加到V2轨道上的时间指示器位置，如图15-6所示。

04 选择【艺术文字.png】素材，添加【基本3D】视频效果，切换至【效果控件】面板展开【基本3D】选项，拖曳时间指示器至00:00:12:00的位置，单击【位置】、【缩放】、【不透明度】与【旋转】选项左侧的【切换动画】按钮，设置【位置】为（160、460），【缩放】为15，【不透明度】为0，【旋转】为0，添加第1组关键帧，如图15-7所示。

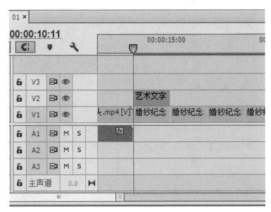
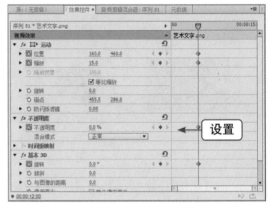

图15-6　添加素材文件　　　　图15-7　添加第1组关键帧

05 拖曳时间指示器至00:00:13:15的位置，设置【位置】为（200、420），【缩放】为45，【不透明度】为100，【旋转】为0，添加第2组关键帧，如图15-8所示。

06 将【婚纱边框.png】素材文件添加至V2轨道上的【艺术文字.png】素材后面，如图15-9所示。

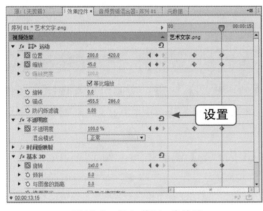
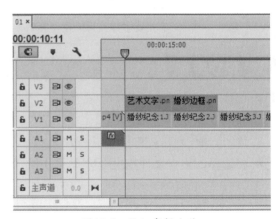

图15-8　添加第2组关键帧　　　　图15-9　添加素材文件

07 在【时间轴】面板中，将鼠标移至【婚纱边框.png】素材文件的结束位置，单击鼠标左键并拖曳，调整素材文件的持续时间，与V1轨道上的素材持续时间一致，如图15-10所示。

08 选择【婚纱边框.png】素材，在【效果控件】面板中展开【运动】选项，设置【位置】为（340、288），【缩放】为84，如图15-11所示。

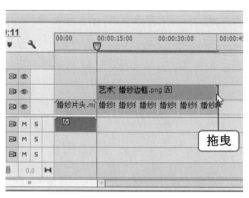

图15-10　调整素材持续时间

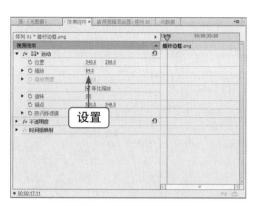

图15-11　设置运动选项

⑨ 在【效果】面板中展开【视频过渡】|【溶解】选项，选择【渐隐为黑色】视频过渡，如图15-12所示。

⑩ 将选择的视频过渡添加到【婚纱片头.mp4】素材的结束位置，在【时间轴】面板中选择【婚纱纪念1.jpg】素材文件，如图15-13所示。

图15-12　选择【渐隐为黑色】视频过渡

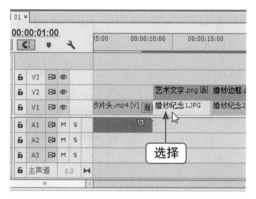

图15-13　选择素材文件

⑪ 拖曳时间指示器至00:00:10:10的位置，在【效果控件】面板中展开【运动】选项，单击【位置】与【缩放】选项左侧的【切换动画】按钮，设置【位置】为（420、300），【缩放】为42，添加第1组关键帧，如图15-14所示。

⑫ 拖曳时间指示器至00:00:15:00的位置，设置【位置】为（300、300），【缩放】为50.0，添加第2组关键帧，如图15-15所示。

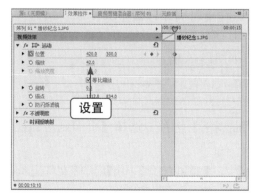

图15-14　添加第1组关键帧

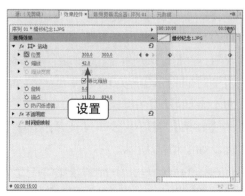

图15-15　添加第2组关键帧

⑬ 在【效果】面板中展开【视频过渡】|【溶解】选项，选择【胶片溶解】视频过渡，如图15-16所示。

⑭ 将选择的视频过渡添加到【婚纱纪念1.jpg】与【婚纱纪念2.jpg】素材文件之间，如图15-17所示。

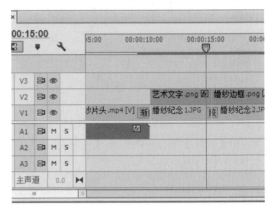

图15-16　选择【胶片溶解】视频过渡

图15-17　添加视频过渡

⑮ 在【效果】面板中展开【视频过渡】|【溶解】选项，选择【交叉溶解】视频过渡，如图15-18所示。

⑯ 将选择的视频过渡添加到【婚纱边框.png】素材文件的开始位置，在【时间轴】面板中选择【婚纱纪念2.jpg】素材文件，如图15-19所示。

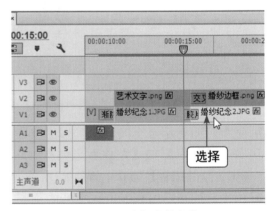

图15-18　选择【交叉溶解】视频过渡

图15-19　选择素材文件

⑰ 在【效果控件】面板中展开【运动】选项，拖曳时间指示器至00:00:15:20的位置，单击【位置】与【缩放】选项左侧的【切换动画】按钮，设置【位置】为（360、288），【缩放】为30，添加第1组关键帧，如图15-20所示。

⑱ 拖曳时间指示器至00:00:20:00的位置，设置【位置】为（210、450），【缩放】为50，添加第2组关键帧，如图15-21所示。

⑲ 在【效果】面板中展开【视频过渡】|【页面剥落】选项，选择【页面剥落】视频过渡，如图15-22所示。

⑳ 将选择的视频过渡添加到【婚纱纪念2.jpg】与【婚纱纪念3.jpg】素材文件之间，在【时间轴】面板中选择【婚纱纪念3.jpg】素材文件，如图15-23所示。

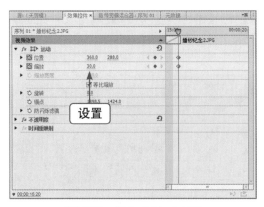

图15-20　添加第1组关键帧

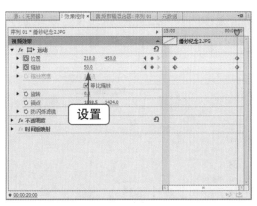

图15-21　添加第2组关键帧

图15-22　选择【页面剥落】视频过渡

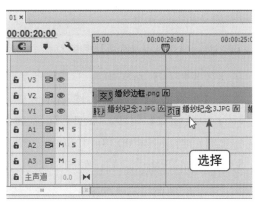

图15-23　选择素材文件

㉑ 在【效果控件】面板中展开【运动】选项，拖曳时间指示器至00:00:20:20的位置，单击【缩放】选项左侧的【切换动画】按钮，设置【缩放】为100，添加第1个关键帧，如图15-24所示。

㉒ 拖曳时间指示器至00:00:25:00的位置，设置【缩放】为36，添加第2个关键帧，如图15-25所示。

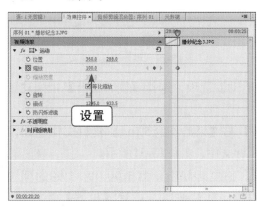

图15-24　添加第1个关键帧

图15-25　添加第2个关键帧

㉓ 在【效果】面板中展开【视频过渡】|【滑动】选项，选择【带状滑动】视频过渡，如图15-26所示。

㉔ 将选择的视频过渡添加到【婚纱纪念3.jpg】与【婚纱纪念4.jpg】素材文件之间，在【时间轴】面板中选择【婚纱纪念4.jpg】素材文件，如图15-27所示。

图15-26 选择【带状滑动】视频过渡

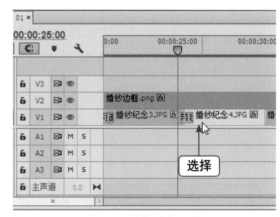

图15-27 选择素材文件

㉕ 在【效果控件】面板中展开【运动】选项，拖曳时间指示器至00:00:26:00的位置，单击【位置】与【缩放】选项左侧的【切换动画】按钮，设置【位置】为（420、380），【缩放】为50，添加第1组关键帧，如图15-28所示。

㉖ 拖曳时间指示器至00:00:30:00的位置，设置【位置】为（320、290），【缩放】为50.0，添加第2组关键帧，如图15-29所示。

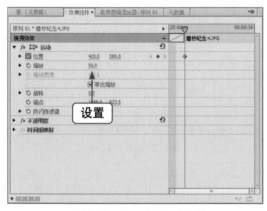

图15-28 添加第1组关键帧

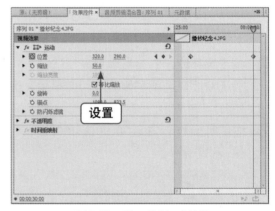

图15-29 添加第2组关键帧

㉗ 在【效果】面板中展开【视频过渡】|【3D运动】选项，选择【旋转离开】视频过渡，如图15-30所示。

㉘ 将选择的视频过渡添加到【婚纱纪念4.jpg】与【婚纱纪念5.jpg】素材文件之间，在【时间轴】面板中选择【婚纱纪念5.jpg】素材文件，如图15-31所示。

㉙ 在【效果控件】面板中展开【运动】选项，拖曳时间指示器至00:00:31:00的位置，单击【位置】与【缩放】选项左侧的【切换动画】按钮，设置【位置】为（360、260），【缩放】为38，添加第1组关键帧，如图15-32所示。

㉚ 拖曳时间指示器至00:00:35:00的位置，设置【位置】为（360、420），【缩放】为74，添加第2组关键帧，如图15-33所示。

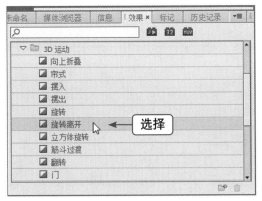

图15-30　选择【旋转离开】视频过渡

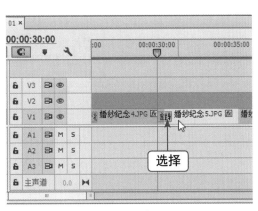

图15-31　选择素材文件

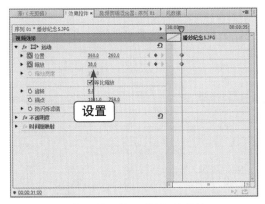

图15-32　添加第1组关键帧

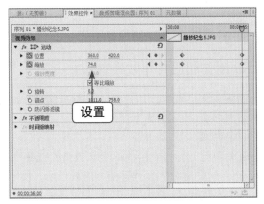

图15-33　添加第2组关键帧

31 在【效果】面板中展开【视频过渡】|【伸缩】选项，选择【交叉伸展】视频过渡，如图15-34所示。

32 将选择的视频过渡添加到【婚纱纪念5.jpg】与【婚纱纪念6.jpg】素材文件之间，在【时间轴】面板中选择【婚纱纪念6.jpg】素材文件，如图15-35所示。

图15-34　选择【旋转离开】视频过渡

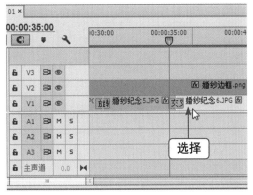

图15-35　选择素材文件

33 在【效果控件】面板中展开【运动】选项，拖曳时间指示器至00:00:36:00的位置，单击【位置】与【缩放】选项左侧的【切换动画】按钮，设置【位置】为（360、400），【缩放】为68，添加第1组关键帧，如图15-36所示。

34 拖曳时间指示器至00:00:40:00的位置，设置【位置】为（365、285），【缩放】为

32，添加第2组关键帧，如图15-37所示。

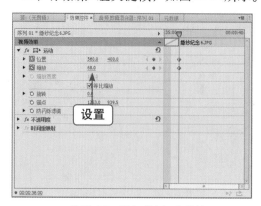
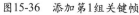

图15-36　添加第1组关键帧

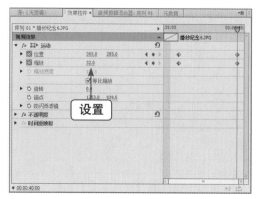

图15-37　添加第2组关键帧

35 单击【播放-停止切换】按钮，在【节目监视器】面板中预览素材效果。

3. 制作相册片尾效果

视频文件	光盘 \ 视频 \ 第15章 \ 制作相册片尾效果.mp4
难易程度	★★★☆☆
学习时间	25分钟
实例要点	描边效果与阴影效果的应用
思路分析	在制作动感相册效果后，接下来就可以创建相册片尾效果。添加婚庆主题片尾视频素材，并制作与主题相符的动态字幕效果，下面介绍制作相册片尾效果的操作方法

▶ **操作步骤**

01 将【婚纱片尾.mp4】素材文件添加至V1轨道上的【婚纱纪念6.jpg】素材后面，如图15-38所示。

02 按【Ctrl＋T】组合键，弹出【新建字幕】对话框，输入字幕名称，如图15-39所示。

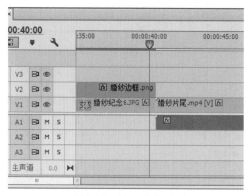

图15-38　添加素材文件

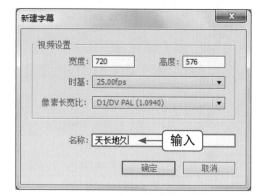

图15-39　输入字幕名称

03 单击【确定】按钮，打开【字幕编辑】窗口，在工作区的合适位置输入文字【天长地久】，选择文字，在【字幕属性】窗口设置【字体系列】为【华康海报体】、【字体大小】为90、【X位置】为390、【Y位置】为480，如图15-40所示。

04 选中【填充】复选框，设置【填充类型】为【实底】，单击【颜色】选项右侧的色块，如图15-41所示。

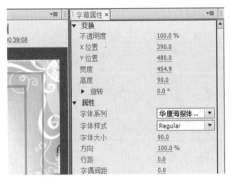

图15-40　设置文字样式

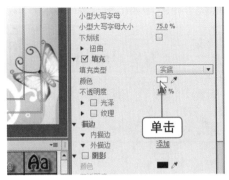

图15-41　单击相应色块

05 在弹出的【拾色器】对话框中，设置颜色为红色（RGB参数值分别为255、0、0），如图15-42所示。

06 单击【确定】按钮，确认设置颜色，单击【外描边】选项右侧的【添加】链接，如图15-43所示。

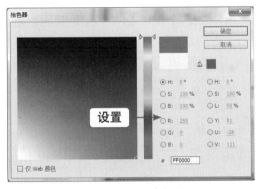

图15-42　设置填充颜色

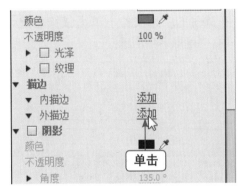

图15-43　单击【添加】链接

07 添加外描边效果，设置【大小】为30，【填充类型】为【实底】，单击【颜色】选项右侧的色块，如图15-44所示。

08 在弹出的【拾色器】对话框中，设置颜色为黄色（RGB参数值分别为255、255、0），如图15-45所示。

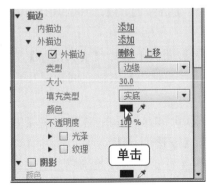

图15-44　单击相应色块

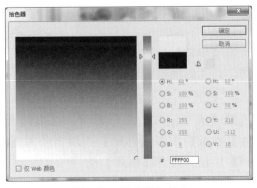

图15-45　设置描边颜色

09 单击【确定】按钮，确认设置颜色，选中【阴影】复选框，设置【距离】为10，【大小】为20，【扩展】为30，如图15-46所示。

10 执行上述操作后，在工作区中显示字幕效果，如图15-47所示。

图15-46 设置相应选项

图15-47 显示字幕效果

11 关闭【字幕编辑】窗口，将创建的字幕文件添加到V2轨道上的【婚纱边框.png】素材后面，如图15-48所示。

12 在添加的字幕文件上单击鼠标右键，在弹出的快捷菜单中选择【速度/持续时间】选项，如图15-49所示。

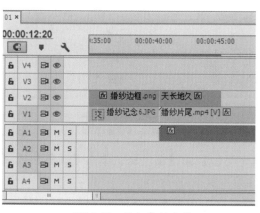

图15-48 添加素材文件

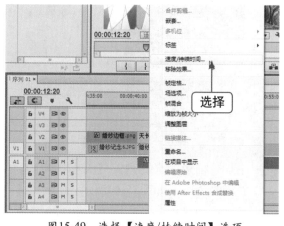

图15-49 选择【速度/持续时间】选项

13 在弹出的【剪辑速度/持续时间】对话框中，设置【持续时间】为00:00:10:00，如图15-50所示。

14 单击【确定】按钮，应用持续时间设置，在【效果】面板中选择【交叉溶解】视频过渡，将其添加到V2轨道上的【婚纱边框.png】与【天长地久】素材之间，以及V1轨道上的【婚纱片尾.mp4】素材的开始位置，如图15-51所示。

15 选择【天长地久】字幕素材，拖曳时间指示器至00:00:41:00的位置，在【效果控件】面板中展开【运动】选项，单击【位置】与【不透明度】选项左侧的【切换动画】按钮，设置【位置】为（-210、288），【不透明度】为0，添加第1组关键帧，如图15-52所示。

⑯ 拖曳时间指示器至00:00:45:00的位置，设置【不透明度】为100，添加第2组关键帧，如图15-53所示。

图15-50 设置【持续时间】

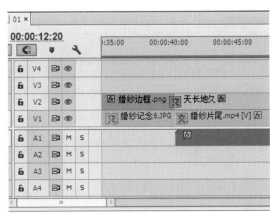

图15-51 添加视频过渡

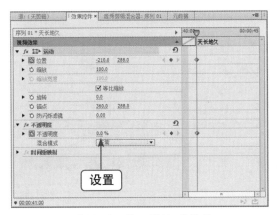

图15-52 添加第1组关键帧

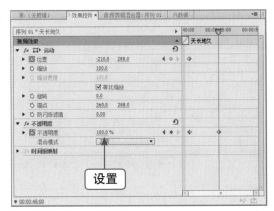

图15-53 添加第2组关键帧

⑰ 拖曳时间指示器至00:00:49:00的位置，设置【位置】为（930、288）、【不透明度】为0，添加第3组关键帧，如图15-54所示。

⑱ 单击【播放-停止切换】按钮，在【节目监视器】面板中预览视频效果，如图15-55所示。

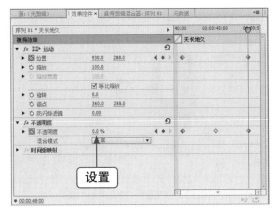

图15-54 添加第3组关键帧

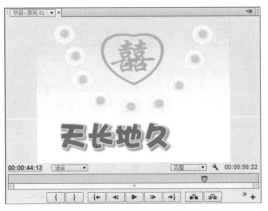

图15-55 预览视频效果

4. 制作相册音乐效果

视频文件	光盘 \ 视频 \ 第15章 \ 制作相册音乐效果mp4
难易程度	★★☆☆☆
学习时间	5分钟
实例要点	音频素材的添加与裁剪
思路分析	在制作相册片尾效果后，接下来就可以制作相册音乐效果。添加适合婚纱纪念相册主题的音乐素材并裁剪不需要的部分。下面介绍制作相册音乐效果的操作方法

操作步骤

01 选择【婚纱音乐.mpa】素材文件，将其添加到【时间轴】面板中的A1轨道上，如图15-56所示。

02 拖曳时间指示器至00:00:50:11的位置，选取剃刀工具，按住【Shift】键的同时，使用剃刀工具单击时间指示器位置，分割所有轨道上的素材文件，如图15-57所示。

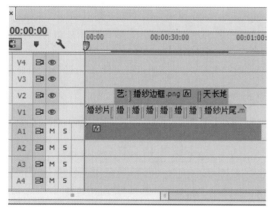

图15-56　添加音频素材　　　　　　　　　　图15-57　分割素材文件

03 选取选择工具，在【时间轴】面板中选择相应的文件并删除，如图15-58所示。

04 单击【播放-停止切换】按钮，试听音乐并预览视频效果，如图15-59所示。

图15-58　删除素材文件　　　　　　　　　　图15-59　预览视频效果

5. 导出婚纱纪念相册

效果文件	光盘\效果\第15章\制作婚纱纪念相册——《天长地久》.prproj
视频文件	光盘\视频\第15章\导出婚纱纪念相册.mp4
难易程度	★★☆☆☆
学习时间	5分钟
实例要点	导出AVI视频文件的操作
思路分析	制作婚纱纪念相册片头、主体、片尾效果后，便可以将编辑的影片输出成视频文件了。下面介绍导出婚纱纪念相册——《天长地久》视频文件的操作方法

操作步骤

01 切换至【节目监视器】面板，按【Ctrl+M】组合键弹出【导出视频】对话框，单击【格式】选项右侧的下拉按钮，在弹出的列表框中选择AVI选项，如图15-60所示。

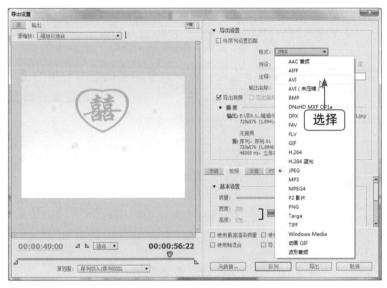

图15-60　选择AVI选项

02 单击【预设】选项右侧的下拉按钮，在弹出的列表框中选择相应的选项，如图15-61所示。

图15-61　选择相应选项

03 单击【输出名称】右侧的【序列01.avi】超链接，弹出【另存为】对话框，在其中设置
保存位置和文件名，如图15-62所示。

图15-62　设置保存位置和文件名

04 单击【保存】按钮，返回【导出设置】界面，单击对话框右下角的【导出】按钮，弹
出【编码 序列01】对话框，开始导出编码文件，并显示导出进度，如图15-63所示，稍
后即可导出婚纱纪念相册。

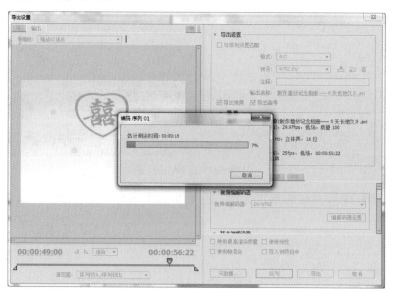

图15-63　显示导出进度